Flugzeuge der Welt
2001

Abbildung Umschlag:
Das vorläufig kleinste Glied in der Airbus-Familie, die A318, welche im 4. Quartal 2001 zum Erstflug starten wird.

Verfasser: Claudio Müller
Dreiseitenrisse: Aeromedia Anton E. Wettstein

Lizenzausgabe für Deutschland und Österreich.
Motorbuch Verlag, Stuttgart 2001

ISBN 3-613-02129-3

Claudio Müller

Flugzeuge der Welt 2001

heute – morgen

Motor
buch
Verlag

VORWORT ZUR AUSGABE 2001

Seit 41 Jahren erscheint nun die erfolgreiche Publikation «Flugzeuge der Welt» in deutscher Sprache und beweist damit, wie in Zeiten von grossen Umwälzungen sich Standardwerke trotz neuer Medien weiterhin einer grossen Beliebtheit erfreuen.

«Umwälzungen» ist sicherlich auch im Jahr 2000 ein bezeichnendes Attribut für die Luftverkehrsindustrie gewesen. Der Machtkampf zwischen Boeing und Airbus geht weiter, die Fusionswelle ebenfalls. Mit der Gründung von EADS (European Aeronautic Defence and Space Company) erreichte sie in Europa ihren (letzten?) Höhepunkt. Viele weitere Möglichkeiten des Zusammengehens gibt es mindestens in den USA und in Europa nicht mehr. Dies gilt sicherlich aber nicht für Russland und Asien, wo dieser Prozess noch kaum ins Rollen gekommen ist.

Die Zivilluftfahrt stand vorwiegend im Banne des Kampfes um ein neues Langstrecken-Grossraumflugzeug. Um der A380 von Airbus Paroli zu bieten, will Boeing das Erfolgsmuster B747 durch weiterentwickelte Ausführungen am Leben erhalten. Bisher scheint, dass die A380 die besseren Karten hat. Nach Vorliegen von rund 50 Bestellungen und 40 Optionen ist der Produktionsentscheid kürzlich gefallen. Da der Erstflug nicht vor 2004 erfolgt, wird dieses Muster in diesem Buch erst dannzumal vorgestellt. Aber auch am unteren Ende tat sich vieles. Die neuen Commuter-Modelle CRJ900, ERJ-170 und 728JET sind bereits in Erprobung oder stehen kurz davor.

Das Jahr 2000 wird den Fluggesellschaften nicht in guter Erinnerung bleiben. Die immer höher werdenden Treibstoffpreise, der gestiegene Dollar und die beginnende Inflation bescherten vielen rote Zahlen in ihrem Kerngeschäft, dem Flugbetrieb. Diese Kostenspirale durch höhere Preise auszugleichen, gestaltet sich äusserst schwierig. Abgesehen von diesen Rückschlägen hat sich der Weltluftverkehr wiederum sehr erfreulich entwickelt. Nach wie vor steigen die Passagierzahlen und zwar stärker als das Bruttosozialprodukt der meisten Länder. Die Folge ist, dass die Bestellungen für neue Flugzeuge bisher keinen Rückgang erfuhren. Hingegen werden verstärkt ältere Muster ausgeschieden und die Flotten generell verjüngt. Dies ist nicht zuletzt aus Umweltschutzgründen eine positive Entwicklung. Sehr hohe Zuwachsraten weist die Luftfrachtbranche auf. Vermutlich sind noch nie in einem Jahr so viele neue Frachtflugzeuge bestellt worden wie im 2000. Besonders davon profitiert hat die Boeing 747-400F. Vieles spricht dafür, dass sich dieser Trend in den nächsten Jahren sogar verstärkt.

Geschäftsflugzeuge sind weiterhin im Kommen. Das fast explosionsartige Wachstum geht weiter. Die Zahl der sog. «Fractional Ownerships» wächst ungebrochen. Eine neue Generation von komfortablen Business Jets der Mittelklasse steht vor der Einführung. Typische Vertreter sind die Bombardier Continental und die Raytheon/Hawker Horizon. Aber auch am oberen Ende steigt die Zahl der Modelle der Luxusklasse, oftmals Ableitungen von Verkehrsflugzeugen, unaufhörlich. Der Markt von meist einmotorigen Reise- und Sportflugzeugen befindet sich ebenfalls in einer Wachstumsphase. Sowohl bewährte konventionelle Konstruktionen wie auch Modelle modernster Technologie erfreuen sich eines guten Absatzes.

Nach Jahren des Rückgangs spürt man in der Militärluftfahrt einen leichten Aufwind. Die Verteidigungsbudgets vieler Länder haben den Tiefpunkt offenbar erreicht. Es werden nun wieder mehr Mittel für die Beschaffung von neuem Fluggerät, aber auch für die Modernisierung von bestehenden Modellen, gesteckt. Bei den Kampfflugzeugen richtete sich das Augenmerk auf den JSF-Wettbewerb. Mittlerweile haben beide Konkurrenten, die Boeing X-32 und die Lockheed Martin X-35, die Flugerprobung aufgenommen. Ein erster Entscheid, welcher Typ weiterentwickelt wird, soll 2001 fallen. Sonst ist die Ausbeute an militärischen Neuentwicklungen recht gering. Hier öffnet sich aber eine neue Kategorie von «Flugzeugen», die sog. UAV (Unmanned Air Vehicles). Erstmals werden in dieser Ausgabe zwei Exponenten einer rasch wachsenden Gruppe vorgestellt. Ob und in welche Richtung sich das unbemannte Flugzeug weiterentwickelt, ist noch nicht klar. Es wird spannend sein, das weitere Geschehen aktiv zu verfolgen.

Die USA und Europa sind die beiden «Grossmächte», was die Flugzeugproduktion angeht. Aber auch andere Länder, insbesondere im asiatischen Raum, nehmen an Bedeutung immer mehr zu. Nebst China stehen Japan, aber auch Südkorea im Vordergrund. Eine traurige Ausnahme stellt Russland dar. Vom grossen Erfindergeist, dem traditionell hohen Knowhow, scheint nicht mehr viel übrig geblieben zu sein. Ein Hauptgrund ist sicher die mangelnden Finanzen, welche ein konkurrenzfähiges Agieren weitgehend verunmöglichen. So bleiben viele interessante Neuentwicklungen am Boden oder werden nach kurzer Erprobungszeit stillgelegt. Seit 1997 hat die russische Luftwaffe beispielsweise kein einziges neues Flugzeug erhalten! Alle Beschaffungs- und Modernisierungspläne bleiben Papierprojekte. Im Moment scheint sich die Situation etwas zu verbessern. Bei einigen Mustern wurde die Produktion wieder aufgenommen. Dies ist der Grund, warum in dieser Ausgabe einige alte russische Bekannte wieder vorgestellt werden.

Für Spannung ist somit weiterhin gesorgt. Man kann nur hoffen, dass die immer noch grosse Vielfalt an Flugzeugtypen auch in Zukunft erhalten bleibt.

Claudio Müller

AASI JETCRUZER 500P

Ursprungsland: USA.
Kategorie: Leichtes Firmenflugzeug.
Triebwerke: Eine Propellerturbine Pratt & Whitney Canada PT6A-66A von 1572 WPS (1200 kW) Leistung.
Leistungen (nach Angaben des Herstellers): Max. Reisegeschwindigkeit 555 km/h; Anfangssteiggeschwindigkeit 17,8 m/Sek; Dienstgipfelhöhe 9150 m; max. Reichweite 2500 km.
Gewichte: Leer 1397 kg; max. Startgewicht 2495 kg.
Zuladung: Ein Pilot und in der Normalausführung fünf Passagiere; verschiedene Einrichtungen für Fracht- und Sanitätseinsätze werden ebenfalls angeboten. Max. Nutzlast 1100 kg.
Entwicklungsstand: Der Erstflug der Jetcruzer 500P fand am 22. August 1997 statt. Derzeit fliegen drei Erprobungsmuster. Die ersten Kundenablieferungen starten voraussichtlich im 3. Quartal 2001. Bisher sind rund 190 Einheiten (+ Optionen) bestellt worden.
Bemerkungen: Unter der Bezeichnung Jetcruzer 450 entwickelte AASI ein einmotoriges, kostengünstiges Firmenflugzeug. Dieses flog erstmals am 11. Januar 1989, erhielt 1994 die Zulassung, ging aber nie in Produktion. Daraus abgeleitet wurde die grössere, leistungsfähigere und mit einer Druckkabine ausgerüstete Serienmaschine Jetcruzer 500P. Der Rumpf besteht vollständig aus Verbundwerkstoffen, während die Flügel in Entenbauweise eine konventionelle Metallstruktur aufweisen. Der Anschaffungspreis soll nur rund US$ 1,4 Mio. betragen. Als Weiterentwicklung befindet die 10- bis 12-plätzige Stratocruzer 1250 in Planung, angetrieben durch zwei FJ44-2-Turbofans. Der Zeitpunkt des Erstflugs ist aber noch offen.
Hersteller: AASI Aircraft, Long Beach Airport, Long Beach, Kalifornien, USA.

Abmessungen: Spannweite des Hauptflügels 12,86 m, des Vorflügels 5,77 m, Länge 9,20 m, Höhe 2,13 m, Fläche des Hauptflügels 17,80 m², des Vorflügels 1,80 m².

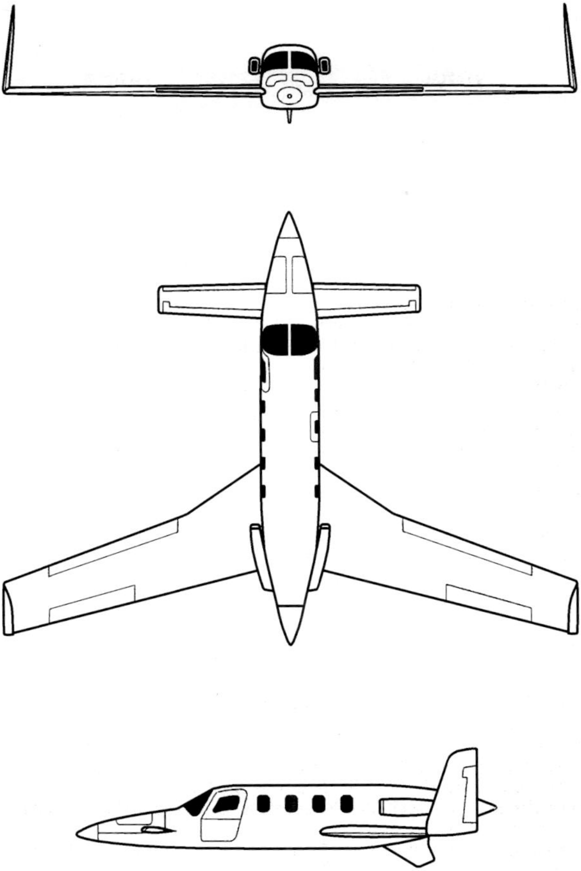

ADAM AIRCRAFT INDUSTRIES M-309

Ursprungsland: USA.
Kategorie: Leichtes Firmenflugzeug.
Triebwerke: Zwei luftgekühlte Sechszylinder-Boxermotoren Teledyne Continental TSIO-550 von je 350 PS (260 kW) Leistung.
Leistungen (nach Angaben des Herstellers): Höchstgeschwindigkeit 460 km/h; Reisegeschwindigkeit 410 km/h; Anfangssteiggeschwindigkeit 18,6 m/Sek; Dienstgipfelhöhe 9144 m; max. Reichweite mit IFR-Reserven 2780 km.
Gewichte: Noch keine Angaben erhältlich.
Zuladung: Ein Pilot und in der Normalausführung fünf Passagiere; max. Nutzlast 1050 kg.
Entwicklungsstand: Der Erstflug fand am 21. März 2000 statt. Drei überarbeitete Prototypen beginnen die Flugerprobung 2001. Bisher sind Kaufsabsichten für 25 Einheiten bekannt geworden. Mit der Auslieferung ist ab 2003 zu rechnen.
Bemerkungen: Die M-309 ist eine weitere Entwicklung des berühmten Konstrukteurs Burt Rutan. Das Muster erhielt die Bezeichnung «309», da es sich um die 309. Konstruktion des innovativen Rutan handelt. Hergestellt in neuester Karbon-Technologie, verfügt der Rumpf über eine Druckkabine. In der Serienversion soll dieser etwas länger werden, um Platz für eine Einstiegstreppe zu schaffen. Dank der Triebwerksanordnung vorne und hinten am Rumpf weist dieser Zweimotorer die Flugeigenschaften eines einmotorigen Flugzeuges auf. Aussergewöhnlich ist auch die Auslegung des ebenfalls vollständig aus Karbon bestehenden Flügels. Der als Tiefdecker ausgelegte Hauptflügel ist durch Doppelrümpfe mit dem Höhen-/Seitenleitwerk verbunden. Das Cockpit weist die heute üblichen Flachbildschirme auf. Die Kabine ist im Vergleich zu anderen Flugzeugen dieser Klasse recht voluminös (Innenlänge 3,00 m, Breite 1,40 m, Höhe 1,30 m).
Hersteller: Adam Aircraft Industries, Denver, Werk Centennial Airport Englewood, Colorado, USA.

Abmessungen: Spannweite 12,80 m, Länge 9,70 m, Höhe 2,70 m, Fläche 49,40 m².

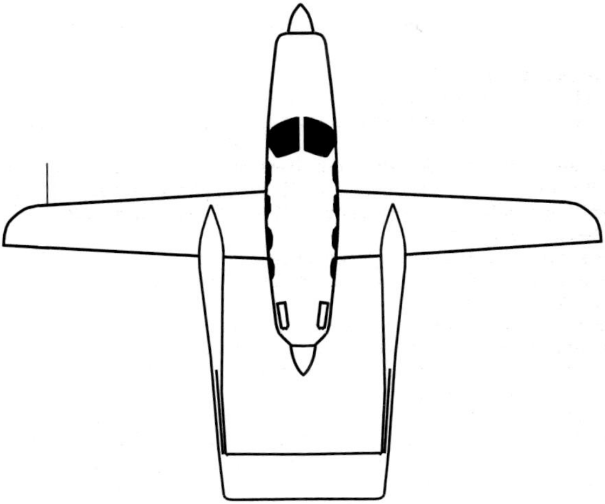

AERMACCHI 346 (YAKOWLEW/AERMACCHI YAK/AEM-130)

Ursprungsland: Russland und Italien.
Kategorie: Zweisitziger Fortgeschrittenentrainer.
Triebwerke: Zwei Mantelstromtriebwerke (Prototyp) Povarske Stroyary DV-25 bzw. (Serie) Klimow RD-35M von je 2220 kp (22,0 kN) Standschub.
Leistungen (nach Angaben des Herstellers): Höchstgeschwindigkeit auf optimaler Höhe 1000 km/h+, auf Meereshöhe 850 km/h+; Anfangssteiggeschwindigkeit 75 m/Sek; Reichweite mit normaler Treibstoffzuladung 2200 km; max. Überführungsreichweite 2500 km.
Gewichte (geschätzt): Leergewicht 4500 kg; normales Startgewicht 6200 kg; max. Startgewicht 9000 kg.
Entwicklungsstand: Der erste von voraussichtlich vier Prototypen startete mit grosser Verspätung am 25. April 1996 zum Erstflug. Die verbesserte Ausführung Aermacchi 346 soll Mitte 2002 erstmals fliegen. Bisher sind noch keine Bestellungen eingegangen.
Bemerkungen: Mit diesem Modell bewirbt sich Yakowlew zusammen mit vier anderen Herstellern für die Nachfolge der heutigen Trainingsflugzeuge Aero L 29 Delfin und L 39 Albatros bei der russischen Luftwaffe. Sie soll die wichtigsten Flugmanöver der heutigen Kampfflugzeuggeneration Su-27 und MiG-29 für die Schulung ausführen können. Die Entwicklung der Yak-130 erfolgt in Kooperation mit der italienischen Aermacchi. Die Konstruktion ist von konventioneller Art und besonders robust ausgelegt. Ungewöhnlich sind der komplexe Deltaflügel mit den ovalen Triebwerkeinläufen. Das Triebwerkmanagement (FADEC) ist vollständig digitalisiert, ebenso die übrige Avionik. Die Flugsteuerung stützt sich auf ein vierfach redundantes FBW-System ab. Nachdem das Projekt nicht der erwünschten Fortschritt erzielt hat, übernahm nun Aermacchi die Hauptverantwortung und wird unter der Bezeichnung 346 eine weiterentwickelte, mit amerikanischen F124-Triebwerken und italienischer Avionik ausgestattete Ausführung herstellen.
Hersteller: OKB Alexander S. Yakowlew, Werke Nizhniy Novgorod und Saratow, Russland.

Abmessungen: Spannweite 10,40 m, Länge 11,24 m, Höhe 4,78 m, Flügelfläche 23,50 m^2.

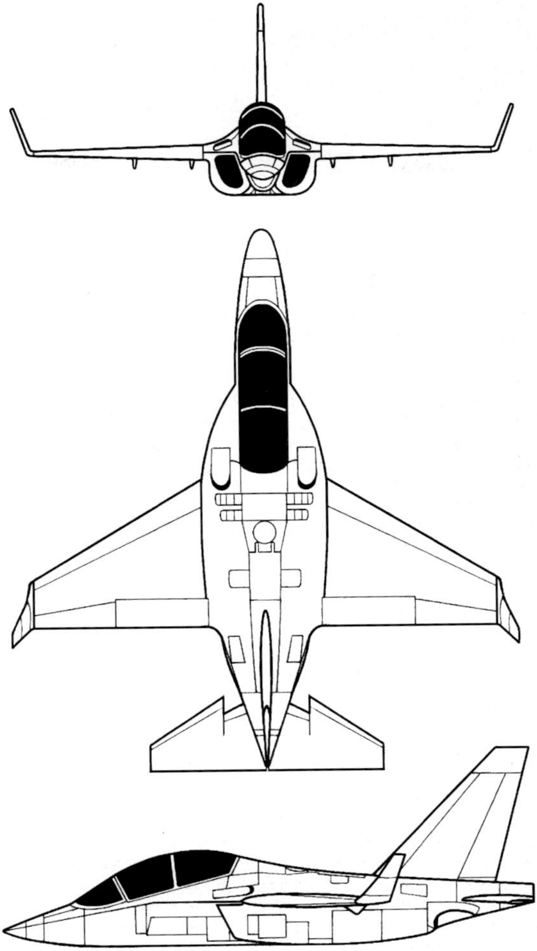

AERO L 159 ALBATROS

Ursprungsland: Tschechien.
Kategorie: Leichtes einsitziges (L 159A) und doppelsitziges (L 159B) Erdkampfflugzeug.
Triebwerke: Ein Mantelstromtriebwerk AlliedSignal/ITEC F124-GA-100 von 2850 kp (28 kN) Standschub.
Leistungen: Höchstgeschwindigkeit 936 km/h oder Mach 0,82 auf Meereshöhe, 912 km/h in 500 m; Anfangssteiggeschwindigkeit 47 m/Sek; Dienstgipfelhöhe 13200 m; Reichweite mit max. internem Kraftstoff und 10 % Reserven 1570 km, mit Zusatztanks 2530 km.
Gewichte: Rüstgewicht 4160 kg; max. Startgewicht 8000 kg.
Bewaffnung: Kombination von Waffen an einer Station unter dem Rumpf und sechs unter den Flügeln für Luft-Luft-Lenkwaffen, Luft-Boden-Lenkwaffen, Bomben und Elektronikbehälter im Gesamtgewicht von 2340 kg.
Entwicklungsstand: Der erste Prototyp dieser Ausführung, ein Doppelsitzer, hat die Flugerprobung am 2. August 1997 aufgenommen, gefolgt von der einsitzigen Ausführung am 18. August 1998. Die tschechische Luftwaffe hat 72 Einheiten bestellt, rund 20 davon sind bis Ende 2000 abgeliefert worden. Von den Vorgängerausführungen L 39, L 59 und L 139 (siehe Ausgabe 1995) sind bisher 2921 Maschinen für 20 Luftwaffen hergestellt worden. Die L 39C wird weiterhin in kleiner Zahl produziert.
Bemerkungen: Obwohl aus der bekannten L 39/L 59 abgeleitet, ist die L 159 in weiten Teilen eine Neuentwicklung. Der verlängerte Rumpf wurde im Frontbereich völlig überarbeitet, um dem modernen Avionik-System von Rockwell-Collins, u.a. bestehend aus Mehrzweck-Dopplerradar FIAR Grifo-L, MIL-STD-1553B-Databus, H-764G-Navigationssystem mit GPS, Head-Up Display usw. Platz zu machen. Dank des westlichen Triebwerks mit einem um 30 % erhöhten Schub konnten alle Flugleistungen markant gesteigert werden. Das Cockpit mit Flüssigkristallanzeigen ist weitgehend gepanzert. Zwei Ausführungen werden hergestellt: Der Doppelsitzer L 159B sowie der Einsitzer L 159A mit anstelle des zweiten Sitzes dort eingebautem Zusatztank.
Hersteller: Aero Vodochody a.s., Odolena Voda, Prag, CFR.

Abmessungen: Spannweite inkl. Flügelendtanks 9,54 m, Länge 12,73 m, Höhe 4,78 m, Flügelfläche 18,80 m^2.

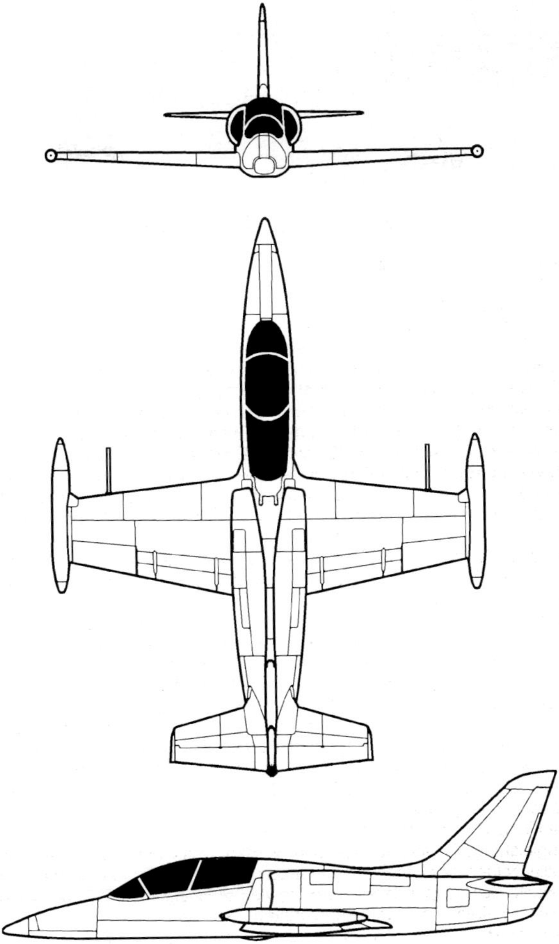

AERO AE 270

Ursprungsland: Tschechien.
Kategorie: Leichtes Mehrzweckflugzeug.
Triebwerke (Ae 270 P): Eine Propellerturbine Pratt & Whitney Canada PT6A-42A von 850 WPS (634 kW) Leistung bzw. (Ae 270 W) Walter M 601F von 777 WPS (580 kW) Leistung.
Leistungen (nach Angaben des Herstellers): Maximale Reisegeschwindigkeit auf 4000 m (P) 381 km/h, (W) 311 km/h; normale Reisegeschwindigkeit (P) 333 km/h, (W) 267 km/h; Anfangssteiggeschwindigkeit 8,2 m/Sek; Dienstgipfelhöhe (P) 9300 m, (W) 9200 m; Reichweite mit max. Zuladung (P) 470 km, (W) 480 km; max. Reichweite (P) 2200 km, (W) 1600 km.
Gewichte: Rüstgewicht 1700 kg; max. Startgewicht 3300 kg.
Zuladung: Ein bis zwei Mann im Cockpit und bis zu acht Passagiere bzw. bis zu 1200 kg Fracht.
Entwicklungsstand: Nach mehrjährigem Entwicklungsstopp nahm der erste Prototyp Ae270 P am 25. Juli 2000 die Flugerprobung auf. Drei Prototypen werden gebaut. Mit den Ablieferungen soll anfangs 2002 begonnen werden. Bisher sind keine Aufträge bekanntgegeben worden.
Bemerkungen: Die Ae 270 ist ein 50 : 50-Joint-Venture zwischen Aero und der AIDS in Taiwan. Zwei Ausführungen sind vorgesehen: Die Ae 270 W mit dem tschechischen Walter-Triebwerk, einheimischer Elektronik und Festfahrwerk sowie die Ae 270 P Ibis mit einem Triebwerk von Pratt & Whitney Canada, Avionik von AlliedSignal Bendix/King, Einziehfahrwerk und Druckkabine. AIDS stellt Flügel und Fahrwerk her, Aero den Rest der Struktur und ist für die Endmontage zuständig. Als Mehrzweckflugzeug ist die Ae 270 für Passagier- wie auch für Frachteinsätze vorgesehen, ebenso auch als Executive-Transporter. Später soll auch eine Ausführung mit Schwimmern angeboten werden. Preis der Basisausführung Ae 270 P etwa US$ 1,9 Mio.
Hersteller: Aero Vodochody a.s., Odolena Voda, Prag, CFR.

Abmessungen: Spannweite 13,80 m, Länge 12,24 m, Höhe 4,79 m, Flügelfläche 21 m².

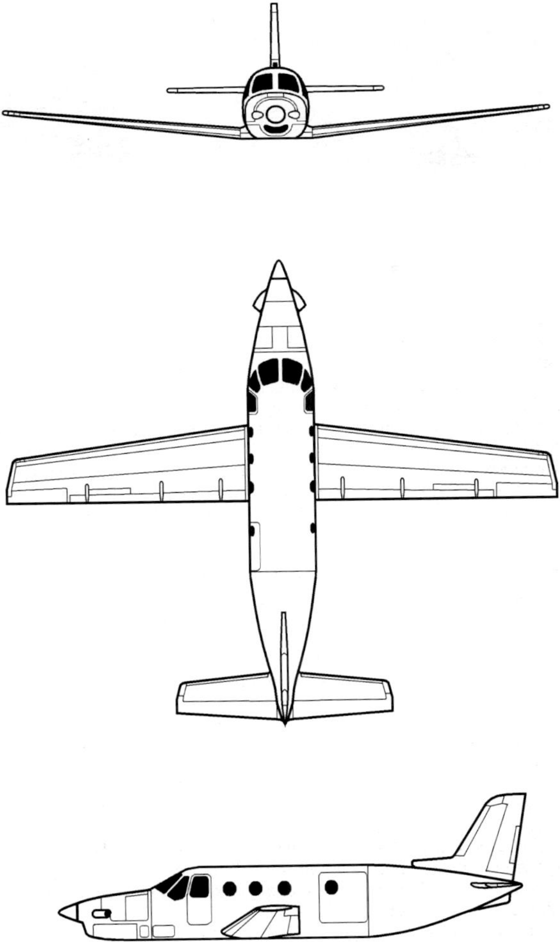

AGUSTA WESTLAND A109 POWER

Ursprungsland: Italien.
Kategorie: Leichter Mehrzweckhubschrauber.
Triebwerke: Zwei Gasturbinen Pratt & Whitney Canada PW206C von je 640 WPS (477 kW) Leistung.
Leistungen: Höchstgeschwindigkeit 311 km/h; max. Reisegeschwindigkeit 300 km/h auf 1520 m; max. Schrägsteiggeschwindigkeit 10,5 m/Sek; Schwebehöhe mit Bodeneffekt 5790 m, ohne Bodeneffekt 4054 m; Reichweite 830 km; max. Flugdauer 4 Std. 20 Min.
Gewichte: Leer 1555 kg; max. Startgewicht 2850 kg mit interner Nutzlast bzw. 3000 kg mit externer Nutzlast.
Zuladung: Ein Pilot und sieben Passagiere. Als Ambulanzhubschrauber zwei liegende Patienten und zwei Helfer. Max. Nutzlast 1130 kg.
Bewaffnung (A109KM): Bis zu acht drahtgelenkte TOW-Lenkwaffen, ein unter dem Rumpf montiertes 7,62-mm-Maschinengewehr oder eine 12,7-mm-Kanone an der Türe befestigt.
Entwicklungsstand: Diese neueste Version fliegt seit 8. Februar 1995. Nach Erhalt der Zulassung begannen die Ablieferungen Mitte 1996. Agusta hat bisher über 130 Festbestellungen bekanntgegeben, darunter neu 30 A109 LUH für die Südafrikanische Luftwaffe und 6 (+ 2 Optionen) als MH-68A bezeichnete für die US Coast Guard. Von allen Ausführungen sind bisher rund 550 Einheiten hergestellt worden. Die Jahresproduktion beläuft sich auf etwa 30 Einheiten.
Bemerkungen: Die aktuellste Version Power verfügt über einen neuen, weniger Teile umfassenden Hauptrotorkopf mit Titannabe und Elastomerlagern, welcher wesentlich wartungsfreundlicher ist. Die leistungsstärkeren Triebwerke sind mit einem elektronischen Triebwerkmanagement FADEC versehen. Das einziehbare Fahrwerk wurde überarbeitet. Schliesslich ist die Kabine etwas voluminöser ausgefallen. Die Power ist auch mit den französischen Triebwerken Turboméca Arrius 2K1 von je 670 WPS (500 kW) Leistung erhältlich. Die von der USCG bestellten Einheiten werden zur Bekämpfung der Drogenkriminalität mit FLIR-Geräten ausgestattet.
Hersteller: AgustaWestland Ltd., Werk Vergiate, Italien.

Abmessungen: Rotordurchmesser 11,00 m, Rumpflänge 11,44 m, Höhe 3,50 m.

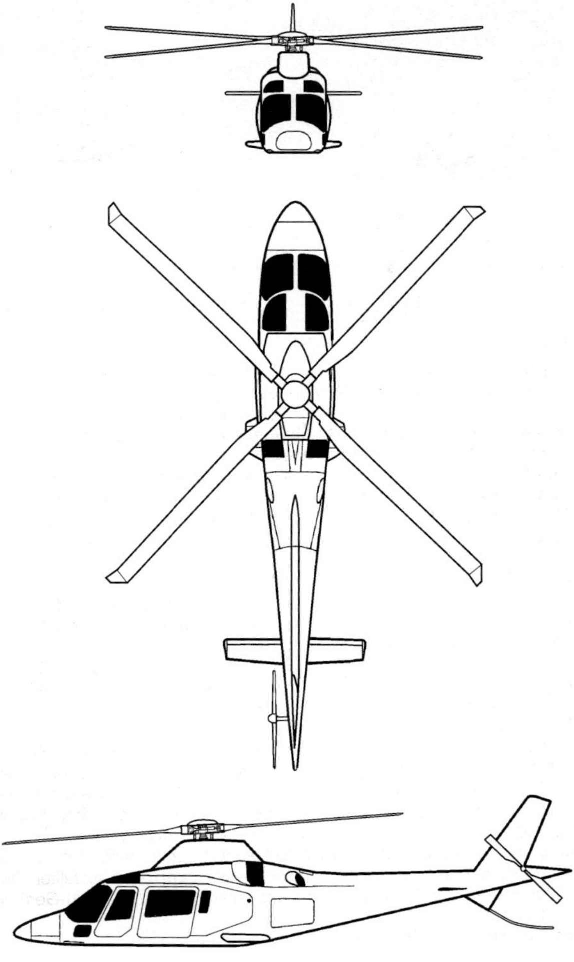

AGUSTA WESTLAND A119 KOALA

Ursprungsland: Italien.
Kategorie: Leichter Mehrzweckhubschrauber.
Triebwerke: Eine Gasturbine (Prototyp) Turboméca Arriel 1K1 von 800 WPS (596 kW) Dauerleistung bzw. (Serie) Pratt & Whitney Canada PT6B-37A von je 1000 WPS (747 kW) Dauerleistung.
Leistungen (mit PT6B-37-Triebwerk): Höchstgeschwindigkeit 278 km/h; max. Reisegeschwindigkeit 260 km/h; Schwebehöhe mit Bodeneffekt 3320 m, ohne Bodeneffekt 2450 m; Dienstgipfelhöhe 5460 m; max. Flugzeit 3 Std. 48 Min. bzw. max. Reichweite 620 km.
Gewichte: Rüstgewicht 1550 kg; max. Startgewicht 2720 kg, später bis zu 3000 kg.
Zuladung: Pilot und bis zu sieben Passagiere. Max. Nutzlast 1155 kg.
Entwicklungsstand: Der erste von zwei Prototypen fliegt seit April 1995. Nach der verspäteten Zulassung Mitte 1999 folgten die ersten Auslieferungen an Kunden Ende 2000. Bisher sind über 20 Einheiten bestellt worden, für rund 30 weitere bestehen Optionen. Die italienischen Carabinieri-Verbände sollen insgesamt bis zu 50 Einheiten erhalten. Der Beschaffungsentscheid steht aber noch aus. Bei Denel in Südafrika soll eine zweite Montagestrasse errichtet werden.
Bemerkungen: Die A119 Koala stellt das günstige Einstiegsmodell der A109 dar. Sie ist zu einem Kaufpreis von bereits US$ 1,78 Mio. erhältlich. Von der A109 sind die Zelle sowie der Rotor weitgehend übernommen. Was das Kabinenvolumen angeht, ist die A119 der derzeit grösste einmotorige Hubschrauber. In ihr finden acht Personen bzw. als Ambulanzhubschrauber bis zu zwei Bahren für liegende Patienten Platz. Zudem verfügt sie über einen voluminösen Gepäckraum von 0,95 m^3. In der ganzen Auslegung wurde auf Wirtschaftlichkeit und Robustheit Wert gelegt.
Hersteller: AgustaWestland Ltd., Werk Vergiate, Italien.

Abmessungen: Rotordurchmesser 11,00 m, Rumpflänge 11,07 m, Höhe 3,30 m.

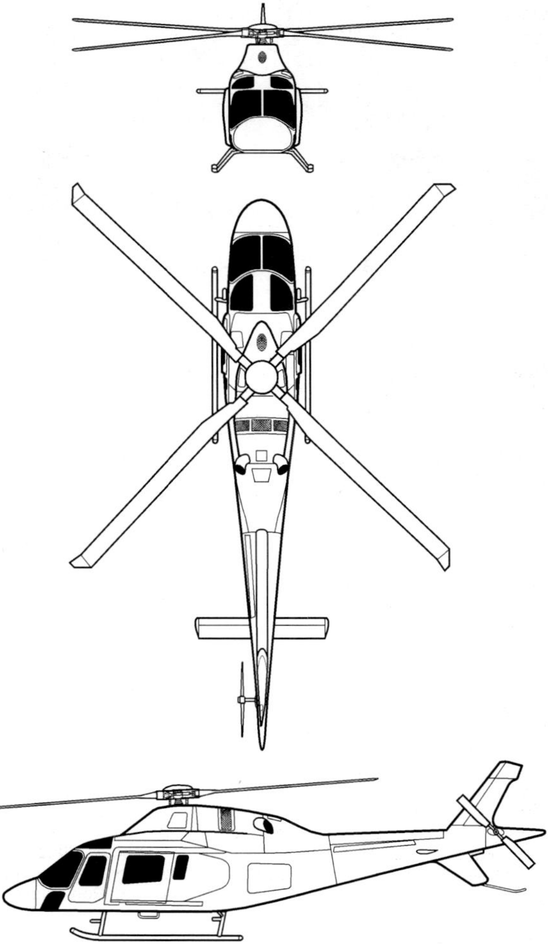

AGUSTA WESTLAND SUPER LYNX 300

Ursprungsland: Grossbritannien.
Kategorie: Militärischer Mehrzweckhubschrauber für Armee- (Battlefield Lynx) und Marineeinsätze (Super Lynx).
Triebwerke: Zwei Gasturbinen Honeywell LHTEC CTS800-4N von je 1620 WPS (1207 kW) oder Rolls-Royce Gem 42-1 von je 1120 WPS (835 kW) Leistung.
Leistungen (Gem 42-1): Max. Reisegeschwindigkeit 256 km/h auf Meereshöhe; Schrägsteiggeschwindigkeit 10 m/Sek; Reichweite bei taktischem Einsatz und 20 Min. Reserven 685 km.
Gewichte (Super Lynx 300): Rüstgewicht 3943 kg; max. Startgewicht 5125 kg.
Zuladung: Ein bis zwei Piloten und je nach Einsatzzweck bis zu 12 Personen in der Kabine. Als Rettungshubschrauber drei bis acht Patienten samt Pfleger; Rettungswinde von 272 kg Tragkraft.
Bewaffnung: Als Panzerabwehrhubschrauber bis zu acht TOW-, HOT- oder Hellfire-Lenkwaffen; als Schiffsabwehr-Hubschrauber und U-Boot-Jäger bis zu vier Lenkwaffen Sea Skua, AS12TT oder zwei Penguin.
Entwicklungsstand: Erstflug dieser vorläufig letzten Version am 27. Januar 1999. Neueste Bestellung für die Marineversion Super Lynx HAS Mk.300: Südafrika 4 Mk. 64. Von allen Ausführungen wurden bisher über 400 Einheiten an zwei Luftwaffen und 13 Marinen geliefert.
Bemerkungen: Derzeit prüft die britische Armee, ihre Battlefield Lynx-Hubschrauber der Versionen AH7/9 mit den Honeywell T800-Triebwerken auszustatten. Die Marineversion Super Lynx wird in drei Ausführungen angeboten: Srs.100 mit Rolls-Royce Gem 42-1-Triebwerken und Hauptrotor aus Verbundwerkstoff, 360°-Seaspray-Radar im Rumpfbug und konventionellem Cockpit; Srs.200 in ähnlicher Konfiguration, aber mit LHTEC CTS800-Triebwerken und FADEC-System; Srs.300-Topausführung zusätzlich mit Night-Vision-Goggles (NVG), Glascockpit, digitaler Avionik und doppelt redundantem Databus MIL-STD-1553D.
Hersteller: AgustaWestland Ltd., Werk Yeovil, Grossbritannien.

Abmessungen: Rotordurchmesser 12,80 m, Rumpflänge mit gefalteten Rotorblättern 13,24 m, Höhe inkl. Rotorkopf 3,67 m.

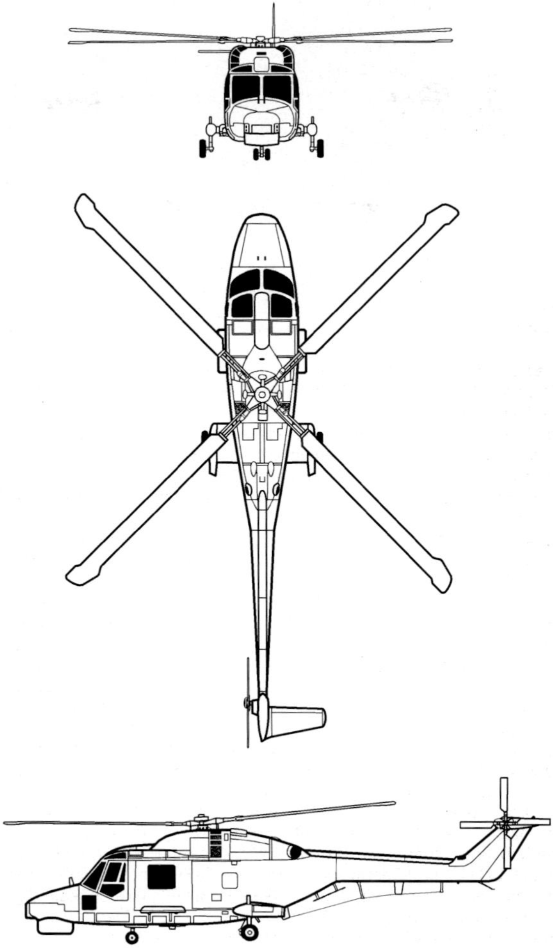

AGUSTA WESTLAND EH 101

Ursprungsland: Grossbritannien und Italien.
Kategorie: U-Boot-Jäger sowie Transporthubschrauber.
Triebwerke: Drei Gasturbinen (RN) Rolls-Royce-Turboméca RTM 322 von je 2312 WPS (1566 kW) oder (italienische Marine) General Electric T700-GE-T6A von je 1714 WPS (1278 kW) oder CT7-6A1 von je 2000 WPS (1491 kW) Leistung.
Leistungen (CT7-6): Max. Fluggeschwindigkeit 308 km/h; typische Reisegeschwindigkeit 272 km/h; ökonom. Reisegeschwindigkeit 267 km/h; Schwebehöhe mit Bodeneffekt 2745 m, ohne Bodeneffekt 1675 m; max. Flughöhe 4600 m; Reichweite mit 30 Passagieren 926 km; Überführungsreichweite mit Zusatztanks 1760 km.
Gewichte: Rüstgewichte ASW-Ausführung 9275 kg, Mehrzweckversion 9000 kg, Zivilausführung 8993 kg; max. Startgewicht ASW-Ausführung 13530 kg, übrige 14288 kg.
Zuladung: Zwei Piloten und 30 Passagiere; max. Nutzlast 6700 kg.
Bewaffnung (HM Mk.1): Vier Leichtgewichttorpedos Stingray oder Antischiffslenkwaffen der Exocet-Harpoon-Klasse.
Entwicklungsstand: Die erste von neun Entwicklungsmaschinen flog erstmals am 9. Oktober 1987. Bisherige Bestellungen: Grossbritannien 66 (44 ASW-Version HM Mk.1 für RN, 22 Mehrzweckversion HC Mk.3 für RAF), Italien 16 für Marine (8 ASW, 4 AEW und 4 Mehrzweckversion), Kanada 15 SAR-Version AW520 Cormorant (Ablieferung ab 2001, siehe Ausgabe 1999), Polizei von Tokyo 1 der Zivilausführung. Die ersten Staffeln der RN sowie der RAF sind seit 2000 einsatzbereit.
Bemerkungen: Westland prüft die Entwicklung einer für amphibische Einsätze optimierten Version. Diese Ausführung würde dank leistungsfähigerer Triebwerke RTM322-04 von je 2330 WPS (1735 kW) Leistung über ein höheres Abfluggewicht von rund 16000 kg verfügen. Sie hätte auch neue, leicht vergrösserte Rotoren.
Hersteller: AgustaWestland London, Grossbritannien.

Abmessungen: Rotordurchmesser 18,59 m, Rumpflänge 19,51 m, Höhe inkl. Rotorkopf 5,21 m.

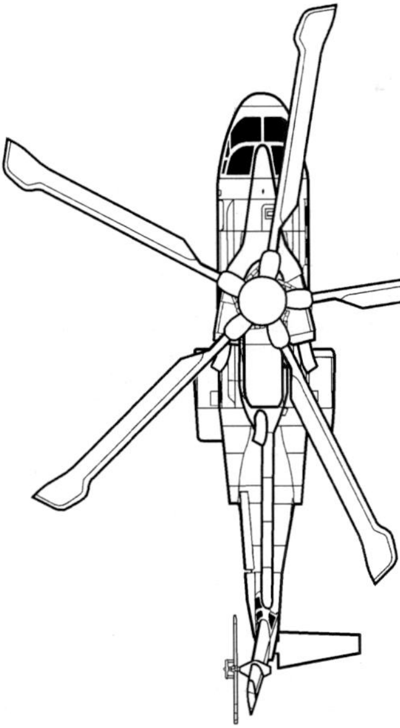

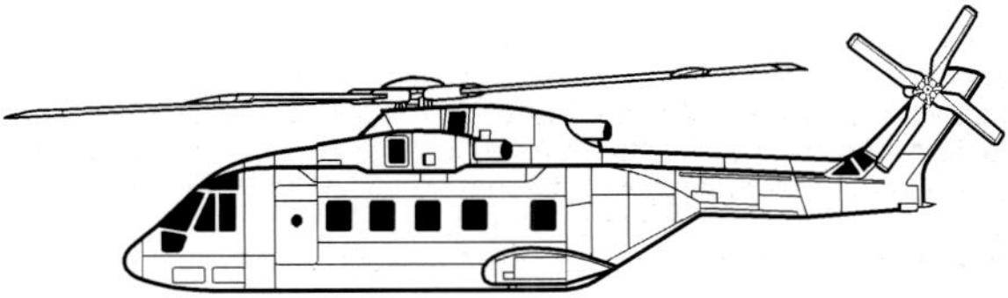

AGUSTA WESTLAND BELL AB139

Ursprungsland: Mittelschwerer Mehrzweckhubschrauber.
Kategorie: Italien und USA.
Triebwerke: Zwei Gasturbinen Pratt & Whitney Canada PT6C-67C von je 1680 WPS (1253 kW) Leistung.
Leistungen (geschätzt): Reisegeschwindigkeit 290 km/h; Schrägsteiggeschwindigkeit 10 m/Sek; Schwebehöhe mit Bodeneffekt 3600 m, ohne Bodeneffekt 2920 m; max. Flugdauer 3,9 Std; Reichweite 750 km.
Gewichte (geschätzt): Max. Startgewicht 6000 kg.
Zuladung: Zwei Piloten und zwischen 12 und 15 Passagiere oder für Rettungseinsätze sechs liegende Verletzte und vier Pfleger; max. Nutzlast intern 2500 kg, extern 2700 kg.
Entwicklungsstand: Der erste von drei Vorserienmodellen soll Ende 2000 die Flugerprobung aufnehmen. Bisher sind zwei Einheiten von Bristow Helicopters bestellt worden. Die Auslieferung der ersten Serienmuster ist für 2002 geplant.
Bemerkungen: Erstmals an der Pariser Luftfahrtausstellung 1999 als Attrappe vorgestellt, ist die AB139 ein Gemeinschaftsprojekt von Agusta (75%) und Bell (25%), wobei die erstgenannte Firma den Lead beim Vorhaben innehat. An der Herstellung sind u.a. auch Westland (Heck), PZL Swidnik (Rumpfkomponenten), Honeywell (Primus Epic Avionik) beteiligt. Als eigentlicher Nachfolger der erfolgreichen Bell 205 - 412-Familie soll das neue Muster auf beiden Seiten des Atlantiks parallel hergestellt werden. Als Haupteinsatzgebiete der AB139 sind vorgesehen: Transport von Geschäfts-/VIP-Personen, Überwachungsaufgaben, EMS-Transporte und Versorgung von Ölbohrplattformen. Auch bewaffnete Ausführungen für Militäreinsätze sind geplant. Die AB139 zeichnet sich durch eine für ihre Klasse sehr voluminöse Kabine aus. Die elektronische Ausrüstung entspricht dem heutigen Standard.
Hersteller: AgustaWestland Ltd., Werk Vergiate, Italien und Bell Helicopter Textron, USA.

Abmessungen: Rotordurchmesser 13,80 m, Rumpflänge bei drehendem Rotor 16,65 m, Höhe über Heckleitwerk 4,95 m.

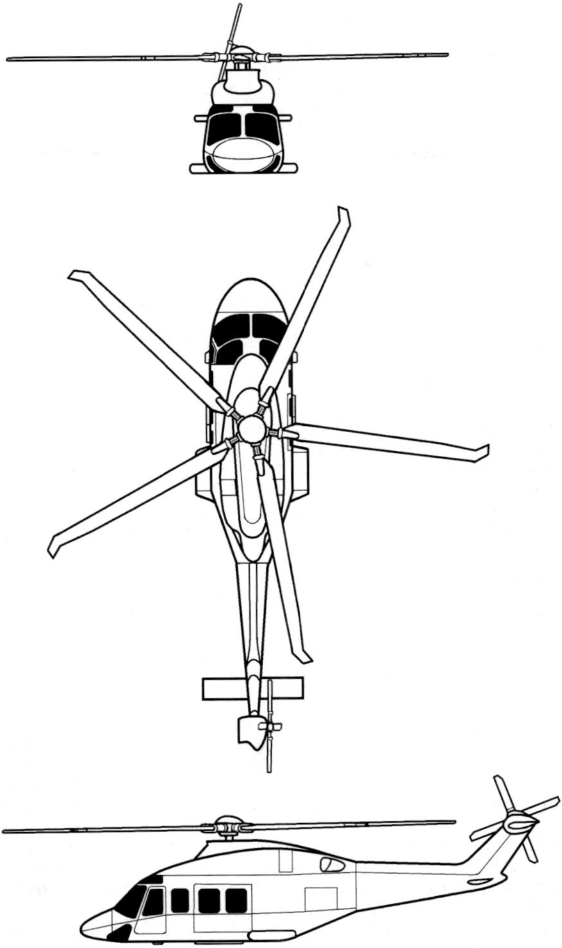

AIRBUS A320/A321

Ursprungsland: Europäisches Konsortium.
Kategorie: Kurz- und Mittelstrecken-Verkehrsflugzeug.
Triebwerke: Zwei Mantelstromtriebwerke CFM International (A320) CFM56-5B4 von je 12020 kp (117,9 kN) bzw. (A321) CFM56-5B1 von je 13607 kp (133,4 kN) bzw. -5B2 von je 14060 kp (138 kN) oder zwei IAE V2530-A5 von je 14060 kp (138 kN) Standschub.
Leistungen: Max. Reisegeschwindigkeit 903 km/h auf 8535 m; ökonom. Reisegeschwindigkeit 828 km/h; Dienstgipfelhöhe 11890 m; Reichweite mit max. Passagierzahl (A320) 5030 km, (A321) 4350 km.
Gewichte: Rüstgewicht (A320) 42765 kg, (A321) 47500 kg; max. Startgewicht (A320) 77020 kg, (A321) 83000 kg.
Zuladung: Zwei Mann Cockpitbesatzung und Mehrklassenbestuhlung für normalerweise (A320) 150 bzw. (A321) 170 Passagiere. Einheitsklassen-Innenausstattung für max. (A320) 179 bzw. (A321) 220 Passagiere; max. Nutzlast 21600 kg.
Entwicklungsstand: Der Prototyp der A320 nahm am 22. Februar 1987, jener der A321 am 11. März 1993 die Flugerprobung auf; erste Auslieferungen (A320) im März 1988 bzw. (A321) im Januar 1994. Von den Modellen A318/319/320/321 waren bis Ende 2000 zusammen rund 2650 bestellt, darunter etwa 1430 A320 und 370 A321. Die Monatsproduktion der A319/320/321-Familie wurde auf 30 Einheiten erhöht.
Bemerkungen: Der Rumpf der A321 wurde um je ein Einsatzelement von 4,27 m vor und hinter dem Flügel verlängert und fasst dadurch zusätzliche 36 Passagiere in Sechserreihen. Ausser einem wegen des höheren Abfluggewichts verstärkten Fahrwerk und leistungsfähigeren Triebwerken sind die Änderungen gegenüber dem Grundmuster A320 bewusst auf ein Minimum beschränkt. Unter der Bezeichnung A321-200 fliegt seit 12. Dezember 1996 eine schwere Ausführung, welche dank leistungsfähigeren Triebwerken und auf 93000 kg erhöhtem Abfluggewicht und grösserer Treibstoffzuladung Reichweiten bis zu 5600 km zulässt. Northrop Grumman und Airbus entwickeln gemeinsam eine Überwachungsvariante «Joint STARS» für die NATO.
Hersteller: Airbus Industrie, Blagnac, Frankreich, Werke (A320) Toulouse-Blagnac, (A321) Hamburg-Finkenwerder, Deutschland, Teil der EADS (European Aeronautic Defence and Space Company).

Abmessungen: Spannweite 34,09 m, Länge (A320) 36,45 m, (A321) 44,50 m, Höhe 11,80 m, Flügelfläche 122,40 m².

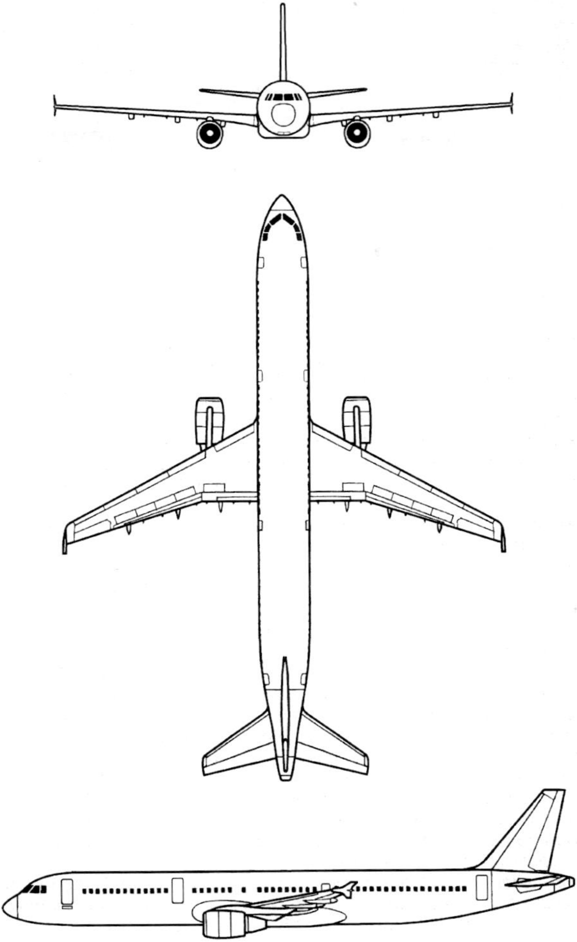

AIRBUS A319

Ursprungsland: Europäisches Konsortium.
Kategorie: Kurz- und Mittelstrecken-Verkehrsflugzeug, Firmenflugzeug (A319CJ).
Triebwerke: Zwei Mantelstromtriebwerke CFM International CFM56-5A4/-5B5 von je 10160 kp (99,7 kN) Standschub oder zwei IAE V2524 mit gleicher Leistung. Weitere Triebwerksvarianten als Option.
Leistungen: Max. Reisegeschwindigkeit 900 km/h auf 10050 m, normale Reisegeschwindigkeit 840 km/h auf 11280 m; Reichweite mit max. Nutzlast 3300 km, max. Reichweite 7700 km.
Gewichte: Rüstgewicht 39200 kg; max. Startgewicht 64000 kg, als Option 68000 kg.
Zuladung: Zwei Mann Cockpitbesatzung und je nach Innenausstattung bis zu 153 Passagiere in Sechserreihen, normalerweise aber 124 Passagiere in zwei Klassen. Max. Nutzlast 15000 kg.
Entwicklungsstand: Die erste A319 hat am 25. August 1995 die Flugerprobung aufgenommen und wurde im April 1996 in Dienst gestellt. Bis Ende Dezember 2000 sind rund 700 Einheiten bestellt und mehr als 280 abgeliefert worden; grösster Einzelbesteller bisher Northwest mit 50 Maschinen.
Bemerkungen: Die A319 ist die zweitkleinste Version der mittlerweile recht umfangreichen A320-Familie und deckt vorwiegend die Bedürfnisse des Kurzstreckenverkehrs ab. Ausser einem kürzeren Rumpf, leistungsreduzierten Triebwerken und geringeren Gewichten fügt sie sich nahtlos in das modulare Konstruktionsprinzip von A320 und A321 ein. Zurzeit werden zwei Ausführungen mit unterschiedlichem Abfluggewicht und Reichweitenleistungen angeboten. Seit 1999 ist die Geschäftsreiseversion A319CJ (siehe Foto) erhältlich. Dank je nach Ausführung zwei bis sieben Extratanks im Rumpf kann sie Reichweiten bis zu 11700 km erzielen. Je nach Einrichtung finden 25 bis 60 Personen Platz. Bisher sind 28 Einheiten (+ Optionen) bestellt worden, darunter je zwei von Italien und Frankreich als Regierungsmaschinen.
Hersteller: Airbus Industrie, Blagnac, Frankreich, Werk Hamburg-Finkenwerder, Deutschland, Teil der EADS (European Aeronautic Defence and Space Company).

Abmessungen: Spannweite 34,10 m, Länge 33,84 m, Höhe 11,80 m, Flügelfläche 122,40 m^2.

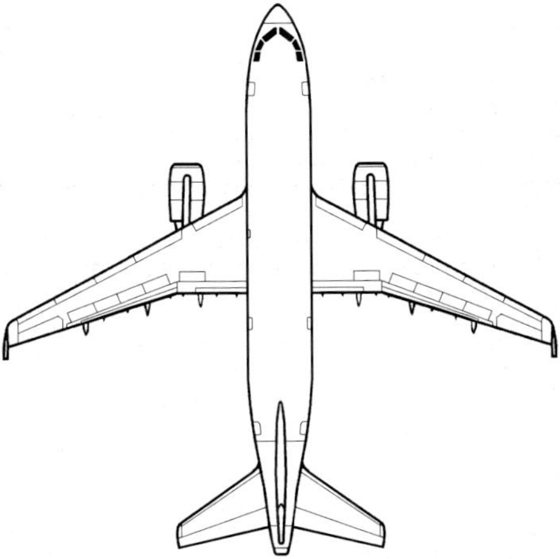

AIRBUS A318

Ursprungsland: Europäisches Konsortium.
Kategorie: Kurz- bis Mittelstrecken-Verkehrsflugzeug.
Triebwerke: Zwei Mantelstromtriebwerke CFM International CFM56-5 bzw. Pratt & Whitney PW6000 von je zwischen 9070 und 10430 kp (89,0 und 102,3 kN) Standschub.
Leistungen (nach Angaben des Herstellers): Max. Reisegeschwindigkeit Mach 0,82; Reichweite mit max. Nutzlast 2800 km, als Option max. Reichweite 5300 km.
Gewichte: Rüstgewicht 38400 kg; Startgewicht 59000 kg, max. Startgewicht als Option 66000 kg.
Zuladung: Zwei Mann Cockpitbesatzung und je nach Innenausstattung normalerweise 107 Passagiere in zwei Klassen oder 117 Passagiere in einer Klasse.
Entwicklungsstand: Die A318 soll ihren Erstflug im letzten Quartal 2001 durchführen und rund ein Jahr später an den Erstbesteller ausgeliefert werden. Bis Ende 2000 sind 161 Einheiten bestellt worden, darunter TWA mit 50, ILFC und GE Capital je 30, BA und GATX je 12 Einheiten.
Bemerkungen: Die A318 wurde hauptsächlich als Konkurrenzmuster zur Boeing 717 entwickelt (siehe Seiten 82/83). Als die neueste und kleinste Version der A320-Familie deckt sie vorwiegend die Bedürfnisse des Kurzstreckenverkehrs ab. Ausser einem nochmals um 2,40 m verkürzten Rumpf, leistungsreduzierten Triebwerken bzw. mit dem PW6000 ein Alternativmodell und geringeren Gewichten fügt sie sich nahtlos in das modulare Konstruktionsprinzip von A319, A320 und A321 ein. Aus Gründen der Richtungsstabilität wurde das Seitenleitwerk etwas grösser gestaltet. Zurzeit werden zwei Ausführungen mit unterschiedlichem Abfluggewicht und Reichweitenleistungen angeboten.
Hersteller: Airbus Industrie, Blagnac, Frankreich, Werk Hamburg-Finkenwerder, Deutschland, Teil der EADS (European Aeronautic Defence and Space Company).

Abmessungen: Spannweite 34,10 m, Länge 31,44 m, Höhe 12,56 m, Flügelfläche 122,40 m^2.

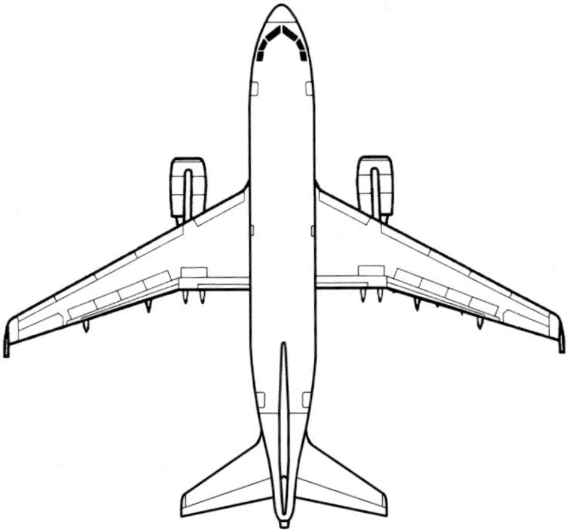

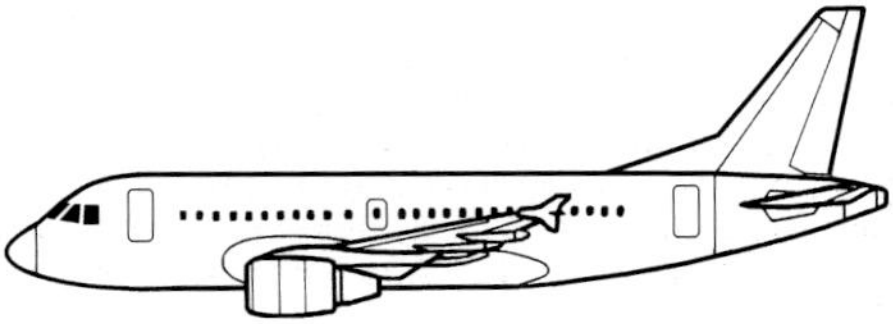

AIRBUS A330-200

Ursprungsland: Europäisches Konsortium.
Kategorie: Langstrecken-Verkehrsflugzeug.
Triebwerke: Zwei Mantelstromtriebwerke Rolls-Royce Trent 772, General Electric CF6-80E1 oder Pratt & Whitney PW 4168 von zwischen 29600 und 31000 kp (302 und 316 kN) Standschub.
Leistungen: Max. Reisegeschwindigkeit 900 km/h; ökonom. Reisegeschwindigkeit 880 km/h; Dienstgipfelhöhe 12000 m; Reichweite mit 293 Passagieren 12000 km, mit 380 Passagieren 9900 km.
Gewichte: Rüstgewicht 120000 kg; max. Startgewicht 230000 kg.
Zuladung: Zwei Mann Cockpitbesatzung und bei üblicher Dreiklassenbestuhlung 16 Passagiere in der Ersten, 36 in der Zweiten und 205 in der Touristenklasse in Sechser- bzw. Achterreihen mit zwei Mittelgängen. Max. 380 Passagiere in Neunerreihen bzw. max. Nutzlast 36400 kg.
Entwicklungsstand: Der Erstflug des Prototyps der 330-200 fand am 13. August 1997 statt, gefolgt von zwei weiteren Erprobungsmustern mit unterschiedlichen Triebwerken. Die Auslieferungen begannen im April 1998. Bis Ende 2000 sind Bestellungen für rund 140 Einheiten (+ 50 Optionen) von 21 Flug- oder Leasinggesellschaften eingegangen, darunter von Emirates, Swissair (18), ILFC (17) und AUA (4). Der Auftragsbestand des Ausgangsmusters A330-300 beläuft sich auf etwa 200 Maschinen.
Bemerkungen: Die A330-200 ist die Langstrecken-Version der A330-Familie. Dafür wurde der Rumpf um 5,33 m verkürzt und das Fassungsvermögen an Treibstoff auf 139000 Liter erhöht. Zudem erfuhr das Seitenleitwerk eine kleine Überarbeitung. Im übrigen ist diese Ausführung mit der A330-300 (siehe Ausgabe 1998 und Silhouette) weitgehend identisch. Mit der A340-300 gemeinsam sind die Flügel, das Seitenleitwerk, die Cockpit-auslegung sowie alle übrigen Systeme. Als Ersatz der A300/A310 lanciert Airbus nächstens eine nochmals verkleinerte Ausführung der A330, die A330-500. Sie soll 2003 erstmals fliegen. Der Rumpf wird um 2,65 m vor und 2,12 m hinter den Flügeln verkürzt und fasst nur noch 220 Passagiere. Dafür erhöht sich die Reichweitenleistung bei einem max. Abfluggewicht von 233000 kg auf etwa 13000 km. Aber auch eine A330-300 mit grösserer Reichweite ist in Planung.
Hersteller: Airbus Industrie, Blagnac, Frankreich, Teil der EADS (European Aeronautic Defence and Space Company).

Abmessungen: Spannweite inkl. Winglets 60,30 m, Länge 58,98 m, Höhe 17,89 m, Flügelfläche 363,10 m^2.

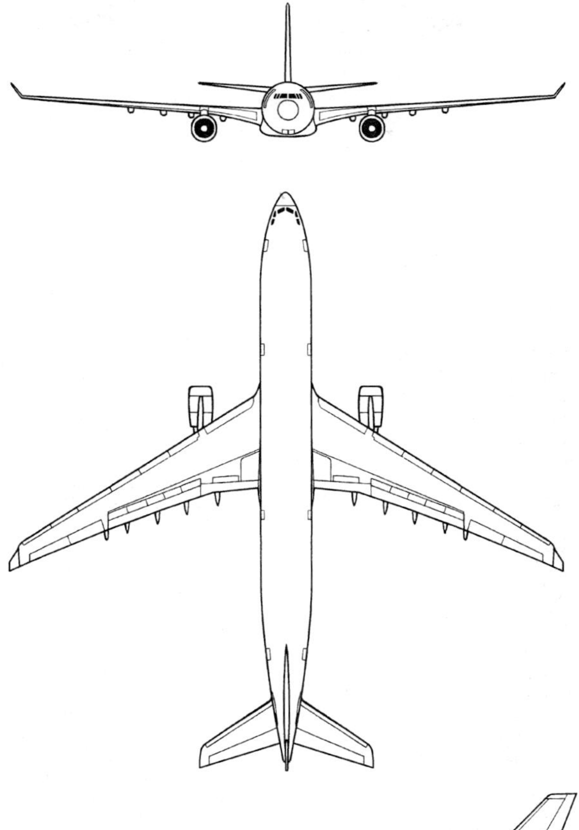

AIRBUS A340-600/-500

Ursprungsland: Europäisches Konsortium.
Kategorie: Langstrecken-Verkehrsflugzeug.
Triebwerke: Vier Mantelstromtriebwerke Rolls-Royce (-600) Trent 556 von je 25380 kp (249 kN) oder (-500) Trent 553 von je 24050 kp (236 kN) Standschub.
Leistungen (nach Angaben des Herstellers): Max. Reisegeschwindigkeit 930 km/h (Mach 0,86); ökonomische Reisegeschwindigkeit 890 km/h; Reichweite (-600/-500) mit normaler Passagierzahl 13900/15750 km.
Gewichte (-600/-500): Leergewicht 177000/170400 kg; max. Startgewicht 365000 kg.
Zuladung: Zwei Mann Cockpitbesatzung und in einer Dreiklassenbestuhlung (-600/-500) 12 Erstklasse-, 54/42 Businessklasse- und 314/259 Touristenklassepassagiere in Siebner-, Achter- und Neunerreihen, insgesamt also 380 bzw. 313 Passagiere; bei Einklassenbestuhlung in Neunerreihen 485/440.
Entwicklungsstand: Als nächste Ausführung wird die A340-600 im April 2001 die Flugerprobung aufnehmen, gefolgt von der ersten A340-500 Ende 2001. Die Auslieferungen beginnen Anfang bzw. Ende 2002. Nebst 64 Optionen sind bisher von der -600 42 Einheiten (u.a. Lufthansa 11, Swissair 11, Virgin Atlantic 10), von der -500 21 bestellt worden. Von allen Ausführungen der A340 waren bis Ende 2000 rund 310 Maschinen bestellt und deren 190 abgeliefert.
Bemerkungen: Mit den Ausführungen A340-600 bzw. -500 erfährt die A340-Familie eine wesentliche Weiterentwicklung. Die Variante -600 erhält eine Verlängerung des Rumpfes um 11,10 m und wird vorübergehend zum längsten Flugzeug der Welt. Die -500 (siehe Silhouette) setzt, bei nur gering grösserer Rumpflänge als die A340-300, auf grosse Reichweitenleistungen. Beide Modelle sind mit einem neuen Flügel sowie wesentlich leistungsfähigeren Triebwerken ausgestattet. Das Höhenleitwerk ist neu komplett aus Kohlefaser gefertigt. Im übrigen sind weite Teile von Struktur und Systemen sind mit der A330 identisch.
Hersteller: Airbus Industrie, Blagnac, Frankreich, Teil der EADS (European Aeronautic Defence and Space Company).

Abmessungen: Spannweite inkl. Winglets 63,50 m, Länge (-600) 74,80 m, (-500) 67,80 m, Höhe 16,74 m, Flügelfläche 437,00 m².

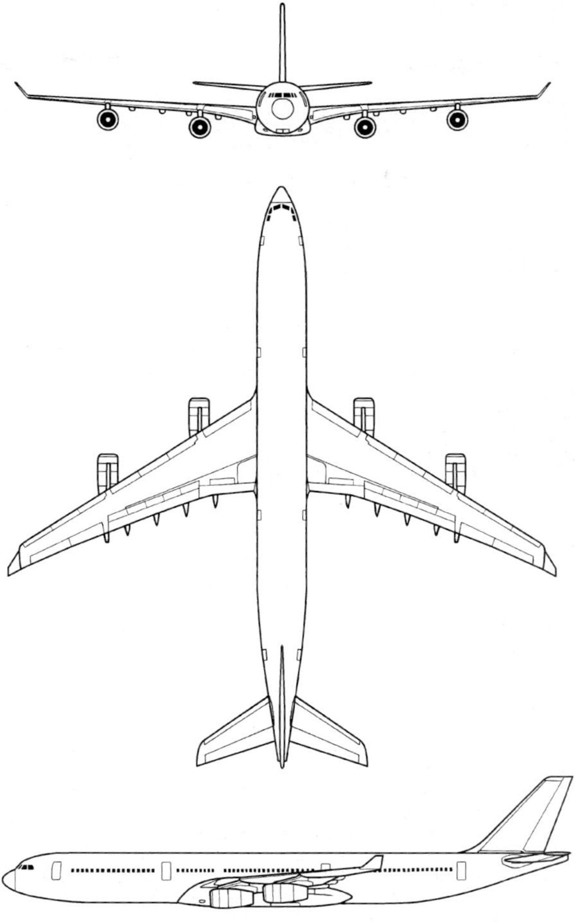

AIRTECH (CASA/IPTN) CN-235-200

Ursprungsland: Spanien und Indonesien.
Kategorie: Mehrzwecktransporter bzw. Militärfrachter (CN-235M) und Marine-Patrouillenflugzeug (CN-235MPA).
Triebwerke: Zwei Propellerturbinen General Electric CT7-9C von je 1750 WPS (1305 kW) Leistung.
Leistungen: Max. Reisegeschwindigkeit 460 km/h auf 4575 m; max. Anfangssteiggeschwindigkeit 7,75 m/Sek; Dienstgipfelhöhe 7620 m; Reichweite mit max. Nutzlast und 45 Min. Reserven 1773 km, mit 2400 kg und max. Treibstoffzuladung 3658 km.
Gewichte: Normales Rüstgewicht 9800 kg (CN-235M: 8600 kg); max. Startgewicht 15800 kg (CN-235M: 16500 kg).
Zuladung: Zwei Piloten und Standard-Innenausstattung für 40 oder 44 Passagiere in Viererreihen bzw. Nutzlast von 4300 kg, in der Kombiversion CN-235QC 18 Passagiere und zwei LD-3-Container. Als Militärtransporter (CN-235M) 53 Soldaten bzw. bis zu 6000 kg Fracht.
Entwicklungsstand: Der erste Prototyp flog erstmals am 11. November 1983. Bis Dezember 2000 waren von den zivilen und militärischen Varianten zusammen rund 250 Einheiten bestellt. Grösster Einzelkunde ist die Türkei mit 61 CN-235M (Lizenzbau). Neueste Bestellungen: Indonesische Marine 4 CN-235-200 MPA.
Bemerkungen: Die CN-235 wird in Gemeinschaftsarbeit zwischen der spanischen CASA und der indonesischen IPTN gebaut. Eine ASW/Marine-Patrouillenversion CN-235MPA mit einem 360°-Suchradar fliegt seit 1991 und wurde von Brunei, Indonesien, Irland, Spanien und der Türkei bestellt. Sie besitzt die Möglichkeit, bis zu zwei Antischiffs-Lenkwaffen AM-39 Exocet oder zwei Torpedos Mk. 46 mitzuführen. Die neueste Version ist die CN235-300 mit stärkeren CT7-9C3-Triebwerken von 1900 WPS (1400 kW) Leistung, Honeywell-Avionik und ARL-2002 EW-Selbstverteidigungssystem.
Hersteller: Airtech, Aircraft Technology Industries, Madrid, Spanien, Werke in Sevilla, Spanien und Bandung, Indonesien.

Abmessungen: Spannweite 25,81 m, Länge 21,35 m, Höhe 8,18 m, Flügelfläche 59,10 m^2.

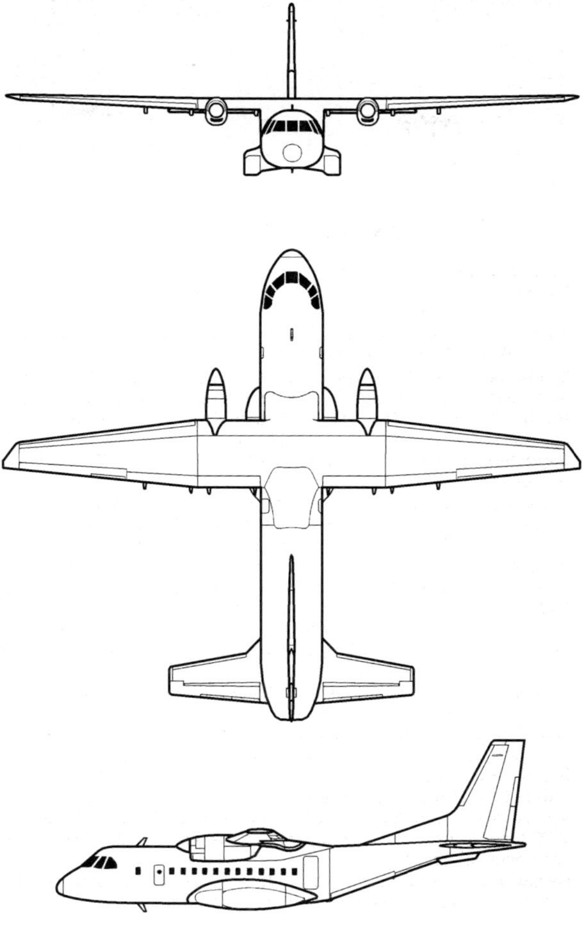

ALENIA C-27J SPARTAN

Ursprungsland: Italien und USA.
Kategorie: Militärischer Mehrzweck- und STOL-Transporter.
Triebwerke: Zwei Propellerturbinen Allison AE2100D3 von je 4200 WPS (3132 kW) Leistung.
Leistungen (geschätzt): Höchstgeschwindigkeit 565 km/h, Langstrecken-Reisegeschwindigkeit 500 km/h auf 6000 m; Anfangssteiggeschwindigkeit 10+ m/Sek; Dienstgipfelhöhe 8000+ m; Reichweite mit einer Nutzlast von 8000 kg 1000 km, mit 5000 kg 2500 km; Überführungsreichweite 4600 km.
Gewichte: Leergewicht 16500 kg; max. Startgewicht 30000 kg.
Zuladung: Zwei Mann Cockpitbesatzung und als Truppentransporter 53 voll ausgerüstete Soldaten, 42 Fallschirmjäger oder 36 Verwundete bzw. bis zu 10000 kg Fracht.
Entwicklungsstand: Der erste Prototyp der C-27J fliegt seit 25. September 1999, gefolgt vom ersten Serienmuster am 12. Mai 2000. Die italienische Luftwaffe hat bisher 12 Einheiten bestellt. Von der Ursprungsausführung C-27A/G.222 wurden an zehn Luftwaffen 111 Exemplare ausgeliefert.
Bemerkungen: Die C-27J ist eine wesentlich weiterentwickelte Ausführung des Ursprungmodells G.222 (siehe Ausgabe 1995). In einem Joint-Venture von 50 : 50 mit Lockheed Martin entwickelt, weist sie viele Gemeinsamkeiten mit dem mittelschweren Transporter C-130J Hercules II auf (siehe Seiten 200/201). So sind Triebwerk, Sechsblattpropeller und Avionik weitgehend identisch. Damit verspricht man sich bei einem gemeinsamen Beschaffen beider Muster einen wesentlich wirtschaftlicheren Betrieb. Die C-27J soll nach zivilen Grundsätzen zugelassen werden. Erste Auslieferungen erfolgen ab 2001. Eine AEW-Version mit einem APS-145-Radar befindet sich ebenfalls in Entwicklung.
Hersteller: Alenia, Rom, Italien und Lockheed Martin Marietta Corp., Marietta, Georgia, USA.

Abmessungen: Spannweite 28,70 m, Länge 22,70 m, Höhe 9,80 m, Flügelfläche 82,00 m^2.

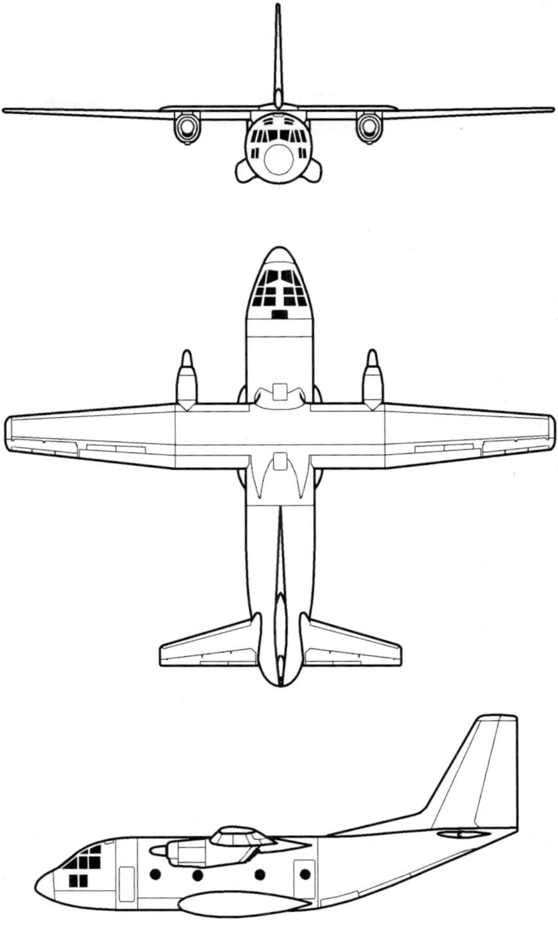

ANTONOW AN-38

Ursprungsland: Ukraine.
Kategorie: Regionalverkehrsflugzeug und Mehrzwecktransporter.
Triebwerke: Zwei Propellerturbinen AlliedSignal Garrett TPE331-14GR-801 von je 1500 WPS (1118 kW) oder Omsk TVD-20 von etwa gleicher Leistung.
Leistungen (geschätzt): Normale Reisegeschwindigkeit 380 km/h; Reichweite mit 26 Passagieren und 45 Min. Reserven 600 km; max. Reichweite 2200 km.
Gewichte: Rüstgewicht 5700 kg; max. Startgewicht 8800 kg.
Zuladung: Zwei Piloten und je nach Inneneinrichtung bis zu 26 Passagiere in Dreierreihen. Als Frachter max. Nutzlast von 2500 kg.
Entwicklungsstand: Der Erstflug des mit TPE331-Triebwerken ausgestatteten Prototyps der An-38 erfolgte am 22. Juni 1994. Nach Erhalt der Zulassung wurde das erste Serienflugzeug im Juni 1997 an den Erstbesteller Vostok Airlines abgeliefert. Bis Ende 1999 sind definitive Bestellungen für acht An-38 eingegangen. Die indische Luftwaffe plant eine Beschaffung von sechs bis zehn Einheiten.
Bemerkungen: Die An-38 ist eine verlängerte und mit neuen Triebwerken ausgestattete Variante der An-28 (siehe Ausgabe 1984/85). Diese wurde noch in sowjetisch-polnischer Zusammenarbeit entwickelt. Der Prototyp des Ursprungsmusters An-28 nahm die Flugerprobung bereits 1972 in der Sowjetunion auf, die Produktion wurde dann aber auf PZL Mielec übertragen. An-28 wie An-38 sind sehr einfach und robust konstruierte Modelle und besonders für den Einsatz in entlegenen Gebieten geeignet. Nebst Passagiertransport sind sie auch für Fracht-, Sanitäts- und Überwachungsaufgaben einsetzbar. Zur besseren Be- und Entladung verfügen beide Ausführungen über eine Heckladerampe.
Hersteller: Antonow Aeronautical Scientific Complex, Kiew, Ukraine bzw. Novosibirsk Aircraft Production Association, Chkalow (NAPO), Ukraine.

Abmessungen: Spannweite 22,06 m, Länge 15,67 m, Höhe 4,30 m.

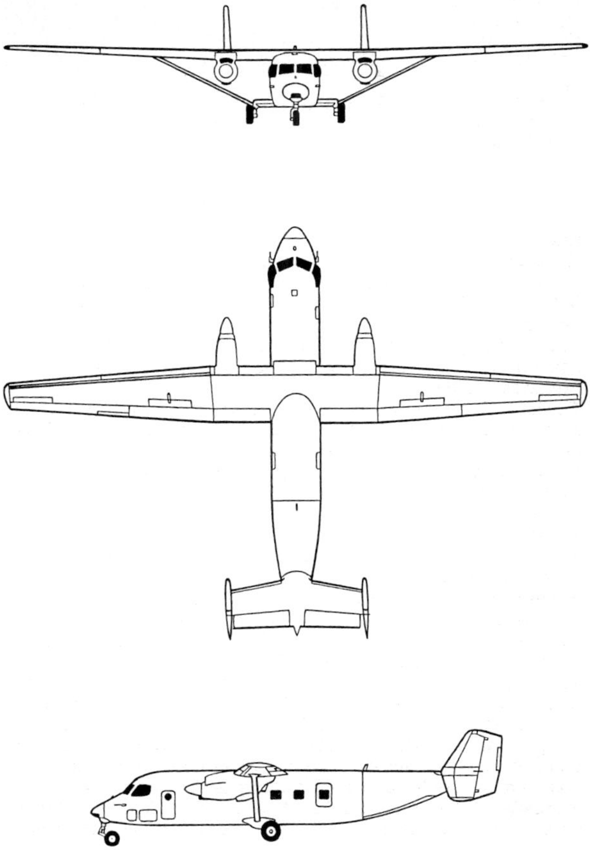

ANTONOW AN-74T/TK

Ursprungsland: Ukraine.
Kategorie: Ziviler und militärischer STOL-Transporter für Kurz- bis Mittelstrecken (An-72/74) bzw. Marine-Patrouillenflugzeug (AN-72P).
Triebwerke: Zwei Mantelstromtriebwerke ZMKB Lotarew D-36A von je 6500 kp (63,7 kN) Standschub.
Leistungen: Höchstgeschwindigkeit 705 km/h; normale Reisegeschwindigkeit 550 km/h auf 8000 bis 10000 m; Dienstgipfelhöhe 11800 m; Reichweite mit max. Nutzlast und üblichen Reserven 1500 km, mit 2500 kg Nutzlast und maximaler Treibstoffzuladung 4300 km.
Gewichte: Leergewicht 19050 kg; max. Startgewicht 36000 kg.
Zuladung: Zwei Mann Besatzung im Cockpit und je nach Einsatzzweck und Innenausstattung bis zu 68 Personen auf Klappsitzen entlang der Kabinenwände oder 57 Fallschirmspringer. Als Sanitätsflugzeug 24 Bahren, 12 sitzende Verletzte und ein Pfleger. Max. Nutzlast 10000 kg.
Entwicklungsstand: Der erste von zwei Prototypen der Ursprungsversion An-72 flog am 22. Dezember 1977. Die Serienproduktion begann 1987. Sowohl die An-72 wie auch die An-74 werden noch angeboten. Bisher sind von allen Versionen mehr als 170 Exemplare hergestellt worden. Neueste Bestellung: Iranische Luftwaffe 12 An-74T/TK.
Bemerkungen: Die An-72/74 macht sich den sog. «Coanda-Effekt» zunutze, wobei die Triebwerkabgase die Flügeloberseite überströmen und damit den Auftrieb beträchtlich erhöhen. Dieser, zusammen mit einem wirkungsvollen Klappensystem, ermöglicht bemerkenswerte Kurzstart- und Landeeigenschaften. Die neuesten Ausführungen An-74T (Frachter) und An-74TK-200 (Kombifrachter) benötigen nur noch zwei Besatzungsmitglieder und weisen bei einem höheren Abfluggewicht etwas bessere Transportleistungen auf. Eine als An-74-300 (siehe Fotomontage) bezeichnete Weiterentwicklung soll Ende 2000 die Flugerprobung aufnehmen. Als wesentliche Neuerung verfügt sie über zwei Triebwerke, die konventionell unter den Flügeln aufgehängt sind. Sie soll wesentlich ökonomischer im Betrieb sein. Geprüft wird, zusätzlich eine verlängerte Ausführung An-74-400 anzubieten.
Hersteller: Antonow Aeronautical Scientific Complex, Kiew, u.a. Werke Arsenyev, Omsk, Ukraine.

Abmessungen: Spannweite 31,89 m, Länge 28,07 m, Höhe 8,65 m, Flügelfläche 98,62 m^2.

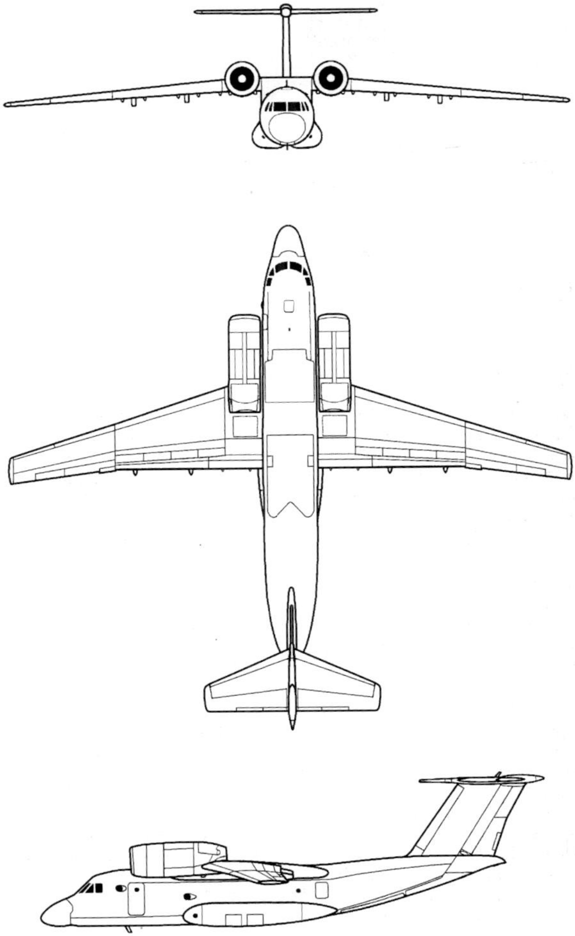

ANTONOW AN-70

Ursprungsland: Ukraine.
Kategorie: Militärischer und ziviler Mittel- und Langstreckenfrachter.
Triebwerke: Vier gegenläufige Propellerturbinen Progress/Motor Sich D-27 von je 14000 WPS (10440 kW) Leistung.
Leistungen: Normale Reisegeschwindigkeit 750 km/h auf 9600 m; Dienstgipfelhöhe 12000 m; Reichweite mit 35000 kg Nutzlast 3500 km, mit max. Nutzlast 1350 km; max. Reichweite 7800 km.
Gewichte: Leergewicht 73000 kg; normales Startgewicht 112000 kg; max. Startgewicht 135000 kg.
Zuladung: Drei Mann Cockpitbesatzung, 170 Soldaten oder 47000 kg Fracht in einem druckbelüfteten Frachtraum von 19,10 m Länge (ohne Rampe), 4,00 m Breite sowie 4,10 m Höhe.
Entwicklungsstand: Der erste Prototyp nahm die Flugerprobung am 16. Dezember 1994 auf, stürzte aber am 10. Februar 1995 ab. Der zweite Prototyp flog erstmals am 24. April 1997. Bis 2003 werden fünf Einheiten für die ukrainische Luftwaffe produziert, welche nach neuesten Angaben 65 Maschinen beschaffen will. Russland soll, die finanziellen Mittel vorausgesetzt, 164 An-70 erhalten.
Bemerkungen: Die An-70 wird sowohl als ziviler wie auch als militärischer Frachter angeboten. Bei der Konstruktion hat Antonow besonders auf niedrige Betriebskosten und hohe Zuverlässigkeit geachtet. Dank Verwendung von vielen Verbundwerkstoffen wird eine lange Lebensdauer angestrebt. Das interessanteste Konstruktionsteil sind die Triebwerke, welche in dieser Form erstmals in einem Serienflugzeug Verwendung finden würden. Die gegenläufigen Propeller haben vorn acht und hinten sechs Blätter. Die An-70 soll in der Lage sein, bei max. Abfluggewicht nach 1500 m abzuheben. Mehrere Weiterentwicklungen werden geprüft: An-70-100 mit neuester Avionik zur Reduktion der Cockpitbesatzung; Such- und Rettungsvariante (SAR) An-70PS; ziviler Frachter An-70T; kombinierte zivile Passagier-/Frachtausführung An-70TK.
Hersteller: Antonow Aeronautical Scientific Complex, Kiew, Ukraine; Werk Aviacor, Samara, Russland.

Abmessungen: Spannweite 44,06 m, Länge 40,73 m, Höhe 16,38 m.

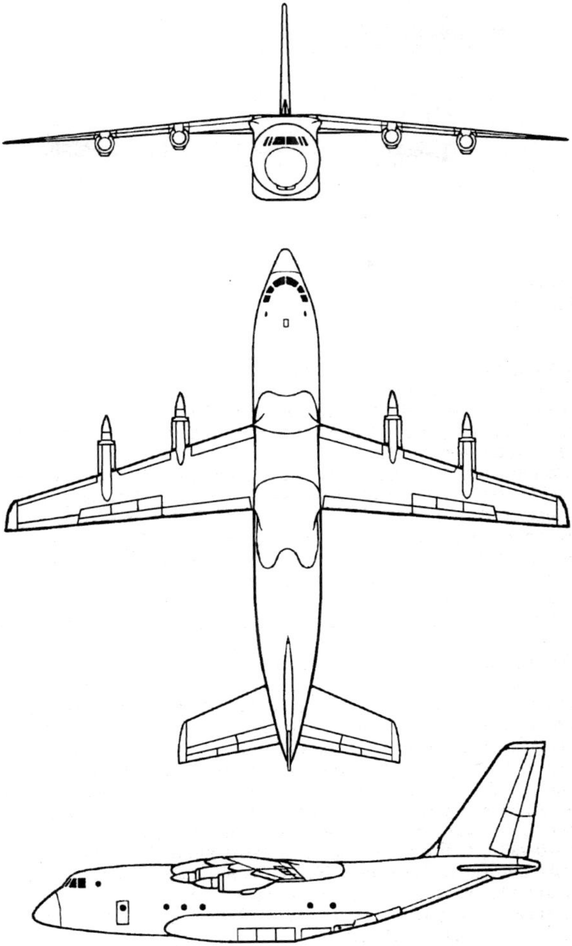

ANTONOW AN-140

Ursprungsland: Ukraine (Iran).
Kategorie: Ziviles und militärisches Kurzstrecken-Passagier- und Frachtflugzeug.
Triebwerke: Zwei Propellerturbinen Klimow NPP TV3-117VMA von je 2600 WPS (1838 kW) Leistung oder als Alternative zwei Pratt & Whitney PW127A von je 2415 WPS (1800 kW) Leistung.
Leistungen (nach Angaben des Herstellers): Max. Reisegeschwindigkeit 575 km/h; Dienstgipfelhöhe 7200 m; Reichweite mit 52 Passagieren und 45 Min. Reserven 2100 bis 2650 km; max. Reichweite 3800 km.
Gewichte: Noch keine Angaben erhältlich.
Zuladung: Zwei Piloten und (An-140) je nach Inneneinrichtung bis zu 52 Passagiere in Viererreihen mit Mittelgang oder (An-140TK) 20 Passagiere und 3650 kg Fracht. Als militärischer Frachter (An-140T) max. Nutzlast 6000 kg.
Entwicklungsstand: Der erste Prototyp nahm die Flugerprobung am 17. September 1997 auf, der zweite folgte Ende 1997 und das erste Serienflugzeug Anfang 2000. Nach der Zulassung ging das erste von vier Exemplaren an die Ukrainian Airlines, welche zusätzlich ein Letter of Intent über weitere 40 Exemplare unterzeichnet hat. Die iranische Regierung hat 80 An-140 bestellt (Lizenzbau).
Bemerkungen: Die An-140 ist ein robustes Passagier- und Frachtflugzeug, welches über gute STOL-Eigenschaften verfügt und auf unvorbereiteten Pisten starten und landen kann. Trotzdem soll sie einem gehobenen Passagierkomfort genügen. Auf einfache Wartung und kostengünstigen Betrieb wurde besonders geachtet. Zuerst beginnt die Produktion im Iran, anschliessend in Kharkow, um diese später allenfalls auch auf die russische Aviacor in Samara auszudehnen. Mehrere Varianten befinden sich im Planungsstadium, darunter eine als An-140-100 bezeichnete, um 3,80 m längere Ausführung für 68 Passagiere sowie die militärische An-140T mit Heckladerampe. Die iranische Marine prüft zudem eine AEW-Ausführung mit einem 360°-Rundsichtradar auf dem Rumpf.
Hersteller: Antonow ASTC, Kiew, Ukraine; Werke Isfahan, Iran und Kharkow State Aircraft Production Company, Ukraine.

Abmessungen: Spannweite 24,25 m, Länge 22,46 m, Höhe 8,03 m.

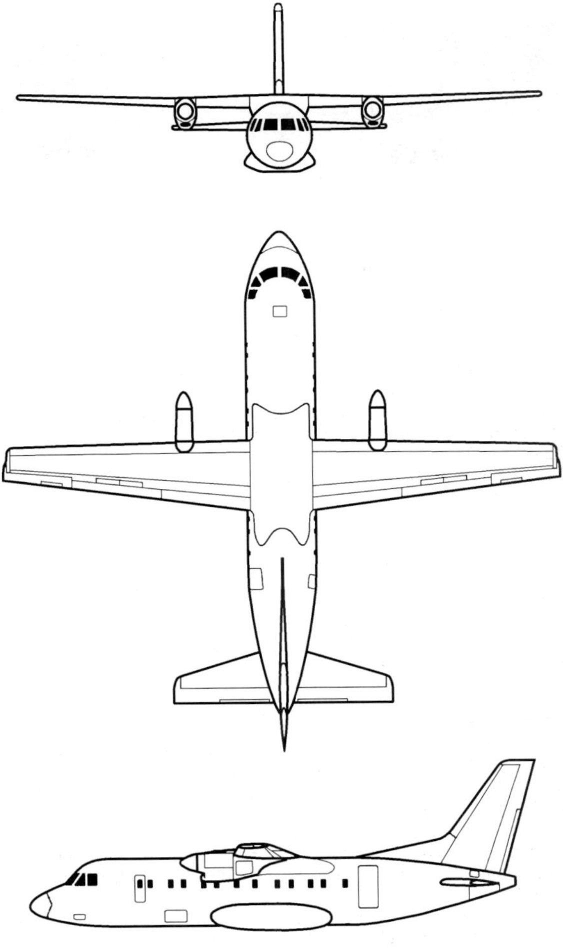

ANTONOW AN-124 RUSLAN

Ursprungsland: Ukraine.
Kategorie: Schwerer strategischer Transporter und ziviler Frachter.
Triebwerke: Vier Mantelstromtriebwerke ZMKB Progress D-18T von je 23430 kp (230 kN) Standschub.
Leistungen: Max. Reisegeschwindigkeit 865 km/h; Reisegeschwindigkeit 800 bis 850 km/h auf 10000 m; Reichweite mit einer Nutzlast von 150000 kg 4500 km; max. Reichweite 16500 km.
Gewichte: Rüstgewicht 175000 kg; max. Startgewicht 405000 kg.
Zuladung: Sechs Mann Besatzung. Hinter dem Cockpit befindet sich eine Kabine für 88 Personen, einschliesslich der Ersatzmannschaft. Der eigentliche Frachtraum (36,00 m lang, 6,40 m breit und 4,40 m hoch) vermag besonders sperrige und schwere zivile wie militärische Güter zu befördern. Max. Nutzlast normal 120000 kg, mit Überlast 150000 kg.
Entwicklungsstand: Erstflug des ersten von drei Prototypen am 26. Dezember 1982. Beginn der Serienherstellung im Laufe von 1984. Bis Ende 1997 sind über 50 Einheiten hergestellt worden. Davon ging rund die Hälfte an die ex. sowjetische Luftwaffe. Weitere Betreiber: Volga-Dnepr Airlines/Heavylift 10, Antonow Design Bureau/Air Foyle 8, Poliot 6. Nach Jahren des Unterbruchs wurde im Jahr 2000 die Produktion, wenn auch in kleinen Stückzahlen, wieder aufgenommen.
Bemerkungen: Bis zum Erscheinen der An-225 (siehe Seiten 50/51) war die An-124 das grösste und schwerste Flugzeug der Welt. Die Ruslan ist so konzipiert, dass sie gleichzeitig von vorn über den hochklappbaren Rumpfbug als auch von hinten beladen werden kann. Sie kann sowohl auf unvorbereiteten Pisten wie auch auf hartgefrorenem Schnee operieren. Heute wird die An-124 hauptsächlich für den Transport von sperrigen und sehr schweren Gütern eingesetzt. Die neuesten Modelle sind mit neuerer sowohl russischer wie auch amerikanischer Avionik ausgerüstet. Zudem ist das Passagierabteil anders gestaltet.
Hersteller: Antonow Aeronautical Scientific Complex, Kiew, Werk Uljanowsk, Ukraine.

Abmessungen: Spannweite 73,30 m, Länge 69,10 m, Höhe 20,78 m, Flügelfläche 628 m^2.

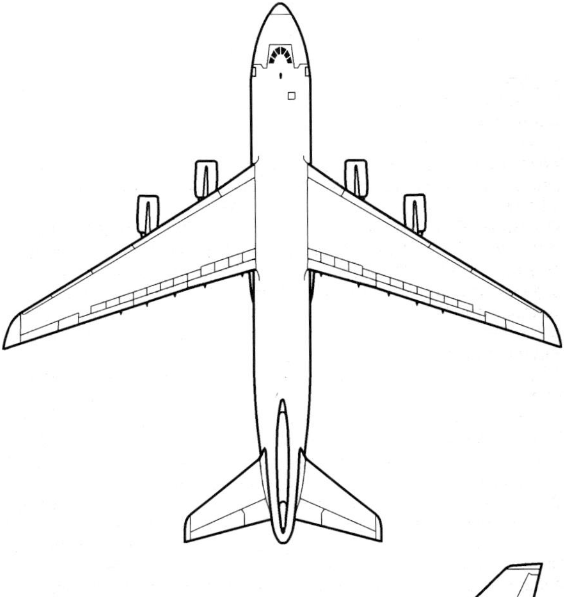

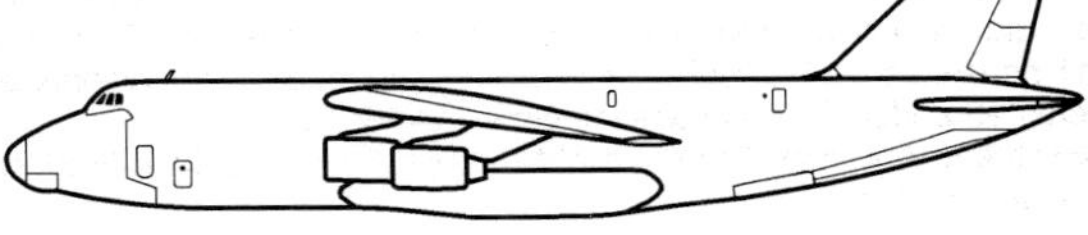

ANTONOW AN-225 MRIJA

Ursprungsland: Ukraine.
Kategorie: Ultraschwerer Frachter.
Triebwerke: Sechs Mantelstromtriebwerke ZMKB Progress D-18T von je 23430 kp (230 kN) Standschub.
Leistungen: Max. Reisegeschwindigkeit 850 km/h; ökonomische Reisegeschwindigkeit mit interner Nutzlast 700 bis 750 km/h; Reichweite mit einer Nutzlast von 200000 kg 4500 km; mit max. Nutzlast 2500 km; max. Reichweite 15400 km.
Gewichte: Max. Startgewicht 600000 kg.
Zuladung: Sechs Mann Besatzung (Pilot, Copilot, Navigator, Kommunikationsspezialist, zwei Flugingenieure). In der oberen Kabine hinter dem Cockpit finden eine Reservebesatzung sowie weitere 60 bis 70 Personen Platz. Die Besonderheit der Mrija liegt darin, dass sie Nutzlasten von bis zu 250000 kg sowohl intern (Beladung nur über hochklappbare Rumpfnase) als auch extern über dem Rumpf transportieren kann.
Entwicklungsstand: Erstflug des ersten Prototypen am 21. Dezember 1988. Nach wenigen Einsätzen wurde dieser stillgelegt. Derzeit wird er aber wieder aktiviert und soll 2001 erneut fliegen. Derzeitigen Plänen zufolge, sollen weitere zwei Einheiten gebaut und kommerziell genutzt werden.
Bemerkungen: Aus der An-124 entwickelt (siehe Seiten 48/49), ist die AN-225 das bei weitem grösste und schwerste Flugzeug der Welt. Im Vergleich zum Ausgangsmuster verfügt die Mrija über zwei zusätzliche Flügelstücke mit je einem dritten Triebwerk, zusätzliche Rumpfabschnitte vor und hinter dem Flügel und neue grössere Höhenflossen mit zwei Seitenleitwerken. Die Zahl der Fahrwerkseinheiten wurde erhöht. Die Systeme stammen weitgehend von der An-124, einschliesslich der vierfach vorhandenen elektrischen Steuerung. Die Mrija (Traum) sollte vorwiegend als Transporter der sowjetischen Raumfähre Buran eingesetzt werden. Nach Aufgabe dieses Raumfahrtprogramms war die An-225 arbeitslos. Im Rahmen der Reaktivierung werden die Triebwerke überarbeitet sowie diverse Systeme den heutigen Anforderungen des Zivilverkehrs angepasst. Neu wird auch ein GPS eingebaut.
Hersteller: Antonow Aeronautical Scientific Complex, Kiew, Werk Uljanowsk, Ukraine.

Abmessungen: Spannweite 88,40 m, Länge 84,00 m, Höhe 18,20 m, Flügelfläche 905 m².

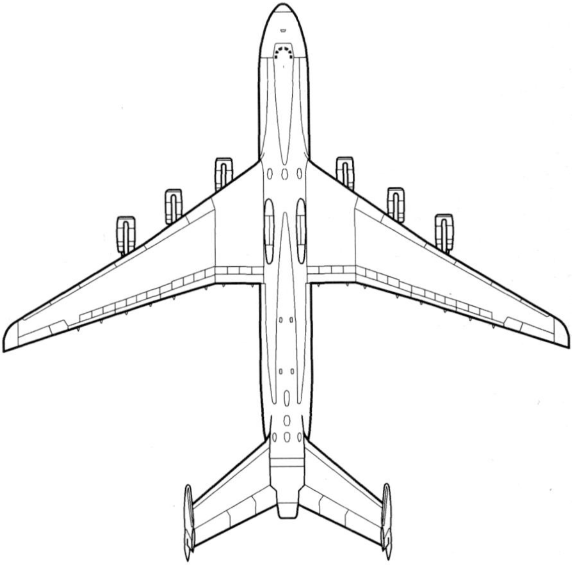

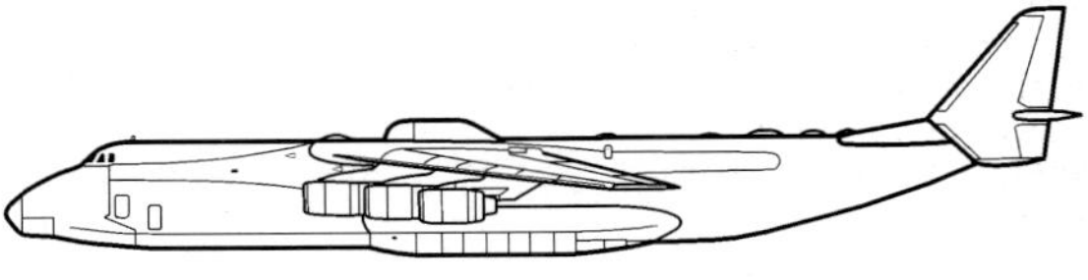

ATR 42-500/ATR 72-500

Ursprungsland: Frankreich und Italien.
Kategorie: Regionalverkehrsflugzeug.
Triebwerke (ATR 42-500/ATR 72-500): Zwei Propellerturbinen Pratt & Whitney Canada PW127E von je 2400 WPS (1790 kW) bzw. PW127F von je 2750 WPS (2050 kW) Leistung.
Leistungen (ATR 42-500/ATR 72-500): Max. Reisegeschwindigkeit 555/511 km/h auf 7620 m; ökonom. Reisegeschwindigkeit 450 km/h auf 7620 m; Reichweite mit 48/68 Passagieren und max. Gepäckzuladung 1550/1650 km und ohne Nutzlast über 4000 km.
Gewichte (ATR 42-500/ATR 72-500): Rüstgewicht 11250/12950 kg; max. Startgewicht 18600/22500 kg.
Zuladung: Zwei Mann Cockpitbesatzung und verschiedene Innenausstattungen für (ATR 42-500) max. 48 bzw. (ATR 72-500) 64 bis 74 Passagiere in Viererreihen mit Mittelgang; Nutzlast (ATR 42-500) 5450 kg, als Frachter 5800 kg bzw. (ATR 72-500) 7350 kg.
Entwicklungsstand: Erstflug der neuesten Ausführung ATR 42-500 am 16. September 1994, die zweite folgte kurze Zeit später. Von allen Varianten waren bis Oktober 2000 631 Einheiten (ATR-42 365, ATR-72 266) von 95 Betreibern bestellt. Mitte 2000 wurde die 600. ATR abgeliefert. Die Jahresproduktion beläuft sich auf 30 Einheiten.
Bemerkungen: Die bereits zahlreiche ATR-Familie wurde durch die ATR 42/72-500 bereichert. Bei gleichen Abmessungen wie die früheren ATR-42-Versionen, stellt sie eine leistungsstärkere Variante mit Sechsblatt-Propeller dar. Um den Lärmpegel weiter zu verringern, wurde das Kabineninterieur überarbeitet und mit einem «Active-Noise-Control-System» ausgerüstet. Bis auf die Länge ist die ATR 72-500 (siehe Silhouette) genau gleich wie die ATR 42-500 (siehe Foto). Unter der Bezeichnung ATR 42-400MP existiert eine Seeüberwachungsversion der ATR-42, versehen mit einem Raytheon SV2022-Radar unter dem Rumpf, FLIR und ESM-Ausrüstung. Die italienische Guardia di Finanza hat zwei Exemplare erhalten, die Küstenwache eines. Neu wird die ATR-42-300 als Frachter mit seitlichem Tor und verstärktem Kabinenboden angeboten. DHL hat vorerst zwei Einheiten bestellt.
Hersteller: Avions de Transport Regional (ATR): Aérospatiale Matra, Toulouse-Blagnac (Frankreich) und Alenia, Neapel (Italien).

Abmessungen (ATR 42-500/ATR 72-500): Spannweite 24,57/27,05 m, Länge 22,67/27,17 m, Höhe 7,59/7,65 m, Flügelfläche 54,50/61,00 m².

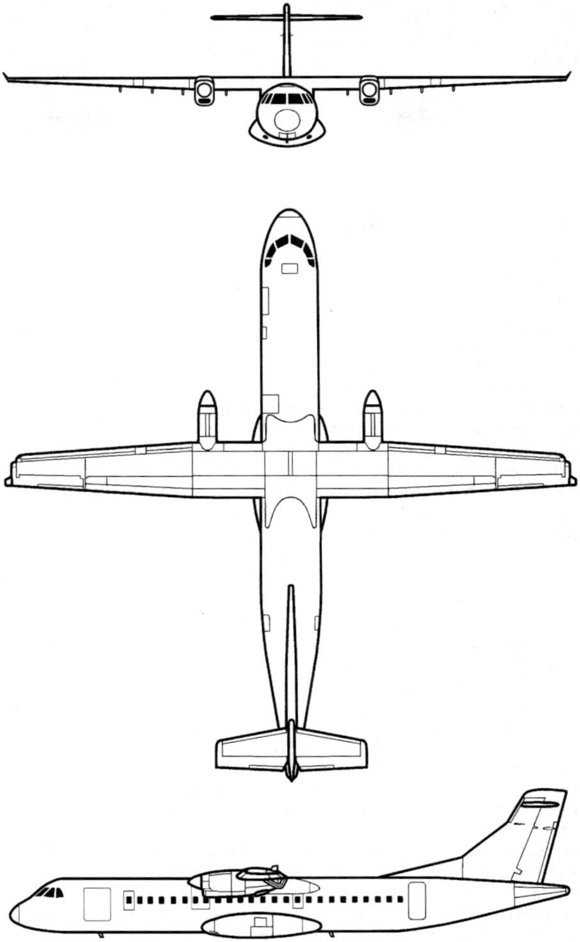

AVRO INTERNATIONAL RJ70/85/100

Ursprungsland: Grossbritannien.
Kategorie: Regionalverkehrsflugzeug.
Triebwerke: Vier Mantelstromtriebwerke Textron Lycoming LF507 von je 2780 kp (27,3 kN) Standschub (RJ70) bzw. 3175 kp (31,15 kN) (RJ85/100).
Leistungen: Max. Reisegeschwindigkeit 800 km/h auf 8840 m; ökon. Reisegeschwindigkeit 660 km/h; Dienstgipfelhöhe 9500 m; Reichweiten mit max. Passagierzuladung (RJ70) 2046 km, (RJ85/100) 2127 km.
Gewichte: Rüstgewichte (RJ70) 23781 kg, (RJ85) 24378 kg, (RJ100) 25365 kg; max. Startgewichte (RJ70) 38102 kg, (RJ85) 42184 kg, (RJ100) 44225 kg.
Zuladung: Zwei Piloten und bei typischer Bestuhlung Varianten mit zwischen (RJ70) 70 Passagieren in Fünferreihen bzw. (RJ85) 80 - 85 Passagieren in Sechserreihen und (RJ100) 100 Passagieren in Fünferreihen bzw. 115 Passagieren in Sechserreihen; max. Nutzlasten (RJ70) 8650 kg, (RJ85) 11457 kg, (RJ100) 12059 kg.
Entwicklungsstand: Der Erprobungsträger der RJ70 fliegt seit Herbst 1990. Die RJX soll Ende 2000 erstmals fliegen. Von der RJ-Serie, einschliesslich acht RJX, sind bis Ende 2000 162 Einheiten (+ Optionen) von 15 Gesellschaften bestellt und zum grössten Teil ausgeliefert worden. Die Jahresproduktion beträgt derzeit 18 Maschinen.
Bemerkungen: Die vorläufig als RJX bezeichnete, leichtere Weiterentwicklung mit Honeywell AS977-Triebwerken von je 3630 kp (35,6 kN) Standschub und CRT-Cockpit soll deutlich bessere Leistungswerte erzielen (z.B. Reichweite + 17 %, Treibstoffverbrauch - 15 %). Zwei Prototypen werden derzeit hergestellt; Ablieferungen ab 2001.
Hersteller: British Aerospace, Werk Woodford, Grossbritannien, Teil der EADS (European Aeronautic Defence and Space Company).

Abmessungen: Spannweite 26,21 m, Länge (RJ70/85) 26,20 m, (RJ100) 30,99 m, Höhe 8,61 m, Flügelfläche 77,30 m^2.

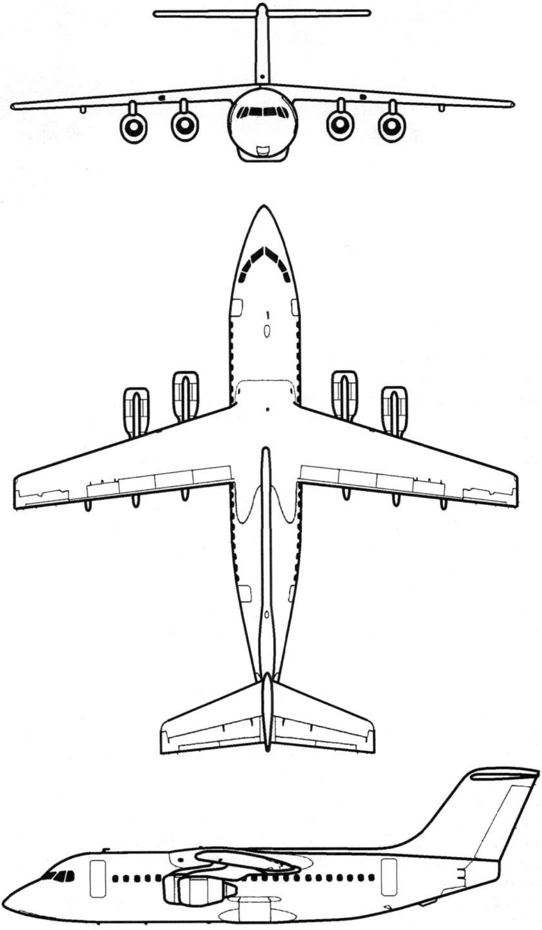

AYRES LM200 LOADMASTER

Ursprungsland: USA.
Kategorie: Fracht- und Mehrzweckflugzeug.
Triebwerke: Zwei Propellerturbinen AlliedSignal/Allison TWINPAC CTP-800-4T von je 2700 WPS (2012 kW) Leistung, reduziert auf 2400 WPS (1790 kW) Leistung, die via Umsetzungsgetriebe auf einen Propeller wirken.
Leistungen (nach Angaben des Herstellers): Max. Reisegeschwindigkeit 363 km/h, normale Reisegeschwindigkeit 306 km/h; Anfangssteiggeschwindigkeit bei max. Abfluggewicht 9,5 m/Sek; Reichweite mit max. Nutzlast 1205 km, maximal 2075 km.
Gewichte: Rüstgewicht 4082 kg; max. Startgewicht 8618 kg.
Zuladung: Als Frachter ein bis zwei Piloten und eine Nutzlast von 3400 kg oder in der Commuterversion 19 bis in enger Bestuhlung max. 34 Passagiere in Viererreihen mit Mittelgang.
Entwicklungsstand: Der Prototyp soll nach längerer Verzögerung Anfang 2001 die Flugerprobung aufnehmen. Bisher erhielt Ayres 97 Festbestellungen und 225 Optionen (davon 75 bzw. 175 von FedEx) von fünf Gesellschaften.
Bemerkungen: Die LM200 Loadmaster wurde weitgehend für die Bedürfnisse der Kleinpaket-Spediteure entwickelt. Sie soll eine möglichst rationelle und kostengünstige Verteilung der Ware ermöglichen. Deshalb wurde der 38,23 m^3 grosse Frachtraum in den Dimensionen so ausgerichtet, dass darin genau vier Standard-Container des Hauptbestellers FedEx Platz haben. Im übrigen handelt es sich bei der Loadmaster um eine sehr einfache und robuste Konstruktion mit Festfahrwerk. Unter der Bezeichnung LM250 schlägt Ayres eine schwerere militärische Ausführung mit Heckladeklappe und höherem Abfluggewicht von 11340 kg vor. Sie würde mit den leistungsfähigeren Triebwerken CTP800-50 TWINPACK von je 3200 WPS (2387 kW) Leistung ausgerüstet. Weitere Ausführungen: Die LM200 ebenfalls mit Heckladeklappe sowie eine mit Schwimmern ausgerüstete Amphibienversion.
Hersteller: Ayres Corporation, Albany, Georgia, USA, Werke Dothan, Alabama und bei LET, Kunovice, Tschechien.

Abmessungen: Spannweite 19,50 m, Länge 21,03 m, Höhe 6,85 m, Flügelfläche 42,13 m^2.

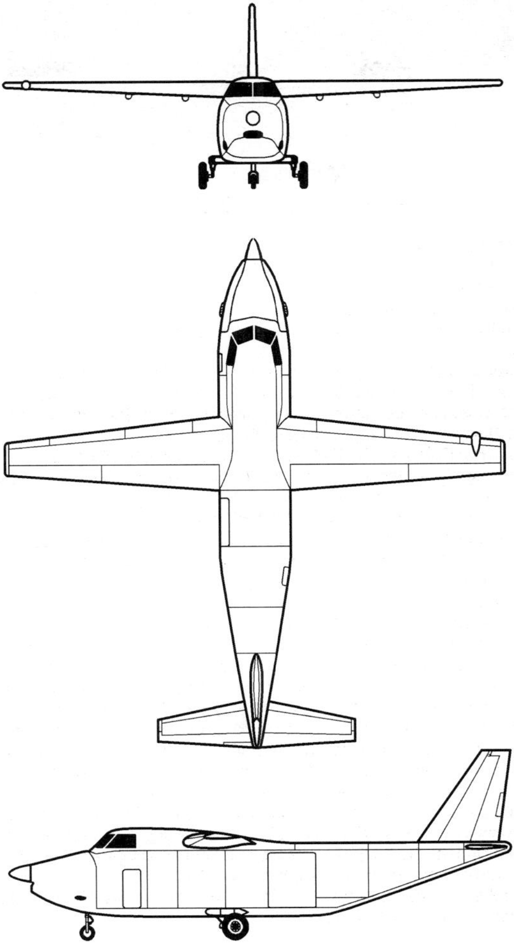

BELL 407

Ursprungsland: USA.
Kategorie: Leichter Mehrzweckhubschrauber.
Triebwerke: Eine Gasturbine Allison 250-C47 von 674 WPS (503 kW) Leistung.
Leistungen: Höchstgeschwindigkeit 260 km/h, bei max. Nutzlast 240 km/h; max. Schrägsteiggeschwindigkeit 6,4 m/Sek; Dienstgipfelhöhe 4115 m; Schwebehöhe mit Bodeneffekt 3900 m, ohne Bodeneffekt 3200 m; Reichweite ohne Reserven 580 km.
Gewichte: Standard-Leergewicht 1178 kg; max. Startgewicht 2385 kg, mit externer Nutzlast 2700 kg.
Zuladung: Pilot und sechs Passagiere; max. Nutzlast 1100 kg.
Entwicklungsstand: Ein Erprobungsträger der 407 fliegt seit 21. April 1994. Der erste von zwei eigentlichen Prototypen nahm im Juni 1995 die Flugerprobung auf. Bell begann mit der Auslieferung noch 1995. Bisher sind mehr als 300 Exemplare abgeliefert worden. Die Monatsproduktion beläuft sich mittlerweile auf 10 bis 12 Einheiten.
Bemerkungen: Die einmotorige Bell 407 ersetzt die Erfolgsmodelle 206 JetRanger und TwinRanger. Nebst deutlich stärkeren Triebwerken verfügt die 407 über einen von der OH-58D abgeleiteten Vierblattrotor aus Kunststoff. Auch das Dynamiksystem ist von diesem Muster übernommen. Schliesslich wird ein volldigitales Triebwerkmanagementsystem FADEC eingebaut. Dank dieser Massnahmen fliegt die 407 wesentlich vibrationsärmer und kostengünstiger. Gegenüber der Vorgängerin 206 ist die Kabine 18 cm breiter und verfügt über grössere Fenster und Türen. Die Firma Tridair, welche bereits eine zweitmotorige Ausführung der 206 (siehe Ausgabe 1997) entwickelt hat, plant auch für die 407 unter der Bezeichnung Gemini HP einen entsprechenden Umbausatz anzubieten. Im Rahmen eines Verbesserungsprogramms konnte das maximale Abfluggewicht etwas erhöht werden.
Hersteller: Bell Helicopter Textron Inc., Canadian Division, Mirabel, Montreal, Kanada.

Abmessungen: Rotordurchmesser 10,66 m, Rumpflänge 10,42 m, Höhe inkl. Rotorkopf 3,10 m.

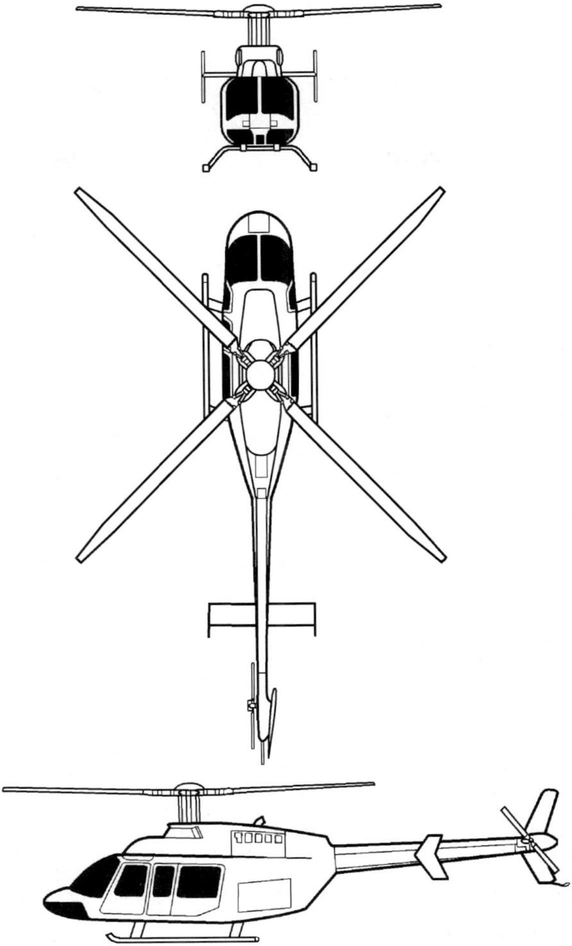

BELL 427

Ursprungsland: USA (Korea).
Kategorie: Leichter Mehrzweckhubschrauber.
Triebwerke: Zwei Gasturbinen Pratt & Whitney PW206D von je 625 WPS (466 kW) Leistung.
Leistungen: Höchstgeschwindigkeit 260 km/h; max. Reisegeschwindigkeit 250 km/h; Dienstgipfelhöhe 5760 m; Schwebehöhe ohne Bodeneffekt 4230 m, mit Bodeneffekt 4930 m; Reichweite 700 km, max. Flugzeit 4 Std.
Gewichte: Leergewicht 1670 kg; max. Startgewicht 2880 kg.
Zuladung: Pilot und bis zu sieben Passagiere oder Frachtzuladung von 1020 kg. Als Ambulanzhubschrauber zwei liegende Verletzte.
Entwicklungsstand: Der erste von zwei Prototypen fliegt seit Dezember 1997. Mit den Auslieferungen begann Bell Ende 1999. Bisher sind Bestellungen für rund 100 Einheiten eingegangen.
Bemerkungen: Die Bell 427 basiert auf der 407 (siehe Seiten 58/59) und wurde zusammen mit der Samsung Aerospace Industries Ltd., Korea, entwickelt. Das dynamische System (Rotorkopf, Getriebe und Rotoren) stammt von der 407, die Rotorblätter sind aber rund 40 cm länger und 25 mm breiter. Der aus Verbundwerkstoffen bestehende Rumpf wurde neu konstruiert und ist um etwa 33 cm länger als jener der 407. Die Kabine lässt sich für verschiedenste Zwecke umgestalten. Die grossen Türen (auf Wunsch als Schiebetüren) erleichtern dabei beispielsweise den Ein- und Auslad von Fracht. Sämtliche Sitze sind «Crash-resistent» konstruiert, die Cockpitinstrumente vollständig digitalisiert. Mit der 427 wird das Ziel verfolgt, einen möglichst kostengünstigen und wirtschaftlichen Zweimotorer anbieten zu können. Der Verkaufspreis liegt bei rund US$ 2 Mio. Samsung stellt die Kabine und den Heckteil aller 427 her, während das Rotorsystem durch Bell, Fort Worth, beigesteuert wird. Die Endmontage erfolgt in den Werken Mirabel, Kanada, sowie bei Samsung in Sachon für in Korea und China zu verkaufende Exemplare. Eine für Rettungseinsätze (sog. EMS-Einsätze) optimierte Ausführung soll in Kürze entwickelt werden.
Hersteller: Bell Helicopter Textron Inc., Canadian Division, Mirabel, Montreal, Kanada.

Abmessungen: Rotordurchmesser 11,28 m, Rumpflänge 10,75 m, Höhe 3,49 m.

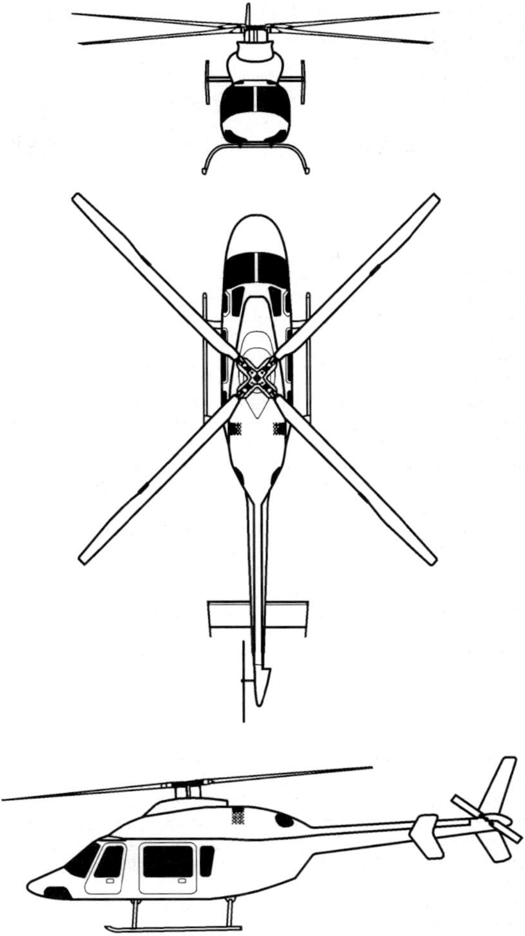

BELL 412EP

Ursprungsland: USA (Kanada).
Kategorie: Mehrzweck- und Transporthubschrauber.
Triebwerke: Eine Gasturbine Pratt & Whitney Canada PT6T-3D-Turbo Twin Pac von 1800 WPS (1342 kW) Leistung.
Leistungen: Höchstgeschwindigkeit 259 km/h auf Meereshöhe; Reisegeschwindigkeit 230 km/h; max. Schrägsteiggeschwindigkeit 6,86 m/Sek; Dienstgipfelhöhe 5030 m; Schwebehöhe mit Bodeneffekt 3110 m bei 4762 kg, ohne Bodeneffekt 1585 m; max. Reichweite 745 km ohne Zusatztanks auf 1525 m.
Gewichte: Leer 3079 kg; max. Startgewicht 5397 kg.
Zuladung: Ein bis zwei Piloten und 13 bis 14 Passagiere; max. Nutzlast 2041 kg.
Entwicklungsstand: Die neueste Ausführung -EP erhielt die Zulassung im Februar 1991. Militärische Ausführungen der 412 von Bell bzw. Agusta haben 24 Länder erhalten; neueste Besteller: Finnische Küstenwache 1, Saudi Arabien 16, Sri Lanka 2, Chile 1+. Darüber hinaus sind zivile 412 hergestellt worden, zusammen etwa 470. Die jährliche Produktionsrate beträgt rund 24 Einheiten.
Bemerkungen: Die Bell 412EP ist die derzeit produzierte Ausführung des Modells 412. Sie verfügt über stärkere Triebwerke mit entsprechend angepasster Transmission und ein erhöhtes Abfluggewicht. Sie wird, abgesehen vom Bell-Werk in Mirabel, auch bei AgustaWestland, Italien, gebaut. 100 UH-1N des USMC werden in den nächsten Jahren ganz erheblich leistungsgesteigert: Zwei GE T700-GE-401-Triebwerke, neuer Flexbeam-Rotorkopf mit lagerloser Befestigung und vierblättrigen Kunststoffrotoren, um ca. 50 cm verlängerter Rumpf, längerer Heckausleger mit neuem Vierblatt-Heckrotor usw. Bell plant, eine nochmals verbesserte Ausführung 412Plus zu produzieren, ausgerüstet mit stärkeren Pratt & Whitney-Triebwerken, völlig neuen dynamischen Komponenten und überarbeiteter Avionik.
Hersteller: Bell Helicopter Textron Inc., Canadian Division, Mirabel, Montreal, Kanada.

Abmessungen: Rotordurchmesser 14,02 m, Rumpflänge 12,92 m, Höhe inkl. Rotorkopf 3,48 m.

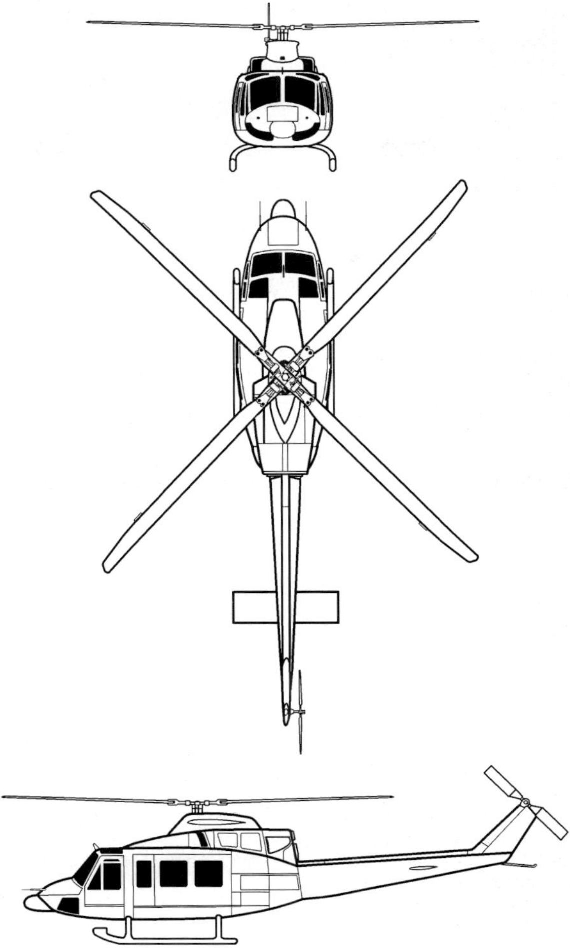

BELL/AGUSTA WESTLAND BA 609

Ursprungsland: USA und Italien.
Kategorie: Ziviles Mehrzweck-Kippflügelflugzeug.
Triebwerke: Zwei Propellerturbinen Pratt & Whitney Canada PT6C-67A von 1850 WPS (1380 kW) Leistung.
Leistungen (geschätzt): Max. Reisegeschwindigkeit 510 km/h; Dienstgipfelhöhe 7625 m; Reichweite 1389 km, mit Zusatztanks 1880 km.
Gewichte: Rüstgewicht 4770 kg; max. Abfluggewicht 7631 kg.
Zuladung: Ein bis zwei Piloten und in einer Exekutivausführung sechs Passagiere, in engerer Bestuhlung bis zu neun Personen; bei SAR-Aufgaben zwei liegende Verletzte und drei Hilfspersonen; max. Nutzlast 2500 kg.
Entwicklungsstand: Der erste von vier Prototypen soll die Flugerprobung im Sommer 2001 aufnehmen. Mit der Ablieferung der ersten Serienflugzeuge wird per Mitte 2003 gerechnet. Bis Dezember 2000 sind Aufträge für rund 80 BA 609 von 41 Kunden eingegangen. Sie sollen vorerst bei Bell, später aber auch bei Agusta hergestellt werden.
Bemerkungen: Die BA 609 soll das erste zivile Kippflügelflugzeug sein, welches in kommerziellen Betrieb gehen wird. Dabei wird Technologie angewendet, welche von der V-22 Osprey (siehe Seiten 66/67) stammt. Von ihr hingegen nicht übernommen wird der drehbare Flügel mit faltbaren Rotoren. Nebst der zivilen Nutzung als Verbindungs- und VIP-Transporter sind auch Einsätze als Versorger für Ölbohrplattformen und Überwachungs- und Rettungsaufgaben für Küstenwachen vorgesehen. Die Arbeitsaufteilung zwischen Bell und Agusta beträgt 75 zu 25. Die BA 609 verfügt über eine Aluminium-Struktur, die mit Verbundwerkstoffen verkleidet ist, während der Flügel vollständig aus Kunststoffen besteht. Die Cockpitinstrumente ProLine 21 und das Flight Management System stammen von Rockwell Collins.
Hersteller: Bell Helicopter Textron Inc., Fort Worth, Texas, Werk Amarillo, USA und AgustaWestland, Cascina Costa, Gallarate, Italien.

Abmessungen: Spannweite inkl. drehende Rotoren 18,29 m, Rotorendurchmesser 7,93 m, Länge 13,31 m, Höhe über Seitenleitwerk 4,50 m.

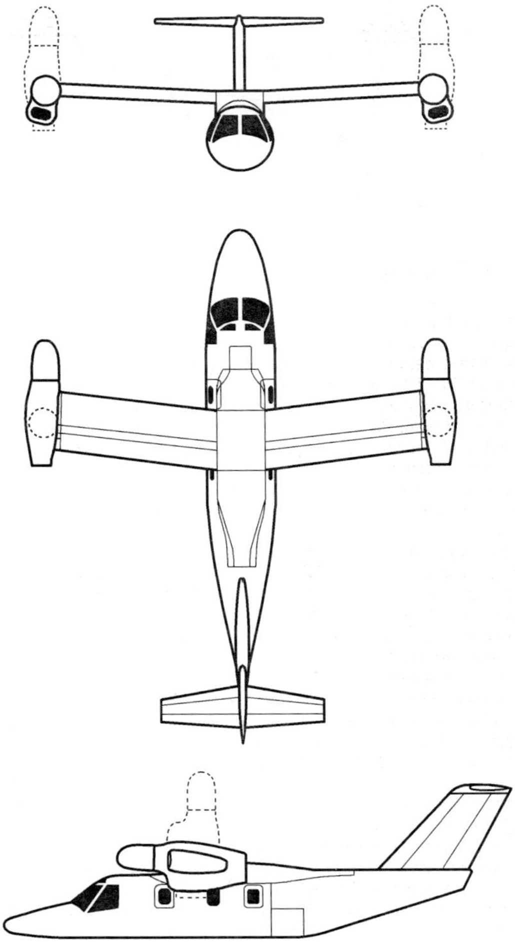

BELL-BOEING CV-22B OSPREY

Ursprungsland: USA.
Kategorie: Kippflügelflugzeug für militärische Spezialeinsätze.
Triebwerke: Zwei Propellerturbinen Rolls Royce AE1107C von je 6150 WPS (4590 kW) Leistung.
Leistungen: Max. Reisegeschwindigkeit als Flächenflugzeug 510 km/h auf Meereshöhe oder 550 km/h auf optimaler Höhe, in Helikopterkonfiguration 185 km/h auf Meereshöhe; max. Geschwindigkeit mit einer Aussenlast von 6804 kg 370 km/h; max. Schrägsteiggeschwindigkeit 5,53 m/Sek; Dienstgipfelhöhe 3444 m; Reichweite bei Senkrechtstart und einer Nutzlast von 5443 kg 2224 km, bei Kurzstart und einer Nutzlast von 9072 kg 3336 km; Überführungsreichweite 3892 km.
Gewichte: Rüstgewicht 15032 kg; normales Startgewicht unter VTO-Bedingungen 23855 kg, max. unter STO-Bedingungen 27442 kg.
Zuladung: Drei Mann Besatzung und bis zu 24 ausgerüstete Soldaten oder 12 Tragbahren für Verletzte plus Pfleger, max. Nutzlast 9072 kg.
Entwicklungsstand: Der erste von sechs Prototypen nahm die Flugerprobung am 9. März 1989 auf. Vier weitere, weitgehend dem Serienstandard entsprechende Ospreys folgten ab Ende 1996. Weitere 28 Einheiten sind bestellt. Die US-Streitkräfte werden neuesten Informationen zufolge 458 V-22 beschaffen: USMC 360 MV-22B, USN 48 HV-22B, USAF 50 CV-22B für Spezialmissionen; Ablieferung ab dem Jahr 2000.
Bemerkungen: Als neueste Ausführung wurde die für Spezialeinsätze vorgesehene CV-22B fertiggestellt. Die USAF erhält die ersten Serienflugzeuge 2003. Von der CV-22 unterscheidet sie sich hauptsächlich durch zusätzliche Avionik und Kommunikationssysteme. So wurde neu das Terrainfolgeradar Raytheon APQ-186 sowie ein Elektronikabwehrsystem ITT ALQ-211 eingebaut. Zur Erhöhung des Aktionsradius auf 925 km sind in den Flügeln acht zusätzliche Tanks und seitlich am Rumpf zwei Treibstoffbehälter vorhanden. Derzeit wird geprüft, die MV- bzw. CV-22 mit einer 12,7 mm-Kanone vorne am Rumpf auszurüsten. Das Ausgangsmuster V-22/MV-22 ist in der Ausgabe 2000 beschrieben.
Hersteller: Bell Helicopter Textron Inc., Fort Worth, Texas, USA, und Boeing Helicopter Company, Philadelphia, USA, Werk Amarillo, Texas, USA.

Abmessungen: Spannweite inkl. Rotoren 25,77 m, ohne 15,52 m, Länge mit gefalteten Rotoren 19,20 m, ohne 17,47 m, Höhe über alles 6,73 m.

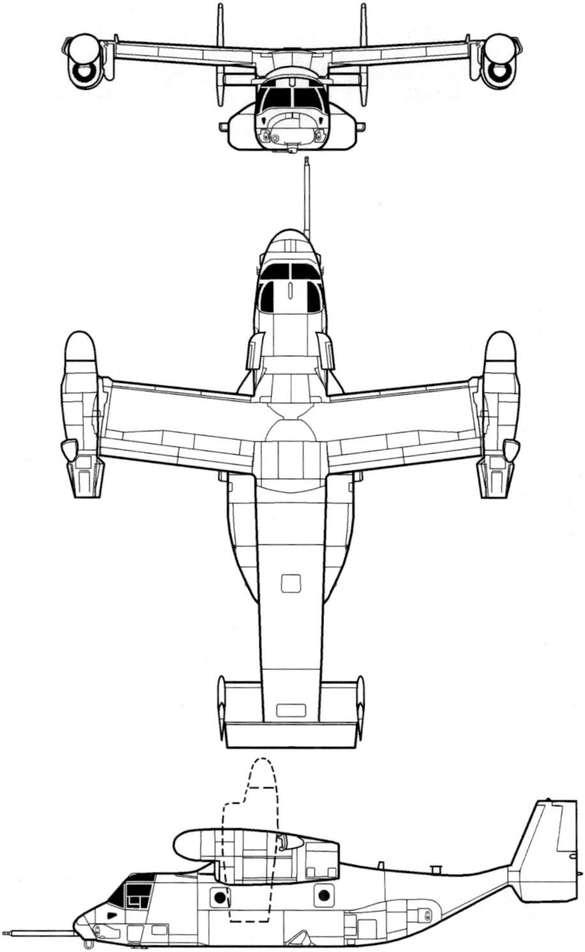

BERIEW BE-200

Ursprungsland: Russland.
Kategorie: Mehrzweck-Amphibienflugzeug.
Triebwerke: Zwei Mantelstromtriebwerke ZMKB Progress D-4367 von je 7500 kp (73,60 kN) Standschub.
Leistungen (geschätzt): Höchstgeschwindigkeit auf 7000 m 750 km/h; max. Reisegeschwindigkeit auf 8000 m 710 km/h; Anfangssteiggeschwindigkeit 14 m/Sek; Dienstgipfelhöhe 11000 m; Reichweite mit einer Nutzlast von 3000 kg 2500 km, max. 3600 km.
Gewichte: Rüstgewicht 25120 kg; max. Startgewicht 36000 kg bzw. für Löscheinsätze bis zu 43000 kg.
Zuladung: Zwei Piloten und bis zu 72 Passagiere in der Touristenklasse oder bis 8000 kg Nutzlast als Frachter.
Entwicklungsstand: Der erste Prototyp nahm die Flugerprobung am 24. September 1998 auf. Vier weitere Maschinen (zweiter Prototyp und drei Serienflugzeuge) befinden sich in Fertigung. Offiziell ist bisher die Bestellung von sieben Exemplaren für das russische Zivilschutz-Ministerium für Rettungs- und Waldbrandeinsätze bekanntgegeben worden; Auslieferung ab 2001.
Bemerkungen: Bei der Be-200 handelt es sich um eine erheblich überarbeitete und deutlich kleinere Ausführung des Ausgangsmusters Beriew Be-42/A-40 Mermaid (siehe Ausgabe 1995). Im übrigen übernimmt die Be-200 alle wesentlichen Elemente des erwähnten Vorgängers. Mehrere Ausführungen werden angeboten: Eine Feuerwehrversion mit einer abwerfbaren Wasserlast von 12000 kg, Varianten als reiner Passagiertransporter oder Frachter sowie eine Version für Such-, Rettungs- und Evakuationseinsätze. Für eine allfällige Exportausführung würden Triebwerke vom Typ BMW Rolls-Royce BR715 oder Allison GMA-2100 angeboten.
Hersteller: OKB Georgi Beriew, Taganrog, Werk APK Suchoj, Irkutsk, Russland.

Abmessungen: Spannweite 32,78 m, Länge 32,05 m, Höhe 8,90 m, Flügelfläche 117,44 m².

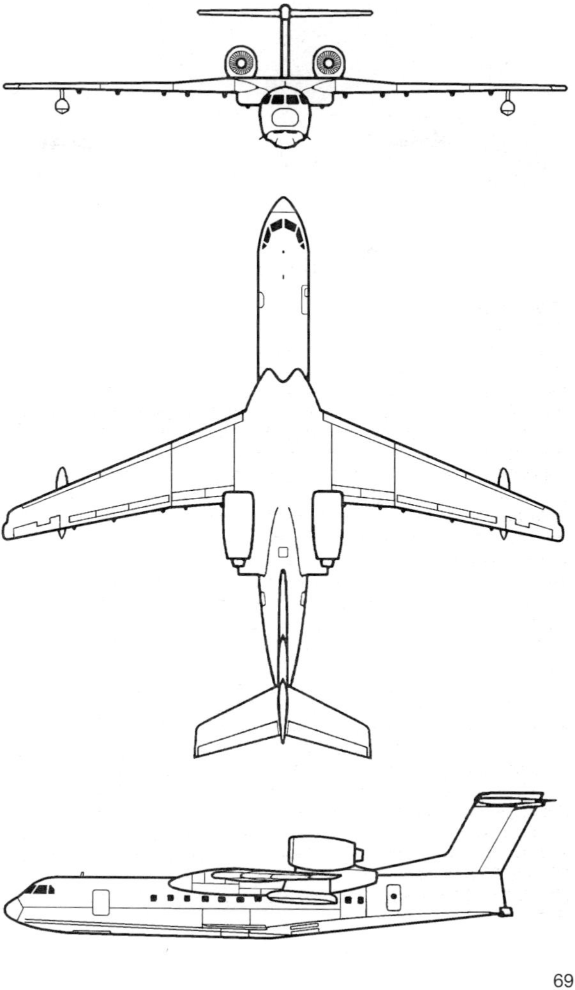

BOEING 737BBJ/C-40A CLIPPER

Ursprungsland: USA.
Kategorie: Langstrecken-Geschäftsflugzeug; Mehrzweckflugzeug für militärische Einsätze.
Triebwerke: Zwei Mantelstromtriebwerke CFM International CFM56-7B24 von je 10886 kp (106,75 kN) Standschub.
Leistungen (geschätzt): Max. Reisegeschwindigkeit 912 km/h (Mach 0,82), norm. Reisegeschwindigkeit 835 km/h; Dienstgipfelhöhe 12500 m; max. Reichweite (BBJ1) 12210 km, (BBJ2) 11470 km.
Gewichte: Rüstgewicht 40640 kg; max. Startgewicht (BBJ) 77560 kg, (BBJ 2) 79240 kg.
Zuladung: Zwei Mann Cockpitbesatzung und (BBJ) je nach Innenausstattung zwischen 20 und 100 Personen; (C-40A) als Kombi 70 Passagiere und Fracht, max. Nutzlast 16500 kg.
Entwicklungsstand: Das Erprobungsmuster der BBJ fliegt seit 4. September 1998. Bisher sind über 70 Maschinen bestellt worden. Die ersten Auslieferungen folgten Anfang 1999. Die C-40A flog erstmals am 14. Februar 2000. Vorläufig hat die USN fünf Einheiten bestellt.
Bemerkungen: Die BBJ (siehe Silhouette) ist eine für Geschäftsreisen konzipierte Ausführung der B737. Sie verbindet die Rumpflänge der Version -700 mit dem Flügel und dem Fahrwerk der schwereren -800. Boeing liefert jeweils das Flugzeug im «Rohzustand» zum Preis ab US$ 32 Mio. an spezialisierte Inneneinrichter (z.B. Jet Aviation, Basel; Lufthansa Technik, Hamburg). Ab 2001 wird eine als BBJ 2 bezeichnete Version angeboten, welche über die Rumpflänge der -800 verfügt. Beide Ausführungen werden nun serienmässig mit Winglets ausgerüstet, dank denen die Reichweite um 7 % erhöht wird. Basierend auf der BBJ erhält die USN eine Quick-Chance-Ausführung C-40A (siehe Foto) mit erhöhtem Abfluggewicht und einem Frachttor von 3,35 x 2,13 m seitlich am Rumpf.
Hersteller: The Boeing Company, Commercial Airplane Group, Seattle, Werk Renton, Washington, USA.

Abmessungen: Spannweite (BBJ) 35,79, (C-40A) 34,30 m, Länge 33,60 m, Höhe 12,50 m, Flügelfläche 124,60 m^2.

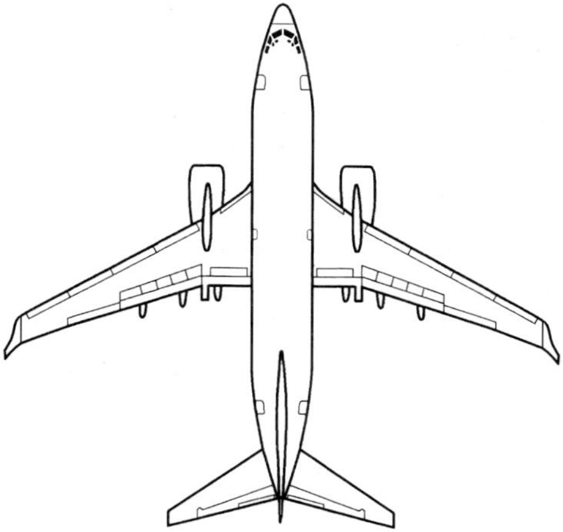

BOEING 737-900

Ursprungsland: USA.
Kategorie: Kurz- und Mittelstrecken-Verkehrsflugzeug.
Triebwerke: Zwei Mantelstromtriebwerke CFM International CFM56-7B von 10800 kp (106,80 kN) bis zu 12370 kp (121, 40 kN) Standschub.
Leistungen: Max. Reisegeschwindigkeit 911 km/h (Mach 0,82), norm. Reisegeschwindigkeit 835 km/h auf 11880 m; Dienstgipfelhöhe 12500 m; Reichweite 5080 km.
Gewichte: Rüstgewicht 41410 kg; max. Startgewichte 79015 kg.
Zuladung: Zwei Mann Cockpitbesatzung und verschiedene Kabinenausstattungen für normalerweise 177 Passagiere; maximale Passagierzahl 189.
Entwicklungsstand: Als vorläufig letzte Ausführung dieser Folgegeneration der 737 hat die Version -900 am 3. August 2000 die Flugerprobung aufgenommen. Bisherige Besteller: Alaska Airlines, Continental, KLM und Korean Airlines; vorläufiges Total 45 Maschinen. Die Indienststellung erfolgt im Frühjahr 2001. Bisher sind von den Versionen (-600/-700/-800/-900) mehr als 1730 Einheiten (+ Optionen) bestellt und bereits rund 700 abgeliefert worden. Boeing hat Aufträge für mehr als 4600 B737 aller Ausführungen erhalten. Die monatliche Produktionsrate beträgt rekordhohe 32 Maschinen.
Bemerkungen: Die neueste Generation der 737 verfügt über verbesserte Triebwerke, die geringeren Lärm und wesentlich reduzierten Schadstoffausstoss verursachen und eine erhebliche Verbrauchsminderung ermöglichen. Zudem wird die Reisegeschwindigkeit deutlich gesteigert. Ein neuer Flügel mit einer um 5 m vergrösserten Spannweite ermöglicht grössere Reichweiten. Mit der -900 bietet Boeing die vorläufig längste Variante an, welche gegenüber der -800 nochmals um 1,57 m vor und 1,07 m hinter dem Flügel verlängert wurde. Im übrigen besitzt sie im wesentlichen die gleichen Leistungsdaten wie die -800 (siehe Ausgabe 1999). Dies trifft auch für die maximale Passagierzahl zu. Diese geniessen aber in der -900 einen grösseren Komfort. Der Frachtraum ist zudem um 18 % grösser.
Hersteller: The Boeing Company, Commercial Airplane Group, Seattle, Werk Renton, Washington, USA.

Abmessungen: Spannweite 34,30 m, Länge 42,10 m, Höhe 12,50 m, Flügelfläche 124,60 m^2.

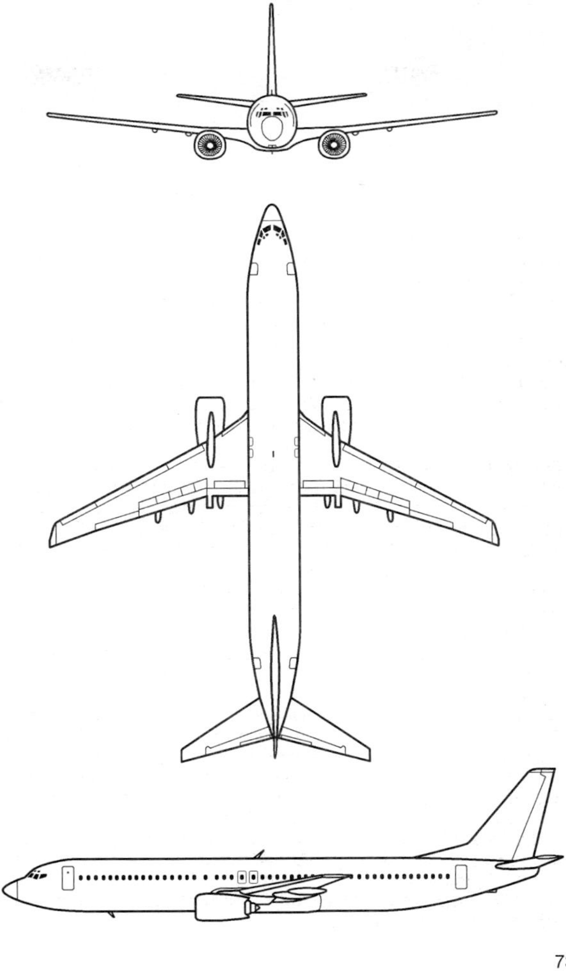

BOEING 747-400

Ursprungsland: USA.
Kategorie: Langstrecken-Verkehrsflugzeug.
Triebwerke: Wahlweise vier Mantelstromtriebwerke General Electric CF60-80C2B4 von je 26263 kp (257,5 kN), Pratt & Whitney PW4256 von je 25742 kp (252,4 kN) oder Rolls Royce RB.211-524G von je 26309 kp (258 kN) Standschub.
Leistungen (RB.211): Höchstgeschwindigkeit 976 km/h auf 9150 m; max. Reisegeschwindigkeit 939 km/h auf 10670 m; Langstrecken-Reisegeschwindigkeit 907 km/h; Reichweite mit 412 Passagieren und üblichen Reserven 13528 km, mit max. Nutzlast als Frachter 8100 km; Reichweite mit max. Treibstoffzuladung 15412 km.
Gewichte (RB.211): Rüstgewicht 178661 kg; max. Startgewicht 362875 kg bis 396895 kg.
Zuladung: Zwei Mann Cockpitbesatzung und 450 Passagiere in drei Klassen. Als Frachter -400F 113000 kg Nutzlast.
Entwicklungsstand: Erstflug dieser Version am 29. April 1988. Von allen 747 sind fast 1350 Einheiten bestellt (rund 1270 abgeliefert), davon rund 530 der Ausführung -400 und 75 Frachter -400F. In letzter Zeit konzentrierten sich die Bestellungen vor allem auf die Frachtversion. Die Produktion beläuft sich derzeit zwei Flugzeuge pro Monat.
Bemerkungen: Die 747-400 wird auch als Kombiversion -400M für Fracht und Passagiere sowie als Nurfrachtvariante -400F angeboten. Folgende drei Neuentwicklungen sind kürzlich vorgestellt worden: Die 747-400 Long Ranger (ex -400X; Abfluggewicht 412770; Ablieferung ab 2002 an Quantas), basierend weitgehend auf der -400, aber mit grösserer Reichweite sowie die 747X und die 747X Stretch. Die zwei letzterwähnten unterscheiden sich von der 747-400 u.a. wie folgt: Rumpf verlängert um 2,80 m bzw. 9,90 m für 430 bzw. 522 Passagiere bei Mehrklassenbestuhlung, an der Wurzel verstärkter Flügel mit auf 69,80 m erhöhter Spannweite, neue Triebwerke und ein aufdatiertes Cockpit. Weitere Verstärkungen sind an mehreren Stellen der Struktur vorgesehen, das Fahrwerk wäre eine Neukonstruktion. Die 747X würde eine maximale Reichweite von 16620 km aufweisen.
Hersteller: The Boeing Company, Commercial Airplane Group, Seattle, Werk Everett, Washington, USA.

Abmessungen: Spannweite 64,44 m, Länge 70,67 m, Höhe 19,41 m, Flügelfläche 541,16 m².

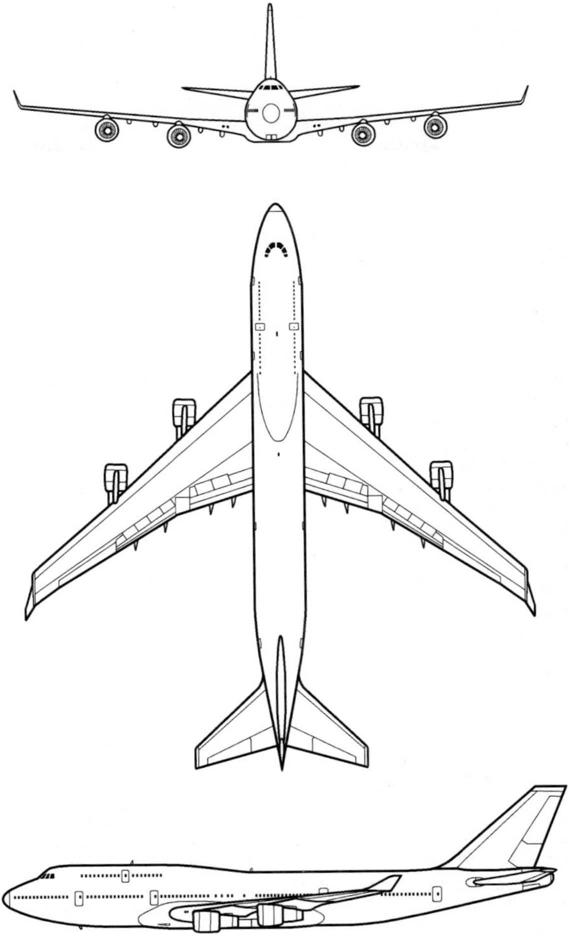

BOEING 757-300

Ursprungsland: USA.
Kategorie: Mittelstrecken-Verkehrsflugzeug.
Triebwerke: Wahlweise zwei Mantelstromtriebwerke Rolls-Royce RB.211-535E4B von 19470 kp (191 kN) oder zwei Pratt & Whitney PW2040 von 18860 kp (185 kN) Standschub.
Leistungen: Max. Reisegeschwindigkeit 935 km/h (Mach 0,86) auf 9150 m; ökonom. Reisegeschwindigkeit 850 km/h auf 11900 m; Dienstgipfelhöhe 10470 m; max. Reichweite 6400 km.
Gewichte: Rüstgewicht 64105 kg; max. Startgewicht 122470 kg.
Zuladung: Zwei Piloten und bei typischer Innenausstattung 240 Passagiere, max. 289 Passagiere.
Entwicklungsstand: Erstflug der Boeing 757-300 am 2. August 1998. Mit der Auslieferung wurde Anfang 1999 an den Erstbesteller Condor (13 + 11 Optionen) begonnen. Von allen Versionen sind bis Ende 2000 über 1020 Exemplare von rund 60 Operators in Auftrag gegeben und deren 950 abgeliefert worden. Von der -300 sind 29 Exemplare (+ Optionen) bestellt. Die Monatsproduktion beläuft sich derzeit auf vier Einheiten. Viele ältere 757 werden zu Frachtern umgebaut (u.a. 84 für DHL). Die 757-200ERX soll im 2001 erstmals fliegen, Continental wird voraussichtlich 25 Einheiten bestellen.
Bemerkungen: Die neueste Ausführung 757-300 zeichnet sich durch einen um 7,11 m (4,06 vor und 3,05 m hinter dem Flügel) verlängerten Rumpf aus. Wegen der höheren Gewichte sind Höhenruder, Teile der Flächenstrukturen sowie das Fahrwerk entsprechend verstärkt worden. Nebst höherer Passagierzahl ist auch die Frachtkapazität um 40 % grösser. Boeing lancierte eine Langstreckenausführung 757-200ERX mit höherer Treibstoffkapazität, welche den Rumpf der -200 aufweist, aber den verstärkten Flügel und andere Komponenten der -300 übernehmen würde. Bei einem maximalen Abfluggewicht von 123500 kg könnte sie 9250 km weit fliegen.
Hersteller: The Boeing Company, Commercial Airplane Group, Seattle, Werk Renton, Washington, USA.

Abmessungen: Spannweite 38,05 m, Länge 54.40 m, Höhe 13,56 m, Flügelfläche 185,25 m².

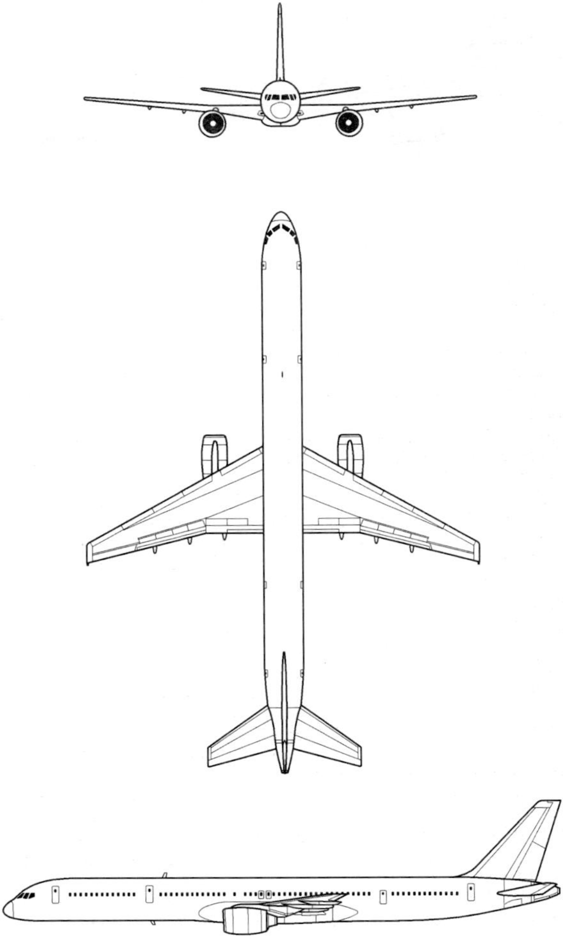

BOEING 767-400ER

Ursprungsland: USA.
Kategorie: Mittel- bis Langstrecken-Verkehrsflugzeug.
Triebwerke: Zwei Mantelstromtriebwerke Pratt & Whitney PW4062 von je 30890 kp (303 kN) oder zwei General Electric CF6-80C2 von je 27830 kp (273 kN) Standschub.
Leistungen (geschätzt): Reisegeschwindigkeit 850 km/h (Mach 0,80); Dienstgipfelhöhe 9815 m max. Reichweite 10400 km.
Gewichte: Rüstgewicht 103100 kg; max. Startgewicht 204120 kg.
Zuladung: Zwei Piloten und, mit typischer Mehrklassen-Innenausstattung, 245 Passagiere, max. 375 Passagiere in Achterreihen.
Entwicklungsstand: Erstflug der Basisausführung Boeing 767 am 26. September 1981. Die neueste Version -400ER nahm die Flugerprobung am 9. Oktober 1999 auf, sie wird seit August 2000 abgeliefert. Bis Ende 2000 belief sich der Auftragsbestand auf rund 900 Einheiten aller Versionen für 66 Kunden (davon 760 ausgeliefert). Von der -400ER sind derzeit 50 Maschinen von Continental, Delta und Kenya Airways fest bestellt. Zurzeit werden monatlich vier 767 produziert.
Bemerkungen: Unter der Bezeichnung 767-400ER wird die derzeit grösste Ausführung mit einer um 15 bis 20 % erhöhten Sitzkapazität und geringeren Betriebskosten angeboten. Sie ist um 6,7 m länger, weist einen leicht vergrösserten Flügel auf und verfügt über ein verstärktes Fahrwerk mit den Rädern der B777. Boeing lancierte kürzlich die -400ERX mit einer Reichweite von 11100 km. Dafür wird ein Zusatztank von 7580 l im Seitenleitwerk eingebaut und das Abfluggewicht auf 208840 kg erhöht. Eine ähnliche Lösung wird auch für die 767-300 (siehe Ausgabe 1998) geprüft. Diese als -300ERX bezeichnete Variante hätte eine Reichweite von 12400 km.
Hersteller: The Boeing Company, Commercial Airplane Group, Seattle, Werk Everett, Washington, USA.

Abmessungen: Spannweite 51,92 m, Länge 61,37 m, Höhe 16,87 m, Flügelfläche 290,70 m².

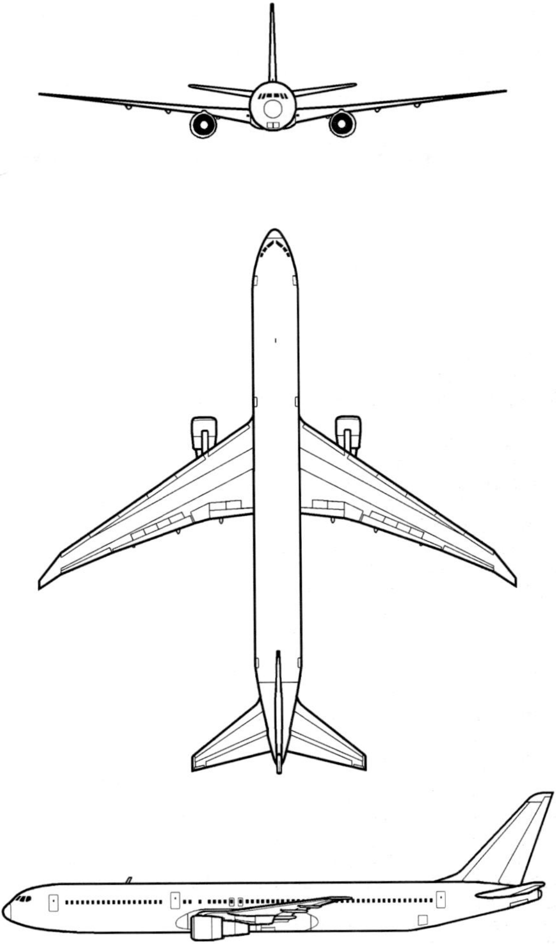

BOEING 777-300

Ursprungsland: USA.
Kategorie: Mittel- bis Langstecken-Verkehrsflugzeug.
Triebwerke: Zwei Mantelstromtriebwerke Rolls-Royce Trent 892 oder Pratt & Whitney PW4090/4098 von zwischen 41700 und 44460 kp (409 bis 436 kN) Standschub.
Leistungen: Max. Reisegeschwindigkeit 950 km/h (Mach 0,87); Langstrecken-Reisegeschwindigkeit 895 km/h (Mach 0,84); Dienstgipfelhöhe 13100 m; Reichweite mit 368 Passagieren bis zu 10400 km.
Gewichte: Rüstgewicht 155720 kg; max. Startgewicht 299370 kg.
Zuladung: Zwei Piloten und in normaler Dreiklassenbestuhlung 368 bis 394 Passagiere, max. 550 Passagiere. Max. Nutzlast 54600 kg.
Entwicklungsstand: Die erste 777-300 nahm die Flugerprobung am 16. Oktober 1997 auf. Von allen Varianten sind bis Ende 2000 rund 510 Einheiten (ca. 310 ausgeliefert) bestellt, davon 48 der Version -300. Monatlich werden fünf 777 gebaut.
Bemerkungen: Die gegenüber dem Ausgangsmuster (siehe Ausgabe 1998) um ca. 10 m verlängerte 777-300 ist derzeit das längste Verkehrsflugzeug der Welt. Für Ultralangstrecken bietet Boeing die 777-200LR an (Erstflug für 2003 geplant, bisher 8 bestellt), die mit 250 Passagieren Reichweiten bis 16330 km erzielen soll. Als Option ist ein Schlafraum für bis zu 40 Personen im Frachtraum und einer für die Besatzung oberhalb des Passagierraumes erhältlich. In die Konstruktion werden die neuesten technologischen Errungenschaften eingegliedert: Fly-by-wire-System, neu entwickeltes Flügelprofil, eine Alu-Legierung mit besten Druck- und Ermüdungseigenschaften, Seitenleitwerk weitestgehend aus Verbundmaterialien und modernste Avionik. Noch vorher soll die Langstreckenausführung 777-300ER fliegen (geplant für Ende 2002, bisher 4 bestellt) mit um 3,96 m grösserer Spannweite, einem Abfluggewicht von 340000 kg und einer Reichweite von 13400 km. Neu wird auch eine Frachtervariante in Erwägung gezogen.
Hersteller: The Boeing Company, Commercial Airplane Group, Seattle, Werk Everett, Washington, USA.

Abmessungen: Spannweite (-300) 60,93 m, (-200LR/300ER) 64,80 m, Länge (-300/-300ER) 73,80 m, (-200LR) 63,70 m, Höhe 18,44 m, Flügelfläche (-300) 427,80 m^2.

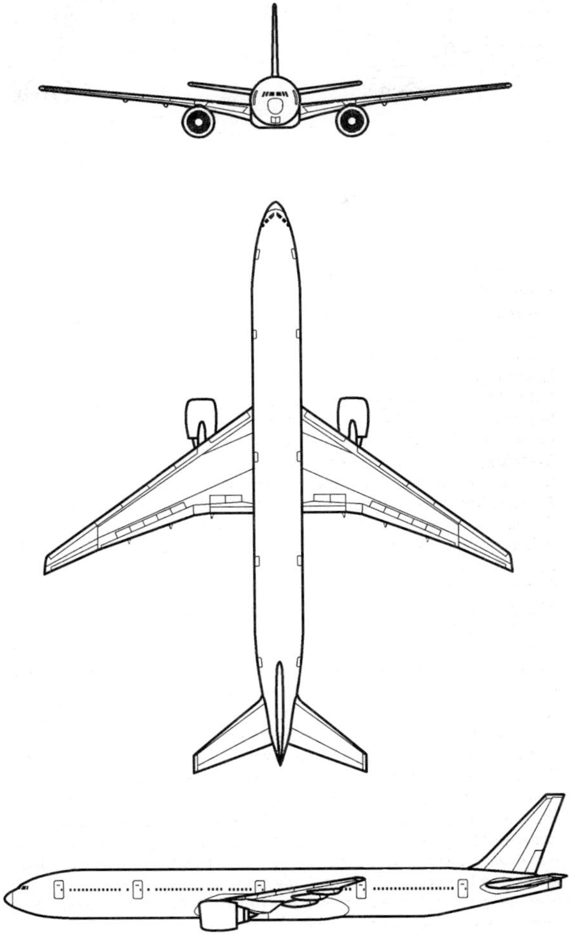

BOEING (MDD) 717-200

Ursprungsland: USA.
Kategorie: Kurz- bis Mittelstrecken-Verkehrsflugzeug.
Triebwerke: Zwei Mantelstromtriebwerke BMW/Rolls Royce BR715 mit wahlweise 8390 kp (82,3 kN) oder 9073 kp (89,0 kN), als Option 9525 kp (93,4 kN) Standschub.
Leistungen: Reisegeschwindigkeit 812 km/h auf 10670 m (Mach 0,76); Dienstgipfelhöhe 10670 m; Reichweite mit voller Passagierzuladung (-200) 2905 km (-200HGW) 3700 km.
Gewichte: Rüstgewichte (-200) 31675 kg, (-200HGW) 32110 kg; max. Abfluggewichte (-200) 51710 kg, (-200HGW) 54885 kg.
Zuladung: Zwei Mann Cockpitbesatzung und 106 Passagiere in einer Zweiklassenbestuhlung bzw. max. 129 Passagiere in Fünferreihen mit Mittelgang; max. Nutzlast 12231 kg.
Entwicklungsstand: Der Erstflug des Prototyps fand am 2. September 1998 statt. Mit den Ablieferungen an den Erstbesteller ValuJet/AirTran wurde am 23. September 1999 begonnen. Der Auftragsbestand belief sich Ende 2000 auf 150 Einheiten (+ 140 Optionen). Hauptabnehmer sind Air Tran, TWA und Hawaian.
Bemerkungen: Als vorläufig letzte Version einer bereits langen Liste von DC-9-Ableitungen wurde die MD-95 lanciert, welche neu bei Boeing 717 heisst. Ausgerüstet mit einer besonders abgasarmen und leisen Ausführung von BMW/Rolls-Royce BR.715-Triebwerken, verfügt sie über den kürzesten Rumpf der Familie. Das Cockpit ist mit sechs flachen Flüssigkristallbildschirmen neuester Bauart ausgestattet. Die zwei derzeit angebotenen Ausführungen 717-200 und 717-200HGW unterscheiden sich nur durch die grössere Reichweitenleistung der letzteren. Boeing prüft, ob in Zukunft ein verkürztes Modell 717-100X für bis zu 80 Passagiere sowie eine verlängerte 717-300X für 130 Passagiere eingeführt werden sollen.
Hersteller: The Boeing Company, Commercial Airplane Group, Seattle, Washington, Werk Long Beach, Kalifornien, USA.

Abmessungen: Spannweite 28,45 m, Länge 37,81 m, Höhe 8,92 m, Flügelfläche 92,97 m^2.

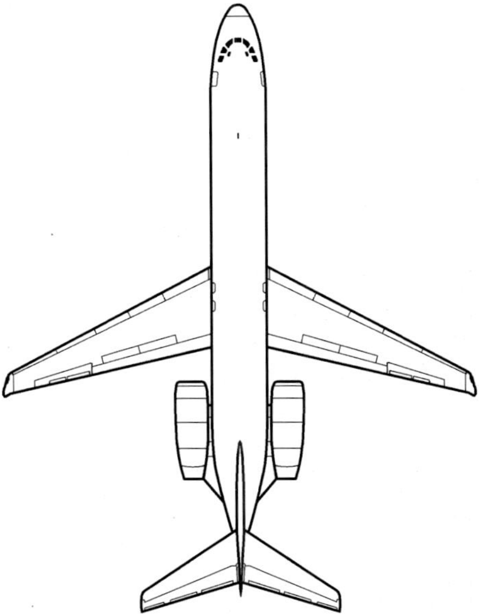

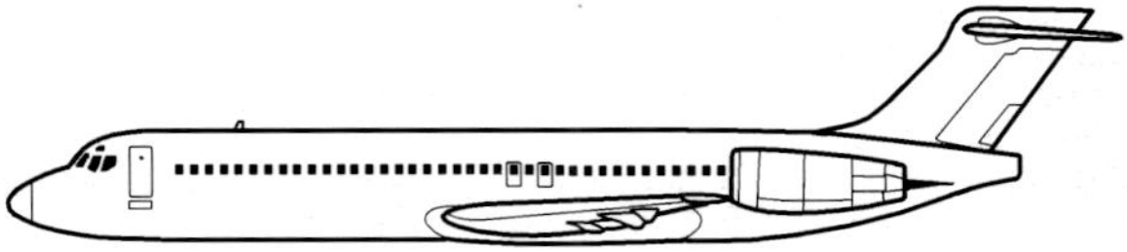

BOEING (MDD) C-17A GLOBEMASTER III

Ursprungsland: USA.
Kategorie: Schwerer Militärfrachter.
Triebwerke: Vier Mantelstromtriebwerke Pratt & Whitney F117-PW-100 von je 18914 kp (185,5 kN) Standschub.
Leistungen: Max. Reisegeschwindigkeit 818 km/h auf 10975 m (Mach 0,77), 650 km/h in niedriger Höhe; Dienstgipfelhöhe 13700 m; Reichweite mit einer Nutzlast von 58605 kg 5190 km, 5000 km mit einer solchen von 71895 kg sowie 4445 km mit 75750 kg.
Gewichte: Rüstgewicht 122016 kg; max. Startgewicht 263083 kg.
Zuladung: Zwei Piloten und zwei Lademeister. Im 26,82 m langen, 5,49 m breiten und 4,11 m hohen Frachtraum können Nutzlasten bis zu 75000 kg mitgeführt werden. Typische Lasten: Drei Kampfhubschrauber AH-64 oder ein vollausgerüsteter Kampfpanzer M-1 Abrams, bis zu 102 Fallschirmspringer. Einzellasten von 27215 kg oder mehrere Paletten von max. 49895 kg können im Flug abgeworfen werden.
Entwicklungsstand: Der Prototyp flog erstmals am 15. September 1991, gefolgt von vier Produktionsprototypen; erste Ablieferungen an die USAF im Juni 1993. Bis 2004 erhält sie 135 Einheiten, wovon rund 70 Ende 2000 abgeliefert waren. Die RAF least ab 2001 vier C-17.
Bemerkungen: Das besondere an der C-17A ist die Fähigkeit, schwere Lasten auf strategischen Distanzen direkt in die Nahkampfzone fliegen zu können. Für diese Aufgabe wurde sie sehr robust ausgelegt und ist beispielsweise in der Lage, Lande- und Startbahnen mit einer Länge von nur 915 m zu benützen. Das superkritische Tragwerk mit einer Pfeilung von 25° ist mit Winglets und einem angeblasenen Klappensystem ausgerüstet. Das stabile Fahrwerk erlaubt ein Manövrieren mit eigener Kraft am Boden. Ab 2001 erhalten alle C-17 einen Zusatztank im Flügelkasten von 39000 l. Damit sind deutlich grössere Reichweitenleistungen möglich. Eine als KC-17 bezeichnete Tanker-/Transporterversion soll angeboten werden. MDD plant zudem eine Zivilversion BC-17X, welche dank vereinfachter Ausrüstung eine Nutzlast von 78600 kg mitführen könnte.
Hersteller: The Boeing Company, Defense & Space Group, Seattle, Washington, Werk Long Beach, Kalifornien, USA.

Abmessungen: Spannweite 50,29 m, Länge 53,04 m, Höhe 16,79 m, Flügelfläche 353 m^2.

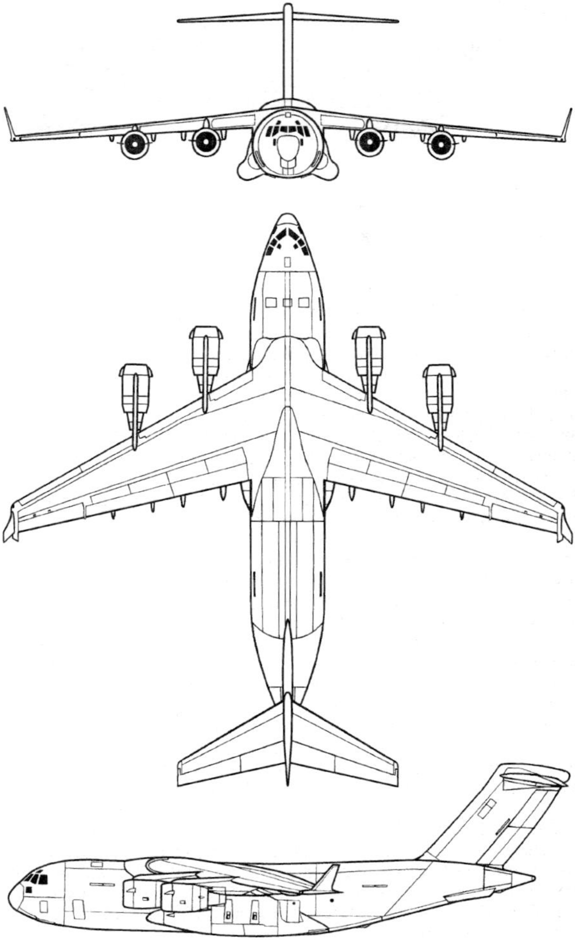

BOEING (MDD) F-15S EAGLE

Ursprungsland: USA.
Kategorie: Zweisitziger Luftüberlegenheitsjäger und Erdkämpfer.
Triebwerke: Zwei Mantelstromtriebwerke Pratt & Whitney F100-PW-229 von je 8073 kp (79,20 kN) Standschub ohne und 13200 kp (129,40 kN) mit Nachbrenner.
Leistungen: Kurzzeitig erreichbare Spitzengeschwindigkeit 2698 km/h oder Mach 2,54 auf 12190 m; längerdauernde Höchstgeschwindigkeit 2443 km/h oder Mach 2,4 auf 12190 m; Dienstgipfelhöhe 18300 m; max. Aktionsradius 1270 km; Überführungsreichweite mit Zusatztanks 4445 km.
Gewichte: Rüstgewicht 14379 kg; max. Startgewicht 36741 kg.
Bewaffnung: Eine sechsläufige 20-mm-Revolverkanone M61A1 und bis zu 11113 kg Aussenlasten (Erdkampf) bzw. je vier Luft-Luft-Lenkwaffen AIM-7F Sparrow und AIM-9L Sidewinder oder bis zu acht AIM-120 (Luftüberlegenheitsseinsatz).
Entwicklungsstand: Die erste F-15E begann mit den Testflügen am 11. Dezember 1986. Ablieferungen in einer Stückzahl von 237 an die USAF ab 1988. Weitere drei Einheiten (+ zwei Optionen) wurden im 2000 bestellt. Saudi Arabien erhält voraussichtlich weitere 24 F-15S, nachdem bereits 75 bis 1999 abgeliefert wurden. Insgesamt wurden von allen F-15-Ausführungen rund 1400 Einheiten in den USA und Japan (Lizenzbau) hergestellt.
Bemerkungen: Die F-15E ist eine für den Erdkampfeinsatz optimierte Ausführung der F-15C (siehe Ausgabe 1986) mit verstärkter Struktur, höheren Beschleunigungslimiten, dreifacher elektrischer Steuerung und für den Allwettereinsatz im Tiefflug ergänzter Avionik (Hughes APG-70-Radar, Infrarotausrüstung FLIR, LANTRIN-Tiefflug-Navigations- und Nachtfluggerät). Dank verstärkter Zelle weist die F-15E die doppelte Lebensdauer gegenüber früheren Eagle-Versionen auf. Die F-15S ist eine von der F-15E abgeleitete Ausführung mit vereinfachter Elektronik. Die F-15C der USAF werden teilweise mit einem neuen Abfangradar Raytheon APS-63(V1) ausgerüstet, welches bei erhöhter Leistung einen höheren Zuverlässigkeitsgrad bietet und grösseres Potenzial für Ausbauten aufweist.
Hersteller: The Boeing Company, Defense & Space Group, Seattle, Washington, Werk St. Louis, Missouri, USA.

Abmessungen: Spannweite 13,05 m, Länge 19,43 m, Höhe 5,63 m, Flügelfläche 56,50 m^2.

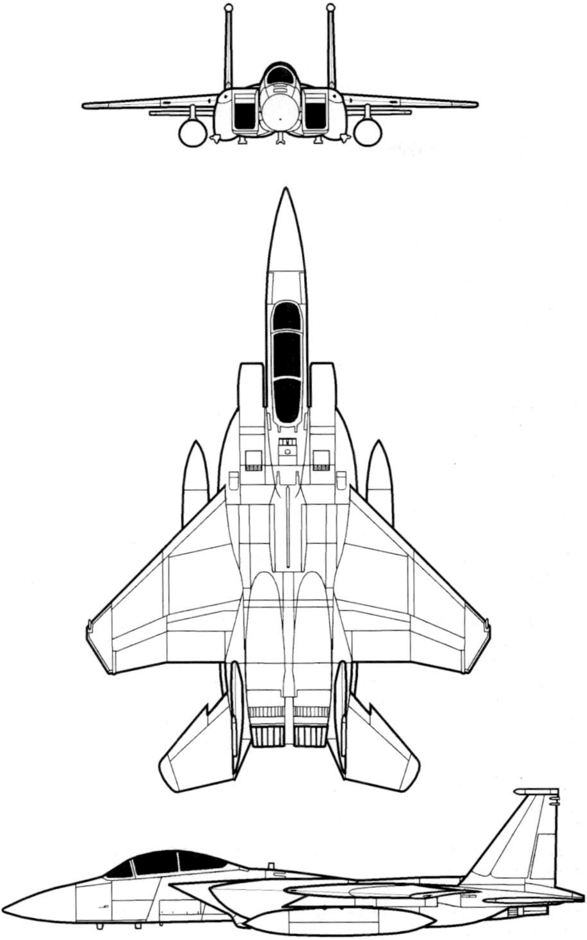

BOEING (MDD) F/A-18E/F SUPER HORNET

Ursprungsland: USA.
Kategorie: Einsitziges und zweisitziges bord- und landgestütztes Mehrzweck- und Elektronikkampfflugzeug.
Triebwerke: Zwei Mantelstromtriebwerke General Electric F414-GE-400 von je 9978 kp (97,86 kN) Standschub mit Nachverbrennung.
Leistungen: Höchstgeschwindigkeit auf optimaler Höhe Mach 1,8 +; Dienstgipfelhöhe 15240 m; Radius als Abfangjäger mit je zwei Luft-Luft-Lenkwaffen Sidewinder und AMRAAM 760 km, bei Tiefangriffseinsätzen mit vier 450-kg-Bomben, zwei Sidewinders und zwei 1818-l-Aussentanks (hoch-tief-tief-hoch) 722 km.
Gewichte: Leergewicht 10735 kg; norm. Startgewicht 23541 kg.
Bewaffnung: Eine 20-mm-Revolverkanone M61A1 und eine Waffenlast verschiedenster Auslegung von über 8000 kg.
Entwicklungsstand: Der erste von sieben Prototypen flog erstmals am 29. November 1995. USN und USMC zusammen haben einen Bedarf von rund 548 F/A-18E/F, aufgeteilt in verschiedene Ausführungen. 284 davon sind bestellt, rund 30 davon im Einsatz.
Bemerkungen: Die F/A-18E/F Super Hornet ist eine leistungsfähigere Weiterentwicklung der F/A-18C/D Hornet. Die Hauptflügel sind grösser, der Rumpf wurde um eine zusätzliche Sektion von 86 cm verlängert. Rund ein Drittel der Zelle besteht aus Verbundwerkstoffen, vorwiegend Karbonfaser. Die Triebwerkeinläufe sind rechteckig gestaltet. Gegenüber dem Ausgangsmuster ist die Super Hornet um rund 25 % grösser. Im übrigen sind alle Konturen möglichst reflektionsarm ausgelegt, um die Radarsignatur klein zu gestalten. Dank um rund 35 % stärkeren Triebwerken und einer um einen Drittel erhöhten Treibstoffkapazität resultieren in allen Bereichen wesentlich bessere Flugleistungen und insbesondere eine deutlich erhöhte Reichweite. Boeing entwickelt eine Ausführung F/A-18G Growler für die elektronische Kriegsführung. Weiter wird an einer Tankerversion KF/A-18E/F gearbeitet.
Hersteller: The Boeing Company, Werk St. Louis, Missouri, USA.

Abmessungen: Spannweite 13,70 m, Länge 18,40 m, Höhe 4,88 m, Flügelfläche 46,45 m^2.

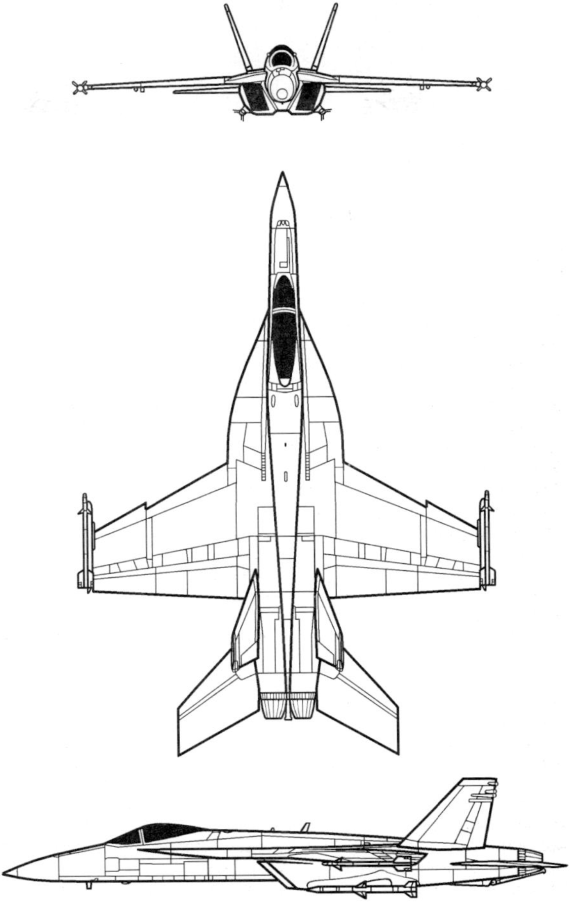

BOEING (MDD) AV-8B HARRIER II PLUS

Ursprungsland: USA und Grossbritannien.
Kategorie: Einsitziges S/VTOL-Allwetter-Erdkampfflugzeug.
Triebwerke: Ein Schwenkdüsen-Mantelstromtriebwerk Rolls-Royce F402-RR-408 (Pegasus 11-61) von 10795 kp (105,87 kN) Standschub.
Leistungen: Höchstgeschwindigkeit 1065 km/h auf Meereshöhe (Mach 0,87) oder 1200 km/h (Mach 0,98) in Reiseflughöhe; Anfangssteiggeschwindigkeit mind. 66 m/Sek; Dienstgipfelhöhe mind. 13700 m; Aktionsradius mit zwei Harpoon-, zwei Sidewinder-Lenkwaffen und einem Zusatztank 1128 km; Überführungsreichweite mit zwei Zusatztanks 2650 km.
Gewichte: Rüstgewicht 6740 kg; Startgewicht für Kurzstart 14100 kg.
Bewaffnung: Eine fünfläufige 25-mm-Revolverkanone GAU-12/U sowie an einer Station unter dem Rumpf und sechs unter den Flügeln bis zu 6000 kg Waffen. Eine typische Waffenlast umfasst vier Luft-Luft-Lenkwaffen AIM-9L mit Zusatztanks, AGM-65E Maverick Luft-Boden-Lenkwaffen oder bis zu 12 BL-755-Bomben.
Entwicklungsstand: Das erste Erprobungsmuster Harrier II Plus (Umbau einer Harrier II) fliegt seit Oktober 1992, die erste Serienmaschine seit 17. März 1993. Das USMC hat 27 neue Harrier II Plus erhalten und lässt 72 oder mehr ältere Harrier II auf diesen Standard umbauen. Weitere Bestellungen: Spanische Marine 10; italienische Marine 20 (+ 4 Optionen). Von allen AV-8B-Varianten werden insgesamt 349 Exemplare gebaut.
Bemerkungen: Diese vorläufig letzte Variante der AV-8B wurde besonders für Nachtflugeinsätze optimiert. Gegenüber dem Vorgängermuster ist der Vorderrumpf an zwei Stellen um insgesamt 0,43 m verlängert, um das von der F-18 übernommene APG-65-Radar unterzubringen und die Aerodynamik zu optimieren. Dank deutlich stärkerem Triebwerk sind die Flugleistungen wie auch die Waffenzuladung verbessert. Schliesslich verfügt die Harrier II Plus über ein FLIR-Gerät. Die gesamte Avionik ist als sog. offenes System «OSKAR» konzipiert, dessen Architektur einfache Schnittstellen zu anderen Komponenten aufweist.
Hersteller: The Boeing Company, Defense & Space Group, Seattle, Washington, Werk St. Louis, Missouri, USA.

Abmessungen: Spannweite 9,24 m, Länge 15,32 m, Höhe 4,08 m, Flügelfläche 22,15 m^2.

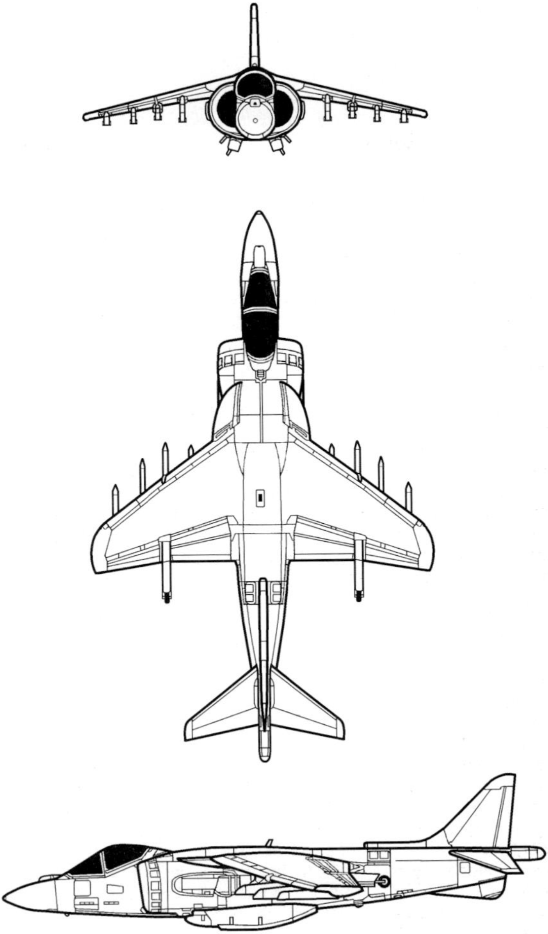

BOEING (MDD/BAe) T-45C GOSHAWK

Ursprungsland: USA und Grossbritannien.
Kategorie: Zweisitziger bord- oder landgestützter Basis- und Fortgeschrittenentrainer.
Triebwerke: Ein Mantelstromtriebwerk Rolls-Royce-Turboméca F405-RR-401 (Adour Mk.871) von 2648 kp (25,98 kN) Standschub.
Leistungen: Höchstgeschwindigkeit 1006 km/h auf 2500 m, 922 km/h auf 9150 m; Anfangssteiggeschwindigkeit 35,47 m/Sek; Dienstgipfelhöhe 12955 m; Steigzeit auf 9150 m 7,20 Min; Überführungsreichweite mit interner Treibstoffzuladung 1850 km.
Gewichte: Leergewicht 4263 kg; max. Startgewicht 6387 kg.
Bewaffnung (als Waffentrainer): Je eine Station unter jedem Flügel und unter dem Rumpf für Raketenbehälter, Übungsbombenbehälter usw.
Entwicklungsstand: Der erste von zwei Prototypen der T-45A flog am 16. April 1988 zum ersten Mal. Die Einsatztests begannen im Herbst 1993. Nach neuesten Plänen wird die USN bis 2001 nur noch 169 T-45 in jährlichen Tranchen von 12 bis 15 Flugzeugen beschaffen. 145 davon sind bisher abgeliefert worden.
Bemerkungen: Die T-45A Goshawk bildet einen Teil eines integralen Trainingssystems (T-45 Training System), welches neben dem Flugzeug auch Simulatoren, die Infrastruktur und logistische Unterstützung umfasst. Unterschiede zur britischen Hawk (siehe Seiten 118/119): Zusätzlicher Fanghaken, neu gestaltete und verlegte Luftbremsen, Grenzschichtzaun unter dem Rumpf, verstärktes Fahrwerk für Trägerstarts und -landungen, stärkeres Triebwerk sowie einige Änderungen am Klappensystem der Flügel. Die erste (das 73. Serienflugzeug) mit digitalem Cockpit 21 ausgestattete T-45A führte im März 1994 den Erstflug aus, Ablieferung seit Oktober 1997. Alle früheren Einheiten sollen später auf diesen Standard gebracht werden.
Hersteller: The Boeing Company, Defense & Space Group, Seattle, Washington, Werk St. Louis, Missouri, USA, und British Aerospace PLC, Military Aircraft Division, Warton, Lancashire, Grossbritannien.

Abmessungen: Spannweite 9,39 m, Länge 11,97 m, Höhe 4,09 m, Flügelfläche 16,69 m^2.

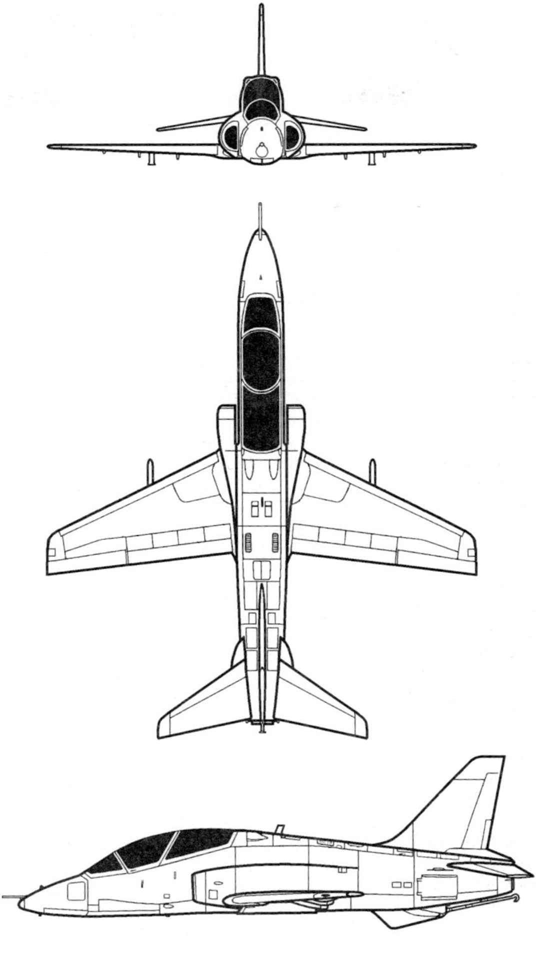

BOEING X-32 JOINT STRIKE FIGHTER

Ursprungsland: USA (Grossbritannien).
Kategorie: Erprobungsträger für ein land- sowie bordgestütztes STOVL/CTOL-Mehrzweckkampfflugzeug.
Triebwerke: Ein Mantelstromtriebwerk Pratt & Whitney F119-614 oder General Electric YF-120-FX von je ca. 18000 kp (178 kN) Leistung mit Nachverbrennung.
Leistungen: Noch keine Angaben erhältlich.
Gewichte (geschätzt): Leergewicht 9070 kg;
Bewaffnung: Eine 27mm-Mauserkanone BK-27 und ca. 7700 kg Waffen.
Entwicklungsstand: Zwei Erprobungsträger werden gebaut, der erste in der USAF-Version X-32A, der später zur USN-Ausführung umgebaut wird und der zweite in der STOVL-Version X-32B, vorgesehen für das USMC und die RAF/RN. Die Flugerprobung der X-32A begann am 18. September 2000. Vom Sieger des JFS-Wettbewerbs wollen die USAF 1763, die USN 480, das USMC 609 und die RAF/RN 150 Einheiten beschaffen, die ab 2008 zu liefern sind.
Bemerkungen: Zusammen mit der Lockheed Martin X-35 (siehe Seiten 216/217) beteiligt sich die X-32 am Joint Strike Fighter-Wettbewerb (JFS). Die X-32 ist eine Deltakonstruktion mit doppelten Seitenleitwerken. Völlig neu ist die Zellenstruktur, welche Beschädigungen durch Bodenabwehr besser erträgt. Drei Versionen sind vorgesehen, die sich konstruktiv unterscheiden: CTOL-Variante für konventionelle Starts und Landungen, CV-Ausführung für Flugzeugträgeroperationen mit robusterer Auslegung und verstärktem Fahrwerk. Bei der STOVL-Version ist das Triebwerk mit drei Ausström-Öffnungen versehen, eine konventionell hinten am Rumpf und zwei genau beim Schwerpunkt des Flugzeugs unten am Rumpf. Spannweite und Länge sind geringer. Trotz all diesen Unterschieden sollen alle Varianten konstruktiv zu 70 % gleich sein. Das Cockpit neuester Technologie weist hochauflösende Bildschirme auf. Viele Funktionen lassen sich durch Sprachbefehle oder via Pilotenhelm-Display steuern.
Hersteller: The Boeing Company, Werk St. Louis, Missouri, USA, und British Aerospace PLC, Warton, Lancashire, Grossbritannien.

Abmessungen: Spannweite (CTOL/CV) 11,00 m, (STOVL) 9,15 m, Länge (CTOL/CV) 14,42 m, (STOVL) 14,03 m, Höhe (CTOL/STOVL) 4,02 m, (CV) 4,05 m, Flügelfläche (CTOL/CV) 52,48 m², (STOVL) 46,82 m².

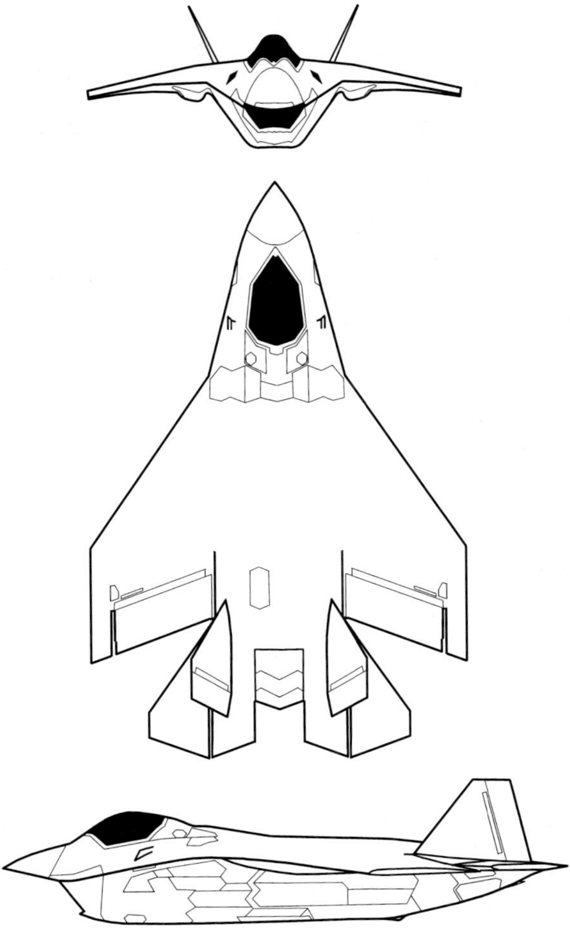

BOEING HELICOPTERS CH-47SD/CH-47F CHINOOK

Ursprungsland: USA.
Kategorie: Schwerer Transporthubschrauber.
Triebwerke: Zwei Gasturbinen AlliedSignal T55-714A von je 4733 WPS (3529 kW) Leistung.
Leistungen: Höchstgeschwindigkeit 298 km/h auf Meereshöhe; Durchschnittsgeschwindigkeit 245 km/h; max. Schrägsteiggeschwindigkeit 9,38 m/Sek; Schwebehöhe mit Bodeneffekt 1837 m, ohne Bodeneffekt 1675 m; max. Flughöhe 3383 m; max. Einsatzradius 600 km.
Gewichte: Leer 11550 kg; max. Startgewicht 24495 kg.
Zuladung: Zwei Piloten und bis zu 45 Personen; als Ambulanzhubschrauber 24 Patienten plus zwei Pfleger. Max. 12700 kg Aussenlasten.
Entwicklungsstand: Der Erstflug der neuesten Ausführung CH-47SD fand am 25. August 1999 statt. Stand der Bestellungen für diese Version: Singapur 6, Taiwan 9. Die CH-47D wird weitergebaut; neuester Besteller: Griechenland weitere 7. Von allen Ausführungen inkl. Lizenzbau wurden bisher rund 1170 Chinooks für 18 Luftwaffen hergestellt.
Bemerkungen: Die CH-47SD (= «**S**uper» **D**) ist eine wesentlich weiterentwickelte Ausführung der CH-47D für den internationalen Markt. Das Äquivalent der US Army heisst CH-47F. Die wichtigsten Neuerungen sind: Stark verbesserte Avioniksysteme und ein voll integriertes Glascockpit, welches für NVG-Einsätze geeignet ist. Die Triebwerke erzeugen eine um rund 22 % höhere Leistung. Zudem werden grössere Treibstofftanks eingebaut. Zur Erhöhung der Lebensdauer und zur Senkung des Vibrationspegels ist die Zelle verstärkt und versteift. Schliesslich gelangen neue Elastomerlager an den Rotorköpfen zur Anwendung. Damit steigt die Zuverlässigkeit und sinkt der Wartungsaufwand. Die US Army will rund 300 CH-47D bis 2013 in die Version CH-47F umbauen.
Hersteller: The Boeing Company, Helicopters Division, Philadelphia, Pennsylvania, USA.

Abmessungen: Durchmesser jedes der beiden Rotoren 18,29 m, Rumpflänge ohne Betankungsrohr 15,84 m, Rumpfhöhe ohne Rotor 5,20 m.

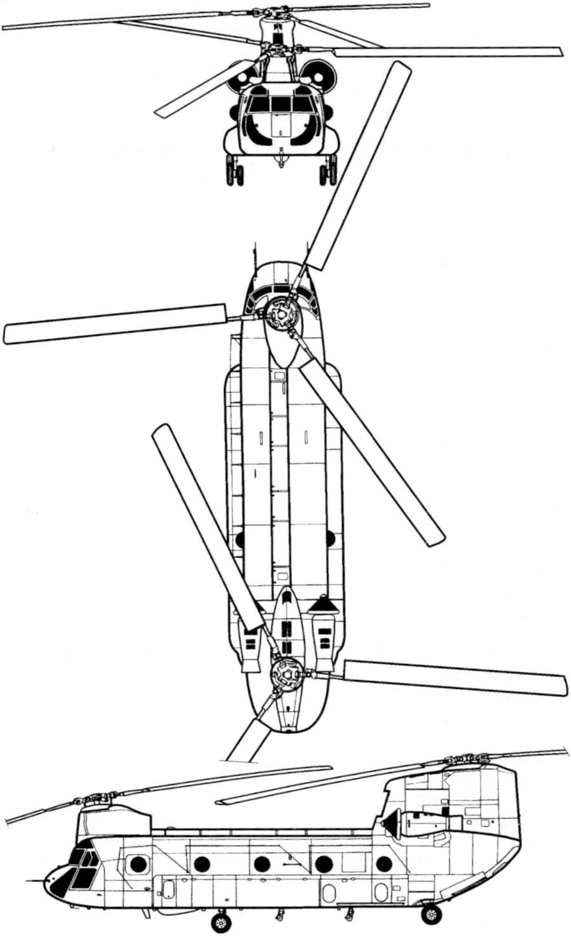

BOEING/SIKORSKY RAH-66 COMANCHE

Ursprungsland: USA.
Kategorie: Zweisitziger Stealth-Kampfhubschrauber.
Triebwerke: Zwei Gasturbinen LHTEC T800-LHT-800 von je 1344 WPS (1002 kW) Leistung.
Leistungen (geschätzt): Höchstgeschwindigkeit 328 km/h; vertikale Steiggeschwindigkeit 6 m/Sek; Überführungsreichweite 2335 km; normale Flugdauer mit internem Kraftstoff 2 Std. 30 Min.
Gewichte: Leer 3515 kg; normales Startgewicht 4587 kg; max. Startgewicht für Überführungen 7790 kg.
Bewaffnung: Eine dreiläufige 20-mm-Revolverkanone General Electric/Giat in einem Turm unter der Rumpfnase und bis zu sechs Antitank-Lenkwaffen Hellfire bzw. zwölf Flab-Lenkwaffen Stinger in zwei geschlossenen Waffenschächten. Weitere Waffen können an montierbaren Flügelstummeln angebracht werden.
Entwicklungsstand: Der erste von zwei Prototypen YRAH-66A hat die Flugerprobung am 4. Januar 1996 aufgenommen. Danach werden fünf Vorserienmaschinen hergestellt. Der Gesamtbedarf der US Army beläuft sich auf 1213 Comanches, 13 davon sind bestellt.
Bemerkungen: Für die Hauptaufgabe der bewaffneten Aufklärung ist die Comanche vollständig aus Radarstrahlen-absorbierenden Verbundwerkstoffen hergestellt. Zudem ist die Silhouette weitmöglichst nach sog. Stealth-Kriterien ausgelegt. So wird beispielsweise die Bewaffnung in internen Waffenschächten mitgeführt. Das Fahrwerk ist vollständig einziehbar. Die Aufklärungselektronik gehört zum modernsten, was auf dem Markt angeboten wird und umfasst u.a. ein vorwärtsgerichtetes Infrarot-Nachtsicht-Navigationsgerät, kombiniert mit einer TV-Kamera im Rumpfbug, ein Millimeter-Wellenradar und diverse Sensoren. In späteren Produktions-Tranchen sollen auch ein Longbow-Feuerkontroll-Radar und Infrarot-Jammers eingebaut werden.
Hersteller: Boeing Helicopters und Sikorsky Aircraft, LH Program Office, Philadelphia, Pennsylvania, USA.

Abmessungen: Rotordurchmesser 11,90 m, Länge ohne Kanone 13,22 m, Höhe über Heckleitwerk 3,39 m.

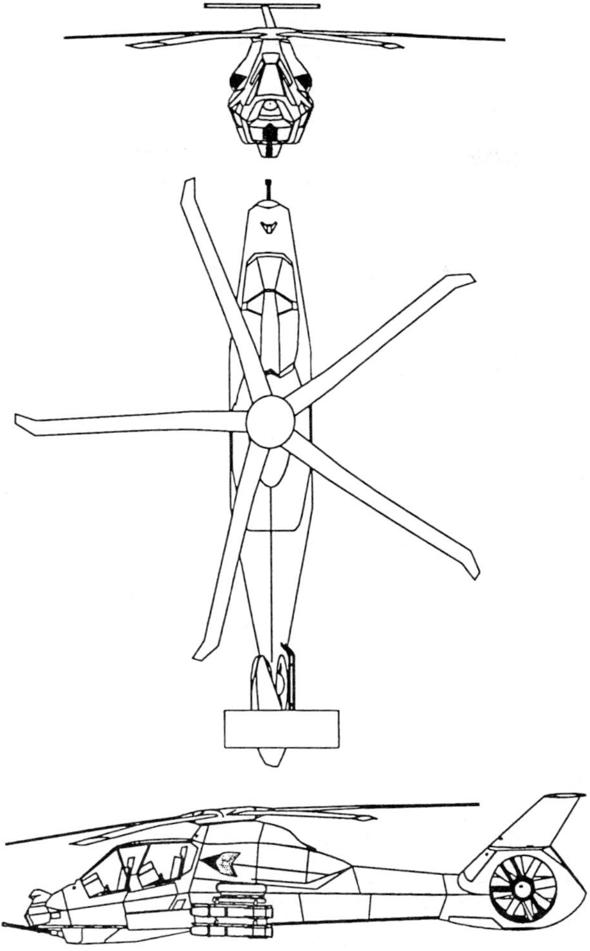

BOEING (MDD) AH-64D LONGBOW APACHE

Ursprungsland: USA.
Kategorie: Zweisitziger Kampfhubschrauber.
Triebwerke: Zwei Gasturbinen General Electric T700-GE-701C von je 1890 WPS (1409 kW) Leistung.
Leistungen: Höchstgeschwindigkeit 296 km/h; max. Schrägsteiggeschwindigkeit 12,7 m/Sek; Schwebehöhe mit Bodeneffekt 5246 m, ohne Bodeneffekt 4124 m; Reichweite mit max. interner Treibstoffzuladung 482 km, Überführungsreichweite 1701 km.
Gewichte: Leergewicht 5352 kg; max. Startgewicht 9525 kg.
Bewaffnung: Eine einläufige 30-mm-Kanone unter dem Vorderrumpf sowie bis zu 16 lasergelenkte Hellfire-Panzerabwehrraketen oder 76 ungelenkte 70-mm-Raketen. Als Defensivbewaffnung können Luft-Luft-Lenkwaffen wie Stinger, Sidewinder oder Mistral mitgeführt werden.
Entwicklungsstand: Die erste AH-64D Longbow Apache startete am 15. April 1992 zum Erstflug. Die US Army will etwa 600 AH-64A auf diesen Standard bringen (bisher 501 bestellt). Von allen AH-64-Varianten sind derzeit 1046 (+ Optionen) von 10 Luftwaffen bestellt (614 der Variante AH-64D). Neuester Auftraggeber: Israel 8 AH-64D.
Bemerkungen: Im Vergleich zu den früheren Ausführungen (siehe Ausgabe 1992/93) weist die AH-64D zusätzlich ein Mastvisier (Longbow millimetre-wave = Millimeterwellenradar) zur Rundumgefechtsfeldbeobachtung auf. Die Longbow ist in der Lage, mehr als ein Dutzend Ziele gleichzeitig zu entdecken. Zur Verarbeitung der anfallenden Daten ist ein stärkerer MIL-STD-1553B-Databus eingebaut. Die AH-64D ist zudem mit leistungsfähigeren Triebwerken ausgerüstet und kann die neuesten radiogesteuerten Hellfire-Lenkwaffen mitführen.
Hersteller: The Boeing Company, Werk Mesa, Arizona, USA.

Abmessungen: Rotordurchmesser 14,63 m, Rumpflänge 14,70 m, Höhe inkl. Mastvisier 4,90 m.

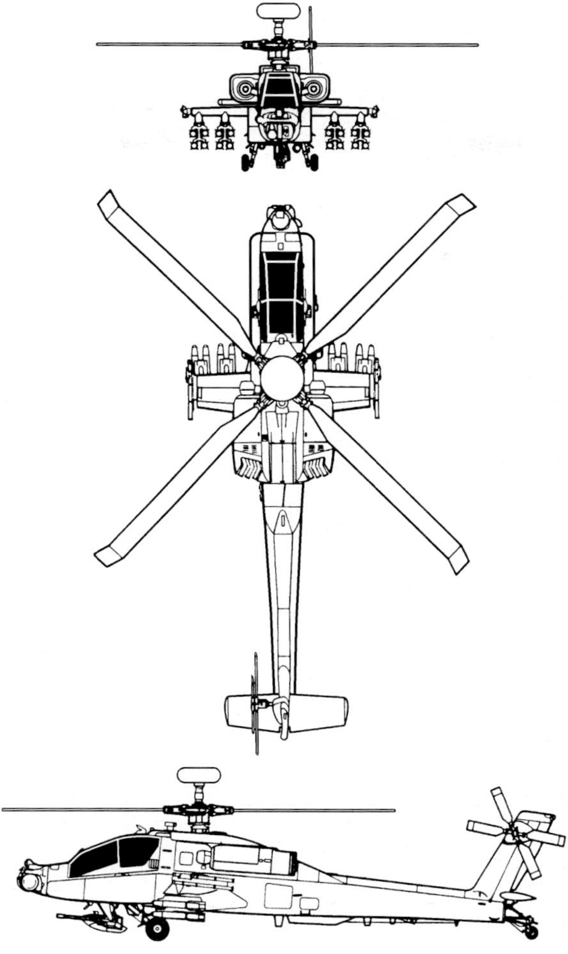

BOMBARDIER (CANADAIR) CL-415

Ursprungsland: Kanada.
Kategorie: Mehrzweck-Amphibium.
Triebwerke: Zwei Propellerturbinen Pratt & Whitney Canada PW123AF von je 2380 WPS (1775 kW) Leistung.
Leistungen: Max. Reisegeschwindigkeit bei 14741 kg 375 km/h auf 1525 m; normale Reisegeschwindigkeit 287 km/h; Patrouillengeschwindigkeit bei 15876 kg 204 km/h auf Meereshöhe; Anfangssteiggeschwindigkeit bei 20865 kg 7,0 m/Sek; Überführungsreichweite 2427 km.
Gewichte: Rüstgewicht für Mehrzweckaufgaben 11789 kg, als Wasserbomber 12043 kg; max. Startgewicht an Land 19800 kg, im Wasser 17100 kg; max. Fluggewicht nach Wasseraufnahme 21000 kg.
Zuladung: Zwei Mann Besatzung und, als Transporter, 32 bis 35 Passagiere. Maximale Nutzlast von 4790 kg in Mehrzweckkonfiguration, 6123 kg als Wasserbomber. Für Marine-Patrouillenaufgaben bestehen zwei weitere Stationen für Flugingenieur/Navigator und für zwei Beobachter.
Entwicklungsstand: Erstflug der ersten definitiven CL-415-Ausführung am 6. Dezember 1993. Die Auslieferungen begannen im Oktober 1994. Bisher sind bestellt worden: Sécurité Civile 12, Griechenland 10 CL-415GR (+ 5 Optionen), Provinz von Quebec 8, Ontario 9, Sorem Italien 13, Kroatien 3. Bei einem Bestellungsstand Ende 2000 von 55 sind bisher deren 50 abgeliefert worden.
Bemerkungen: Die CL-415 ist eine modifizierte, turbopropgetriebene Ausführung des Basismodells CL-215 (siehe Ausgabe 1987). Sie besitzt neben neuen Triebwerken ein verbessertes Wassertanksystem. Im übrigen wurde die Aerodynamik optimiert, u.a. durch Anbringen von sog. Winglets. Zudem ist ein EFIS-Cockpit installiert. Für zivile wie militärische Überwachungs- und Rettungseinsätze sowie für Passagier- und Frachttransporte bietet Bombardier die Version CL-415M an. Sie weist ein höheres Abfluggewicht auf. In Griechenland wird diese Ausführung als CL-415GR bezeichnet.
Hersteller: Bombardier (Canadair), Station Centreville, Montreal, Quebec, Kanada.

Abmessungen: Spannweite 28,60 m, Länge 19,82 m, Höhe (an Land) 8,98 m, Flügelfläche 100,33 m^2.

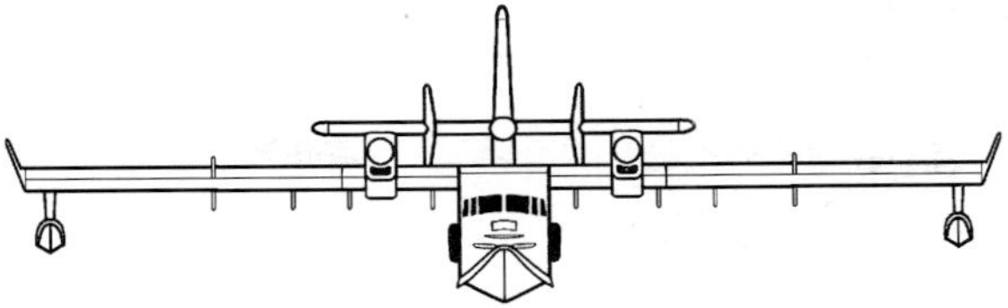

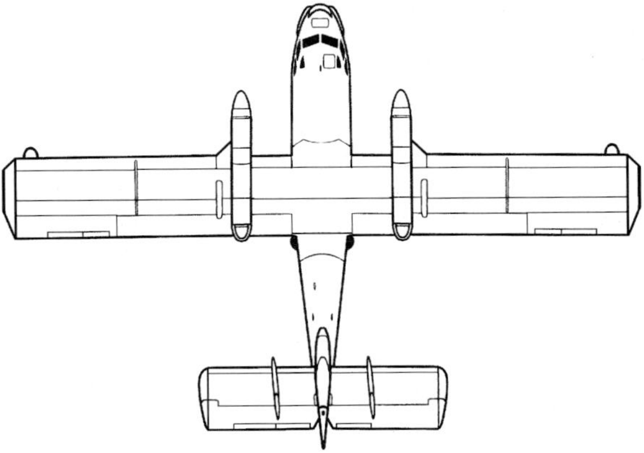

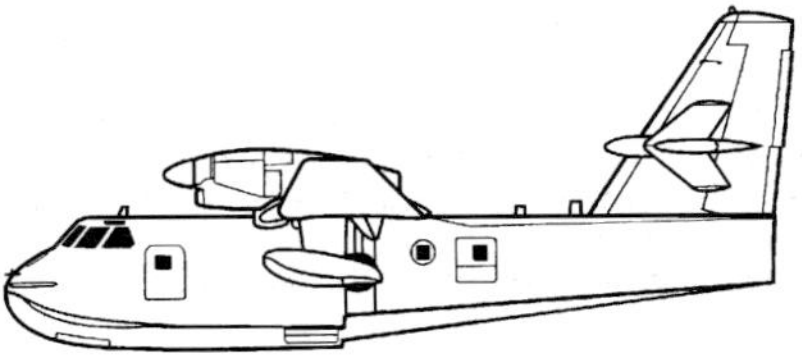

BOMBARDIER (CANADAIR) REGIONAL JET 200

Ursprungsland: Kanada.
Kategorie: Regionalverkehrsflugzeug.
Triebwerke: Zwei Mantelstromtriebwerke General Electric CF34-3B1 von je 3959 kp (38,83 kN) Leistung oder 4182 kp (41,0 kN) inkl. automatischem Reserveschub.
Leistungen: Max. Reisegeschwindigkeit 851 km/h auf 10975 m oder Mach 0,8; Langstrecken-Reisegeschwindigkeit 786 km/h auf 10975 m oder Mach 0,74; Anfangssteiggeschwindigkeit 17,8 m/Sek; Steigzeit auf 10670 m 23 Min; Dienstgipfelhöhe 12497 m; Reichweite mit max. Nutzlast 1566 km; max. Reichweite 2628 km, Version -200ER 2940 km.
Gewichte: Leergewicht 13655 kg; max. Startgewicht (RJ Series 100) 21635 kg, (RJ Series 200ER) 23245 kg.
Zuladung: Zwei Piloten und in der Standardausführung 50 Passagiere in Viererreihen. Max. Nutzlast von 6295 kg.
Entwicklungsstand: Die erste Vorserienmaschine nahm die Flugerprobung am 10. Mai 1991 auf. Mit den Auslieferungen begann man im vierten Quartal 1992. Bis Ende 2000 waren von der RJ 100/200 etwa 730 (+ rund 445 Optionen) von 25 Airlines bestellt und davon rund 400 gebaut. Die Monatsproduktion beläuft sich mittlerweile auf zwölf Einheiten.
Bemerkungen: Der Regional Jet oder kurz RJ ist eine Abwandlung des Firmenflugzeugs Challenger (siehe Ausgabe 1997). Der Rumpf ist um 3,25 m vor und 2,84 m hinter dem Flügel verlängert, die Flügelfläche vergrösserte man um rund 15 %. Verschiedene weitere Änderungen waren nötig, um aus einem Geschäftsreiseflugzeug ein Regionalverkehrsflugzeug zu machen. Die Grundausführung wird als Series 100, diejenige mit grösserer Reichweite als Series 200ER bezeichnet. Ebenfalls erhältlich sind eine Geschäftsreiseversion der 200ER sowie seit 1994 die Ausführung 200LR (**L**ong **R**ange) mit einem auf 23995 kg angehobenen Abfluggewicht und einer maximalen Reichweite von 3500 km.
Hersteller: Bombardier (Canadair), Station Centreville, Montreal, Quebec, Werk Dorval, Quebec, Kanada.

Abmessungen: Spannweite 21,44 m, Länge 26,95 m, Höhe 6,30 m, Flügelfläche 48,31 m^2.

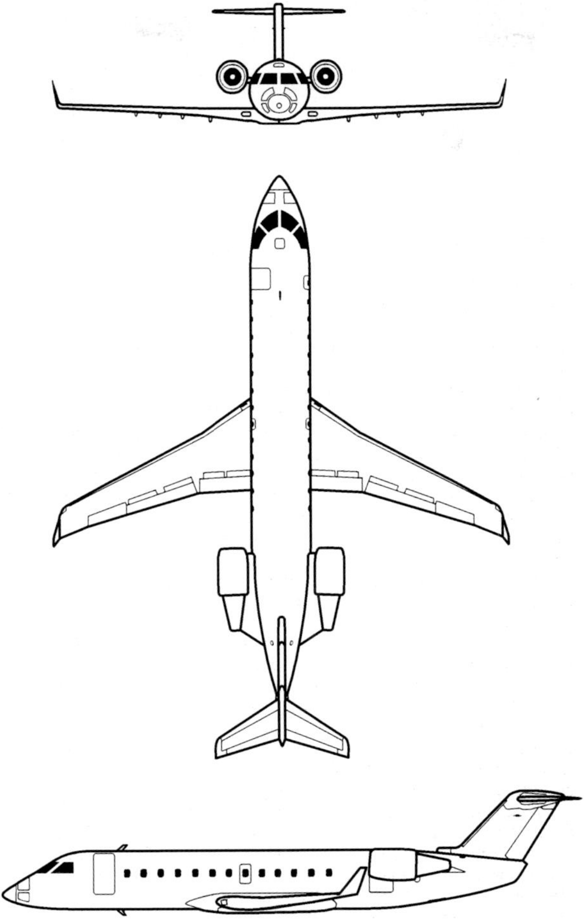

BOMBARDIER (CANADAIR) REGIONAL JET 700

Ursprungsland: Kanada.
Kategorie: Regionalverkehrsflugzeug.
Triebwerke: Zwei Mantelstromtriebwerke General Electric CF34-8C1 von je 6250 kp (61,30 kN) Standschub.
Leistungen: Max. Reisegeschwindigkeit 860 km/h (Mach 0,81); normale Reisegeschwindigkeit 818 km/h (Mach 0,77); Dienstgipfelhöhe 12500 m; Reichweite (700) 3150 km, (700ER) 3600 km.
Gewichte: Rüstgewicht 19731 kg; max. Startgewicht (700) 32885 kg, (700ER) 34019 kg.
Zuladung: Zwei Piloten und bis zu 70 Passagiere in Viererreihen; max. Nutzlast 8527 kg.
Entwicklungsstand: Die Flugerprobung begann am 27. Mai 1999 und wird bis zur erwarteten Zulassung Ende 2000 mit fünf Maschinen durchgeführt. Bisher sind Aufträge für 172 Maschinen (+ 299 Optionen) von sechs Fluggesellschaften eingegangen. Die ersten Auslieferungen sollen Ende 1. Quartal 2001 beginnen.
Bemerkungen: Die CRJ 700 ist eine konsequente Weiterentwicklung der CRJ200 (siehe Seiten 104/105). Der Rumpf wurde um 4,72 m verlängert, die Spannweite nahm um 1,82 m zu und die Flügelfläche ist gegenüber dem Ausgangsmuster um rund 40 % grösser. Zudem erhielt die CRJ 700 einige aerodynamische Optimierungen. Zur Verbesserung des Auftriebs sind an der ganzen Flügelvorderseite sog. Slats angebracht worden. Weiter verfügt die CRJ 700 über die leistungsstärkeren Triebwerke CF34-8C1. Wegen der höheren Gewichte ist ein neues Fahrwerk von Menasco eingebaut. Zwei Ausführungen werden angeboten: Die Normalausführung CRJ 700 und die schwerere CRJ 700ER mit grösseren Reichweitenleistungen.
Hersteller: Bombardier (Canadair), Montreal, Quebec, Werk Montreal-Mirabel, Quebec, Kanada.

Abmessungen: Spannweite 23,24 m, Länge 32,51 m, Höhe 7,51 m, Flügelfläche 68,63 m^2.

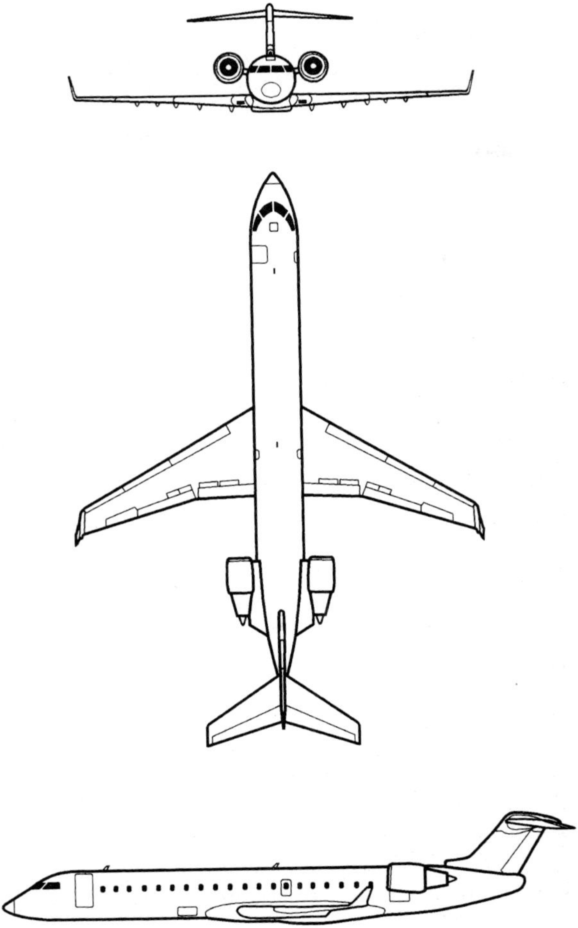

BOMBARDIER (CANADAIR) REGIONAL JET 900

Ursprungsland: Kanada.
Kategorie: Regionalverkehrsflugzeug.
Triebwerke: Zwei Mantelstromtriebwerke General Electric CF34-8C5 von je 6577 kp (65,0 kN) Standschub.
Leistungen: Max. Reisegeschwindigkeit 860 km/h (Mach 0,81); normale Reisegeschwindigkeit 818 km/h (Mach 0,77); Dienstgipfelhöhe 12496 m; Reichweite 2278 km, -ER 3208 km.
Gewichte: Rüstgewicht 21546 kg; max. Startgewicht (900) 36514 kg, (900ER) 37421 kg.
Zuladung: Zwei Piloten und bis zu 86 Passagiere in Viererreihen; max. Nutzlast 10206 kg.
Entwicklungsstand: Das erste Erprobungsmuster (Umbau des CRJ 700-Prototyps) soll im 1. Semester 2001 fliegen. Ein zweiter, völlig neu erstellter Prototyp folgt Mitte 2002. Die ersten Serienmuster gelangen ab 4. Quartal 2002 in Einsatz. Bis Ende 2000 belief sich der Auftragsbestand auf 62 Einheiten (+ Optionen), darunter 12 von Typrolean.
Bemerkungen: Obwohl Bombardier die Weiterentwicklung CRJ 900 möglichst nahe an das Ausgangsmuster CRJ 700 anlehnte, sind doch einige wesentliche Unterschiede vorhanden. Der Rumpf wird durch je einen Einsatz vor und hinter dem Flügel um insgesamt 3,86 m verlängert. Der Flügel mit gleicher Spannweite wird strukturell verstärkt. Ebenso ist das Fahrwerk robuster ausgelegt, um die höheren Gewichte aufzufangen. Schliesslich hat man vorne eine weitere Gepäcktüre und über den Flügeln einen Notausgang vorgesehen. Das Cockpit ist mit einer Avionik Collins Pro Line4 mit sechs EFIS-Bildschirmen ausgestattet. Wie bei den Ausgangsmustern sind zwei Versionen vorgesehen, eine Standard- und eine Langstreckenausführung CRJ 900ER.
Hersteller: Bombardier (Canadair), Montreal, Quebec, Werk Montreal-Mirabel, Quebec, Kanada.

Abmessungen: Spannweite 23,24 m, Länge 36,19 m, Höhe 7,51 m, Flügelfläche 68,63 m^2.

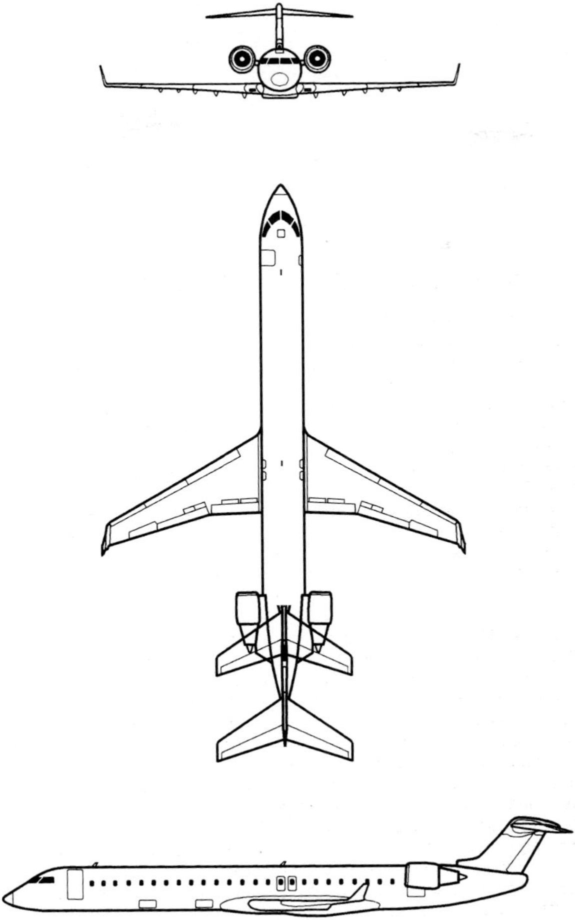

BOMBARDIER (CANADAIR) BD-700 GLOBAL EXPRESS

Ursprungsland: Kanada.
Kategorie: Firmenflugzeug.
Triebwerke: Zwei Mantelstromtriebwerke BMW/Rolls-Royce BR710-48A2-20 von je 6690 kp (65,6 kN) Standschub.
Leistungen: Max. Reisegeschwindigkeit 935 km/h (Mach 0,88); Langstrecken-Reisegeschwindigkeit 880 km/h; max. Schrägsteiggeschwindigkeit 18,3 m/Sek; Dienstgipfelhöhe 15545 m; Reichweite mit acht Passagieren 11700 km, max. Reichweite 12038 km.
Gewichte: Leergewicht 22000 kg; max. Startgewicht 42410 kg.
Zuladung: Zwei Piloten und je nach Innenausstattung 8, 15 oder 19 Passagiere (Innenmasse der Kabine: 14,74 m lang, 2,49 m breit und 1,91 m hoch); max. Nutzlast 3266 kg.
Entwicklungsstand: Der erste von vier Prototypen begann mit der Flugerprobung am 13. Oktober 1996, der letzte folgte im September 1997. Die Auslieferungen starteten Ende 1998. Bisher sind 105 Einheiten (ca. 60 ausgeliefert), u.a. von VW und Deutsche Telekom bestellt worden.
Bemerkungen: Mit der Global Express deckt Bombardier das oberste Segment der jetgetriebenen Firmenflugzeuge ab. Nebst gegenüber der Challenger grösserer Kabine und Zuladung, wurde besonderes Gewicht auf bisher unübertroffene Reichweitenleistungen bei hoher Reisegeschwindigkeit gelegt. So kann beispielsweise die Strecke Buenos Aires - London non-stop zurückgelegt werden. Ein völlig neu konstruierter superkritischer Flügel mit einer Pfeilung von 35 Grad und einem sog. Walfischprofil, zusammen mit weiteren Verfeinerungen am Rumpf verhelfen der Global Express zu besonders guter Aerodynamik. Im Cockpit ist ein vollintegriertes Multifunktionssystem Honeywell Primus 2000XP eingebaut. Basierend auf der Global Express bestellte die RAF fünf militärische Modelle ASTOR (**A**irborne **S**tand-**O**ff **R**adar), ausgerüstet mit einem Überwachungs- und Aufklärungssystem SAR/MIT von Raytheon Systems. Dieses ermöglicht das Monitoring von festen und beweglichen Objekten am Boden aus der Luft im Echtzeitverfahren. Mit den Auslieferungen wird 2002 begonnen.
Hersteller: Bombardier (Canadair), Station Centreville, Montreal, Quebec, Kanada.

Abmessungen: Spannweite inkl. Winglets 28,65 m, Länge 30,30 m, Höhe 7,57 m, Flügelfläche 94,94 m².

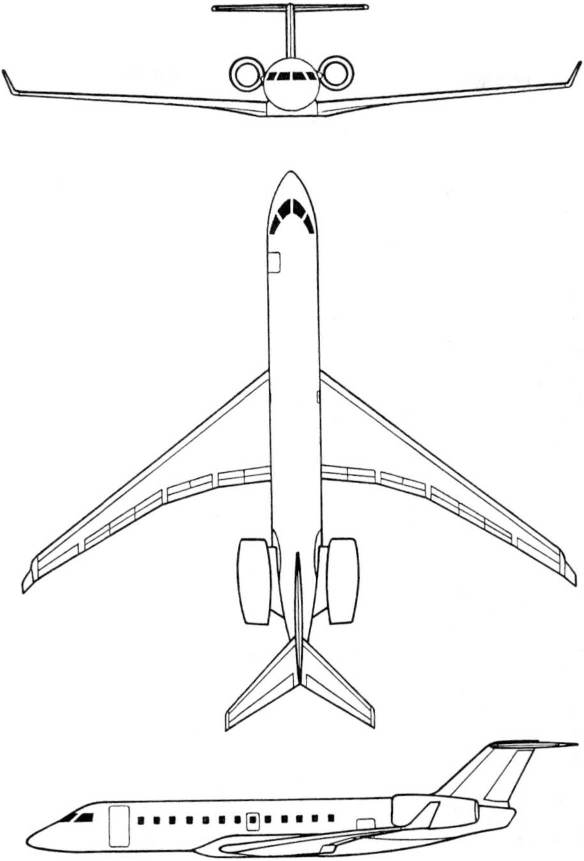

BOMBARDIER BD-100 CONTINENTAL

Ursprungsland: Kanada.
Kategorie: Firmenflugzeug.
Triebwerke: Zwei Mantelstromtriebwerke Honeywell AS907 von je 2950 kp (28,91 kN) Standschub.
Leistungen (geschätzt): Max. Reisegeschwindigkeit Mach 0,82; normale Reisegeschwindigkeit Mach 0,80; Dienstgipfelhöhe 13716 m; Reichweite mit acht Passagieren und IFR-Reserven 5750 km.
Gewichte: Leergewicht 10138 kg; max. Startgewicht 17010 kg.
Zuladung: Zwei Piloten und je nach Innenausstattung 8 bis 16 Passagiere; max. Nutzlast 1360 kg.
Entwicklungsstand: Insgesamt sind fünf Prototypen vorgesehen, deren erster Mitte 2001 die Flugerprobung aufnehmen soll. Die Zulassung erfolgt im Herbst 2002. Bei einer Auftragslage von rund 100 Einheiten sind für Dezember 2002 die ersten Ablieferungen an Kunden vorgesehen. Jährlich sollen rund 60 Einheiten hergestellt werden.
Bemerkungen: Bombardier's neuestes Mittelstrecken-Firmenflugzeug ist gedacht, die Lücke zwischen der Learjet 60 (siehe Ausgabe 1997) und der Challenger 604 (siehe Ausgabe 1997) zu schliessen. Technisch ist die Continental auf dem neuesten Stand. Sie weist für ihre Klassen einen sehr grossen Rumpfquerschnitt auf (Innenmasse 2,18 m breit, 1,85 m hoch), so dass durchgehend Stehhöhe ermöglicht wird. Normalerweise umfasst die Innenausstattung acht Einzelsitze, eine kleine Küche vorne und hinten eine Toilette sowie direkten Zugang zum Gepäckraum. Die Avionik Pro Line 21 stammt von Rockwell-Collins. Mit einem Preis von US$ 14,25 Mio. soll sie für ihre Klasse besonders günstig sein.
Hersteller: Bombardier (Canadair), Werk Wichita, Kansas, USA, Station Centreville, Montreal, Quebec, Kanada.

Abmessungen: Spannweite 19,23 m, Länge 20,97 m, Höhe 6,22 m, Flügelfläche 48,02 m².

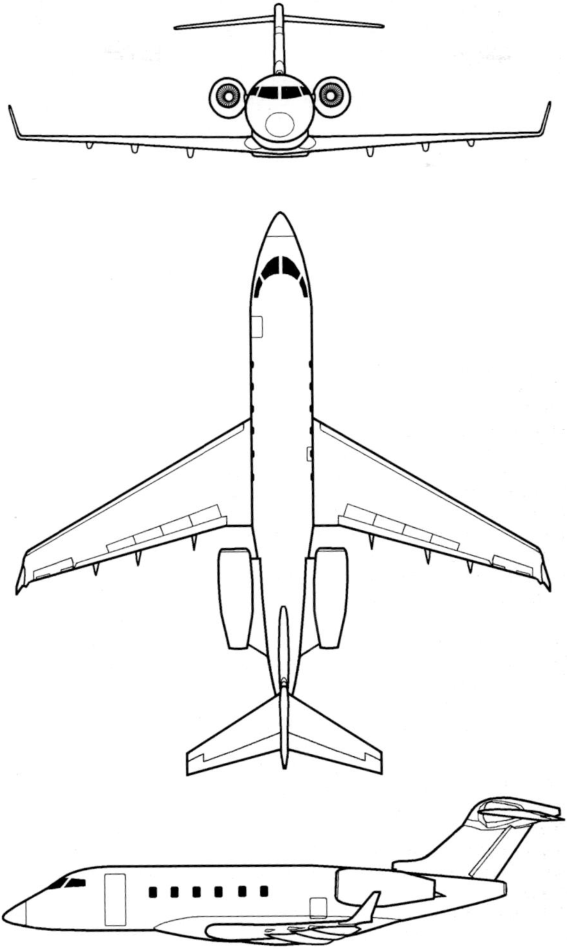

BOMBARDIER (DE HAVILLAND CANADA) DASH 8 Q400

Ursprungsland: Kanada.
Kategorie: Regionalverkehrsflugzeug.
Triebwerke: Zwei Propellerturbinen Pratt & Whitney Canada PW150A von je 4580 WPS (3415 kW) Leistung.
Leistungen: Max. Reisegeschwindigkeit 650 km/h; ökonom. Reisegeschwindigkeit 565 km/h; Dienstgipfelhöhe 7620 m; Reichweite mit max. Nutzlast 1596 km, mit max. Treibstoffzuladung 2400 km.
Gewichte: Rüstgewicht 18230 kg; max. Startgewicht 28998 kg.
Zuladung: Zwei Piloten und Standard-Innenausstattung für 70 Passagiere in Viererreihen. Max. Nutzlast 7624 kg.
Entwicklungsstand: Die erste Dash 8-400 (neu Dash 8 Q400 bezeichnet) startete Ende 1997 zum Erstflug, Ablieferung im Januar 2000. Ende 2000 waren 600 Dash 8 bestellt (+ Optionen) und über 550 an rund 70 Kunden ausgeliefert. Von der -400 sind bisher 64 Einheiten (+ 66 Optionen) von neun Gesellschaften in Auftrag gegeben worden. Bisher grösster Besteller ist die SAS mit 20 Q400. Die Dash8 Q300 wird weiter gebaut.
Bemerkungen: Die Dash 8 Q400 ist eine nochmals vergrösserte Ausführung des Grundmusters Dash 8. Gegenüber der Dash 8-300 (siehe Ausgabe 1996) unterscheidet sie sich durch den 4,60 m längeren Rumpf, leistungsfähigere Triebwerke und ein verstärktes Flügelmittelstück. Neue, besonders lärmarme Sechsblattrotoren von Dowty sind rund 20 cm weiter vom Rumpf entfernt plaziert worden. Zur weiteren Lärmreduktion ist ein sog. «active cabin-noise control system» (= aktives Lärmunterdrückungssystem) eingebaut, welches den in die Kabine eindringenden Lärm erheblich auf 77 dB abdämpft, weshalb der Name des Musters auf Q400 (**Q** = quiet/ruhig) abgeändert wurde.
Hersteller: Bombardier (The de Havilland Aircraft of Canada Ltd.), Downsview, Ontario, Kanada.

Abmessungen: Spannweite 28,42 m, Länge 32,84 m, Höhe 8,36 m, Flügelfläche 62,10 m^2.

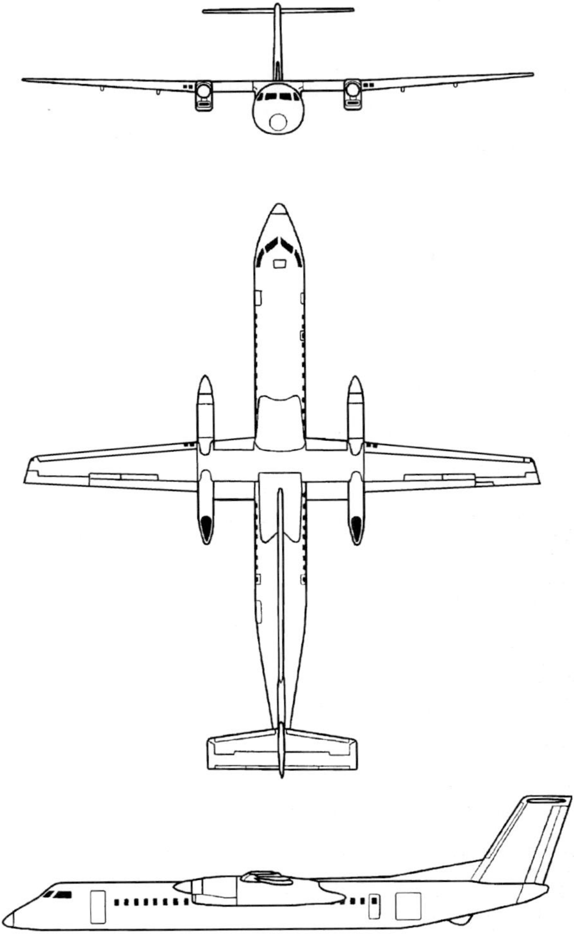

BOMBARDIER (LEARJET) 45

Ursprungsland: USA.
Kategorie: Firmenflugzeug.
Triebwerke: Zwei Mantelstromtriebwerke Garrett TEF731-20 von je 1590 kp (15,5 kN) Leistung.
Leistungen: Max. Reisegeschwindigkeit 860 km/h oder Mach 0,81; norm. Reisegeschwindigkeit 770 km/h; Dienstgipfelhöhe 15545 m; max. Reichweite mit zehn Passagieren 4400 km.
Gewichte: Leergewicht 5307 kg; max. Startgewicht 9160 kg.
Zuladung: Zwei Piloten und in der Kabine normalerweise acht, maximal zehn Passagiere; max. Nutzlast 1500 kg.
Entwicklungsstand: Erstflug des ersten von drei Learjet 45-Prototypen am 7. Oktober 1995. Im Mai 1998 wurde mit den Kundenablieferungen begonnen. Ende 2000 belief sich der Bestellungseingang auf über 150 Einheiten, über 100 davon waren ausgeliefert.
Bemerkungen: Die Version 45 ist das erste unter der neuen Regie von Bombardier entwickelte Modell und wird in Kooperation mit Shorts (Rumpf und Heck), de Havilland Canada (Flügel) und Learjet (Systeme und Endmontage) hergestellt. Grössenmässig ist sie zwischen der Learjet 31A und der Learjet 60 (siehe Ausgabe 1997) angesiedelt. Der Hersteller versucht mit diesem Muster eine optimale Kombination zwischen Preis, Flugleistungen, Kabinengrösse und Betriebskosten zu erzielen. Obwohl die Rumpflänge in etwa jener der Learjet 60 entspricht, ist die Kabine mit 7,55 m etwas länger, bietet aber mit 1,55 m nicht deren durchgehende Stehhöhe. Bei einer Bestuhlung für acht Fluggäste sind alle Sitze um 180 Grad drehbar. Dank des elektronischen Triebwerkmanagements FADEC kann bei um 15 Prozent gesteigerter Reiseleistung der spezifische Treibstoffverbrauch gleichzeitig um elf Prozent verringert werden. Zu diesen Leistungen verhilft auch ein völlig neu konstruierter Flügel. Im Sinne der laufenden Produkteverbesserung weisen die neuesten Einheiten ein überarbeitetes Interieur auf. Zudem ist der Lärm in der Kabine um 12 db reduziert.
Hersteller: Bombardier (Learjet Inc.), Wichita, Kansas, USA.

Abmessungen: Spannweite einschliesslich Winglets 14,56 m, Länge 17,68 m, Höhe 4,29 m, Flügelfläche 28,95 m^2.

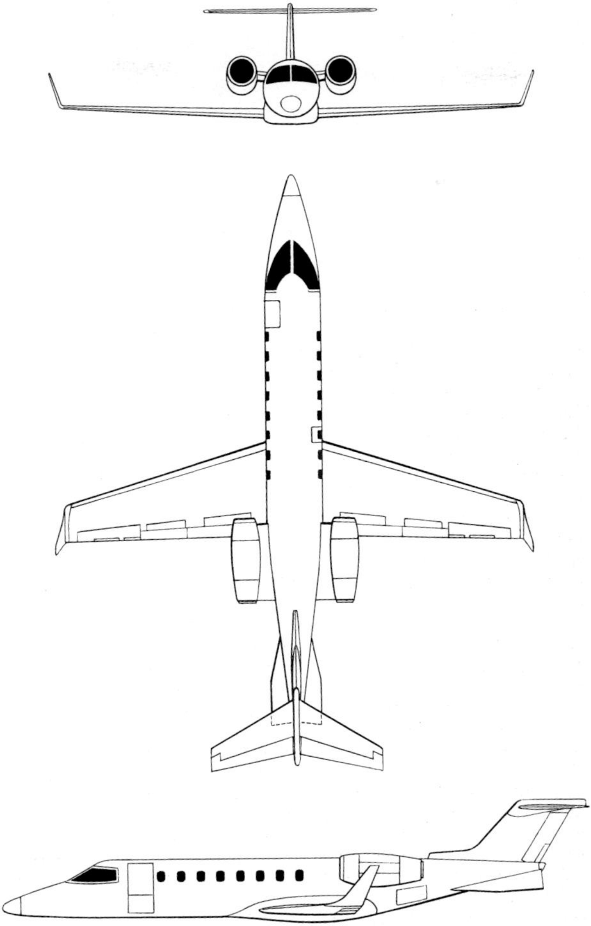

BRITISH AEROSPACE HAWK LIFT 100/200

Ursprungsland: Grossbritannien.
Kategorie: Zweisitziger Fortgeschrittenentrainer und leichter Erdkämpfer.
Triebwerke: Ein Mantelstromtriebwerk Rolls-Royce/Turboméca Adour 871 von 2650 kp (26,0 kN) Standschub.
Leistungen: Höchstgeschwindigkeit 1021 km/h oder Mach 0,83; max. Reisegeschwindigkeit 1019 km/h auf Meereshöhe; ökonom. Reisegeschwindigkeit 796 km/h auf 12500 m; max. Anfangssteiggeschwindigkeit 58,5 m/Sek; Dienstgipfelhöhe 15250 m; taktischer Einsatzradius 322 km mit acht 227-kg-Bomben; Überführungsreichweite mit zwei 860-l- und einem 590-l-Zusatztank 3606 km, ohne Zusatztank 892 km.
Gewichte: Leergewicht 3970 kg; max. Startgewicht 8500 kg.
Bewaffnung: Zwei 25-mm-Aden- oder zwei 27-mm-Mauser-Kanonen und maximal 3100 kg externe Waffenlasten, verteilt auf sieben Stationen unter Flügeln und Rumpf.
Entwicklungsstand: Erstflug des Prototypen der Version 200 am 19. Mai 1986, des technisch gleichwertigen, bereits dem Serienstandard entsprechenden Doppelsitzers 100 1990. Ein Erprobungsträger der neuesten Ausführung LIFT fliegt seit 1998. Insgesamt sind bisher (ohne T-45 der USN, siehe Seiten 92/93) über 600 Maschinen aller Versionen für 16 Luftwaffen bestellt und zum grössten Teil ausgeliefert worden. Neueste Bestellung: Indien 30 - 45 (66?) Einheiten.
Bemerkungen: Die als LIFT (**L**ead-**I**n-**F**ighter-**T**rainer) bezeichnete aktuellste Ausführung der Hawk weist, besonders was die Avionik angeht, einige bedeutende Verbesserungen auf: MIL-STD-1553B-Databus, überarbeitetes Cockpit mit drei Flachbildschirmen und HUD, Nachtsichtgeräte, INS/GPS und weitere elektronische Hilfen. Die Zelle wurde für eine längere Lebensdauer verstärkt, das Bugfahrwerk kann aktiv gesteuert werden. Zudem ist ein APU (= **A**uxiliary **P**ower **U**nit = Starthilfstriebwerk) installiert. 80 von den rund noch 140 vorhandenen Hawks der RAF erhalten zur Einsatzverlängerung teilweise neue Rümpfe.
Hersteller: British Aerospace PLC, Military Aircraft Division, Warton, Preston, Lancashire, Grossbritannien.

Abmessungen: Spannweite inkl. Lenkwaffen 9,94 m, Länge 11,38 m, Höhe 4,16 m, Flügelfläche 16,69 m^2.

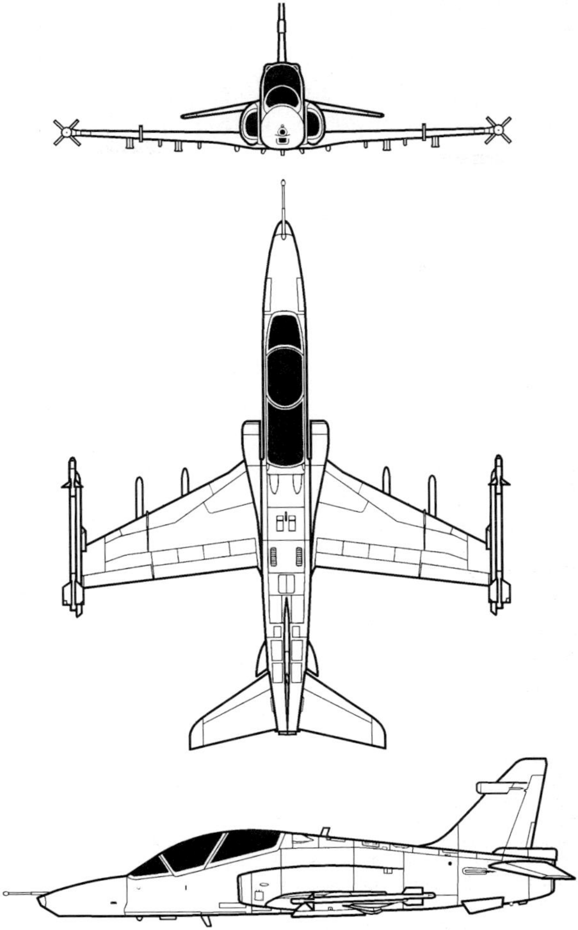

CASA C-212-400 AVIOCAR

Ursprungsland: Spanien.
Kategorie: Leichter militärischer und ziviler Mehrzwecktransporter.
Triebwerke: Zwei Propellerturbinen AlliedSignal TPE331-12JR von je 1100 WPS (820 kW), reduziert auf 925 WPS (690 kW) Leistung.
Leistungen: Max. Reisegeschwindigkeit 365 km/h; Dauer-Reisegeschwindigkeit 300 km/h auf 3300 m; Reichweite mit max. Nutzlast 432 km, mit max. Treibstoffzuladung 2000 km.
Gewichte: Rüstgewicht 4550 kg: max. Startgewicht 8100 kg.
Zuladung: Zwei Piloten und bis zu 26 Passagiere oder 2950 kg Fracht.
Entwicklungsstand: Die Ursprungsausführung C-212-100 fliegt seit 1971 und wurde seither ununterbrochen gebaut. Bisher sind rund 440 Einheiten hergestellt worden. Die neueste Version -400 nahm die Flugerprobung im April 1997 auf. Von ihr sind bisher Bestellungen für 6 Einheiten bekannt geworden: Spanisches Landwirtschafts- und Fischereiministerium 2 (mit Suchradar und FLIR/TV-System), Surinam 2, venezuelanische Marine 3.
Bemerkungen: Die C-212-400 wurde erstmals 1997 vorgestellt. Dank stärkeren Triebwerken sind alle Flugleistungen generell verbessert und das Abfluggewicht um 400 kg erhöht. Das Cockpit ist mit EFIS-Instrumenten ausgerüstet. Die gesamte Elektronik ist nun in der Rumpfnase konzentriert. Auch wurden Verbesserungen an der Kabine vorgenommen. Eine als C-212M bezeichnete Version, basierend auf der C-212-300, ist besonders für militärische Aufgaben ausgelegt und kann unter den Flügeln zwei Zusatztanks von je 500 l oder andere Lasten mitführen. Mehrere weitere Varianten wurden gebaut, u.a. auch Seeüberwachungsversionen z.B. mit 360^0-APS-128-Suchradar und Aufklärungs-/Beobachtungssystemen. Die früheren Modelle sind in Ausgabe 1987/88 vorgestellt.
Hersteller: CASA (Construcciones Aeronauticas), Madrid, Spanien.

Abmessungen: Spannweite 20,28 m, Länge 16,15 m, Höhe 6,60 m, Flügelfläche 41,00 m².

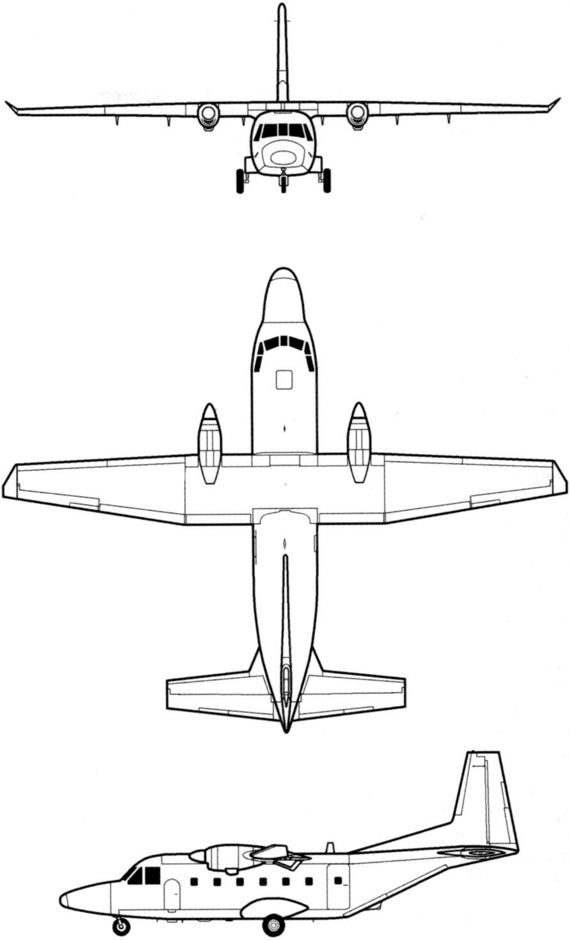

CASA C-295

Ursprungsland: Spanien.
Kategorie: Mehrzwecktransporter.
Triebwerke: Zwei Propellerturbinen Pratt & Whitney Canada PW127G von je 2645 WPS (1972 kW) Leistung.
Leistungen (nach Angaben des Herstellers): Max. Reisegeschwindigkeit 481 km/h auf 7620 m; Reichweite mit max. Nutzlast 1333 km, max. Reichweite 5278 km.
Gewichte: Max. Startgewicht 23200 kg.
Zuladung: Zwei Piloten und normalerweise 69 oder bis zu 78 voll ausgerüstete Soldaten; für Evakuationseinsätze 27 liegende Personen und vier Helfer; als Frachter fünf Standard-Containers oder drei leichte Fahrzeuge; max. Nutzlast 9700 kg.
Entwicklungsstand: Der erste, bereits dem Serienstandard entsprechende Prototyp, nahm die Flugerprobung am 22. Dezember 1998 auf. Ende 2000 begann CASA mit den Auslieferungen. Der vorerst einzige Besteller ist die spanische Luftwaffe mit neun Exemplaren. Möglicher weiterer Besteller: Schweiz zwei Einheiten.
Bemerkungen: Basierend auf der CN-235 (siehe Seiten 36/37) wurde von CASA alleine (ohne Mitwirken der indonesischen IPTN) die C-295 entwickelt. Von Grösse und Leistungsfähigkeit ist sie eine Klasse höher und kann als direkter Konkurrent zur Alenia C-27J (siehe Seiten 38/39) angesehen werden. Durch Einfügen von Rumpfsegmenten vor und hinter dem Flügel wurde die Aussenlänge um 3,10 m, die Kabinenlänge um 3,00 m verlängert. Stärkere PW127G-Triebwerke gelangen zum Einbau, verbunden mit Sechsblatt-Propellern neuester Technologie von Hamilton. Weiter mussten wegen der höheren Gewichte Flügel und Fahrwerk verstärkt werden. Dank dieser Massnahmen steigt die Ladekapazität gegenüber dem Ausgangsmuster um rund 50 %. Schliesslich verfügt die C-295 über eine neue Avionik Topdeck von Sextant und ist für Luftbetankungen ausgelegt.
Hersteller: CASA, Werk Sevilla, Madrid, Spanien.

Abmessungen: Spannweite 25,81 m, Länge 24,45 m, Höhe 8,60 m.

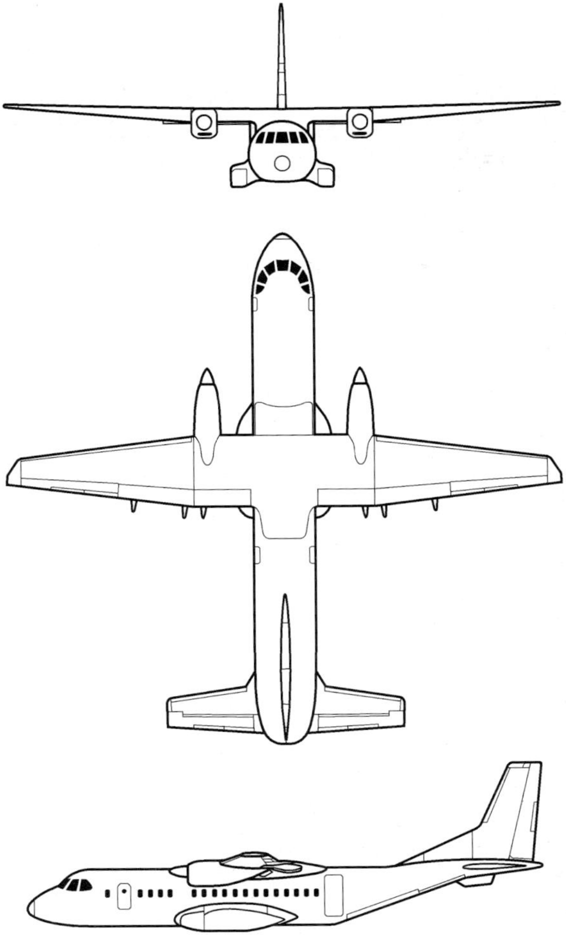

CENTURY AEROSPACE CA-100 CENTURY JET

Ursprungsland: USA.
Kategorie: Firmenflugzeug.
Triebwerke: Zwei Mantelstromtriebwerke Williams International FJ33-1 von je 544 kp (5,34 kN) Leistung.
Leistungen (nach Angaben des Herstellers): Höchstgeschwindigkeit Mach 0,76; max. Reisegeschwindigkeit auf 10670 m 638 km/h; Anfangssteiggeschwindigkeit 4,1m/Sek; Dienstgipfelhöhe 13715 m; max. Reichweite mit 45 Min. Reserven 2780 km.
Gewichte: Leergewicht 1851 kg; max. Startgewicht 3175 kg.
Zuladung: Ein Pilot und fünf Passagiere; max. Nutzlast bei vollen Tanks 337 kg.
Entwicklungsstand: Das 1998 angekündigte Modell soll im 2. Quartal 2001 den Erstflug absolvieren. Zwei Prototypen sind vorgesehen. Die ersten Ablieferungen sind für Ende 2002 geplant. Bisher sollen 50 Einheiten bestellt worden sein.
Bemerkungen: Mit dem Century Jet soll das untere Ende von strahlgetriebenen Business-Jets abgedeckt werden, welches bisher vorwiegend durch Propellerflugzeuge besetzt ist. Deshalb muss die CA-100 in Anschaffung und Betrieb besonders günstig sein. Die ersten Exemplare sollen für US$ 2,7 Mio. erhältlich sein. Trotz der kleinen Dimensionen bietet das Muster eine recht grosse Kabine an (Länge 4,51 m, Breite 1,46 m, Höhe 1,43 m). Nebst den Passagieren ist auch Platz für eine Toilette im Heck. Der Rumpf besteht vollständig aus Karbon. Teile der CA-100 sollen bei AIDC in Taiwan hergestellt werden.
Hersteller: Century Aerospace, Fort Worth, Texas, USA

Abmessungen: Spannweite 12,01 m, Länge 11,65 m, Höhe 3,78 m, Flügelfläche 15,19 m^2.

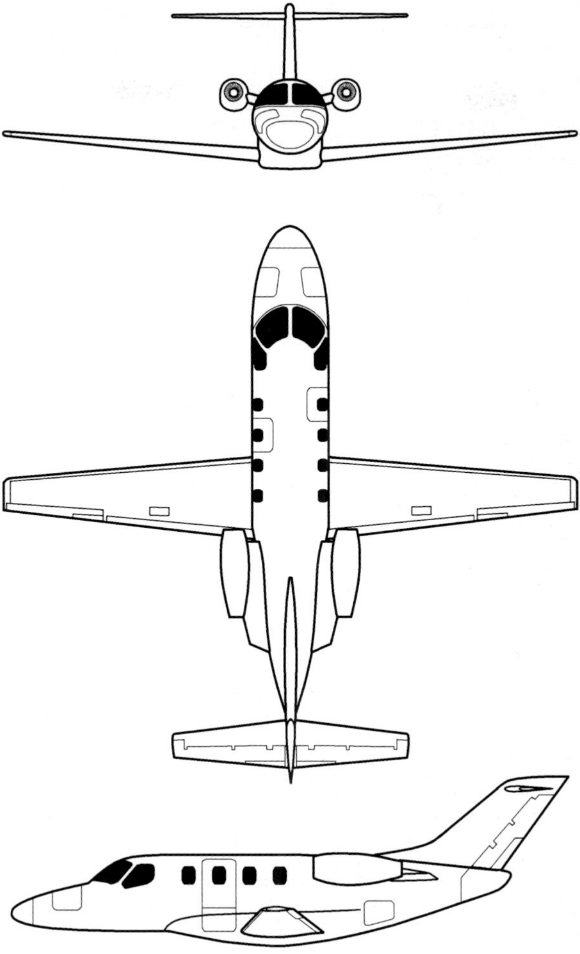

CESSNA 206 STATIONAIR

Ursprungsland: USA.
Kategorie: Leichtes Mehrzweckflugzeug.
Triebwerke: Ein luftgekühlter Vierzylinder-Boxermotor Textron-Lycoming (206H) IO-540 von 300 PS (224 kW) und (T206H) TIO-540 von 310 PS (231 kW) Leistung.
Leistungen (Turbo Stationair): Höchstgeschwindigkeit auf 5180 m 330 km/h; Reisegeschwindigkeit bei 75 % Leistung auf 6100 m 304 km/h; Anfangssteiggeschwindigkeit 5,33 m/Sek; Dienstgipfelhöhe 8230 m; Reichweite bei 75 % Leistung und normalen Reserven 1506 km; max. Flugdauer 5,8 Std.
Gewichte: Leergewicht 1031 kg; max. Startgewicht 1641 kg.
Zuladung: Pilot und fünf Passagiere; Nutzlast 609 kg.
Entwicklungsstand: Die neue Cessna 206H fliegt seit dem 28. August 1996 (Auslieferung ab Ende 1998). Von allen drei Modellen Cessna 172R/SP, 182S und 206H/T206H wurden seit Produktionsaufnahme 1996 bereits weit über 2000 Einheiten hergestellt. Als militärischer Leichttransporter hat die Luftwaffe von Uruguay zehn Einheiten erhalten.
Bemerkungen: Die Cessna 206 Stationair ist das leistungsfähigste und schwerste Muster in der Cessna-Familie von Einmotorern. Die Modelle 172SP (siehe Ausgabe 1997) und 182 S Skylane (siehe Ausgabe 1999) sind in der Grundauslegung weitgehend gleich. Unterschiede liegen im Innenvolumen und in der Motorisierung. Als dritte im Bunde schliessen die sechssitzige 206H Stationair bzw. T206H Turbo Stationair die Palette von Cessna-Leichtflugzeugen nach oben ab. Der Rumpf wurde, um mehr Platz zu bieten, im Passagierraum etwas voluminöser gestaltet. Je nach Einsatzzweck kann eine elegante Inneneinrichtung oder eine ganz einfache Innenauslegung für leichte Frachteinsätze gewählt werden. Zwei Ausführungen sind erhältlich: Die 206H Stationair und die turbogeladene T206H Turbo Stationair; Preise US$ 290'000.-- bzw. US$ 325'000.--. Neu kann ist die Stationair auch mit Schwimmern erhältlich.
Hersteller: Cessna Aircraft Company, Wichita, Werk Independence, Kansas, USA.

Abmessungen: Spannweite 10,97 m, Länge 8,61 m, Höhe 2,83 m, Flügelfläche 16,15 m^2.

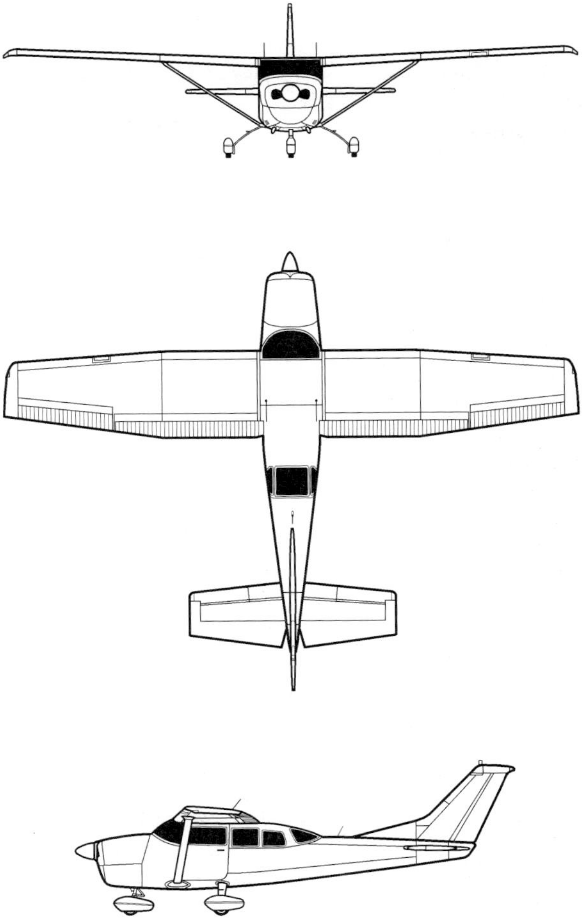

CESSNA 208B GRAND CARAVAN

Ursprungsland: USA.
Kategorie: Mehrzweckflugzeug.
Triebwerke: Eine Propellerturbine Pratt & Whitney Canada PT6A-114A von 675 WPS (503 kW) Leistung.
Leistungen: Max. Reisegeschwindigkeit 340 km/h auf 3050 m, 295 km/h auf 6095 m; Anfangssteiggeschwindigkeit 4,9 m/Sek; Dienstgipfelhöhe 7224 m; max. Reichweite mit 45 Min. Reserven 1680 km auf 3050 m.
Gewichte: Leergewicht 1861 kg; max. Startgewicht 3969 kg.
Zuladung: Ein bis zwei Piloten und in der Standardausführung neun Passagiere, maximal jedoch 14 Passagiere oder 1587 kg Fracht.
Entwicklungsstand: Der Prototyp der 208 flog erstmals am 9. Dezember 1982; Beginn der Kundenablieferungen im Februar 1985. Die militärische Variante U-27A wurde 1986 eingeführt. Die verbesserte Version 208B nahm am 3. März 1986 die Flugerprobung auf, gefolgt von der Grand Commander 1991. Bisher sind über 1100 Caravan aller Versionen ausgeliefert worden. Hauptabnehmerin ist die Federal Express mit 309 Einheiten (davon 299 der Version 208B Super Cargomaster).
Bemerkungen: Die neueste Variante der um 1,22 m verlängerten Cessna 208B, die Grand Commander, verfügt über ein stärkeres Triebwerk und entsprechend verbesserte Flugleistungen. Auch eine Ausführung mit Schwimmern ist erhältlich. Unter der Bezeichnung Caravan 675 soll auch die ursprüngliche Kurzversion der 208 das PT6A-114A-Triebwerk erhalten. Als eigentliches «Arbeitspferd» ist die Caravan für die verschiedensten Aufgaben eingesetzt, sei es als Frachter bis zum Passagierflugzeug mit VIP-Einrichtung.
Hersteller: Cessna Aircraft Company, Wichita, Kansas, USA.

Abmessungen: Spannweite 15,87 m, Länge 12,67 m, Höhe 4,52 m, Flügelfläche 25,96 m².

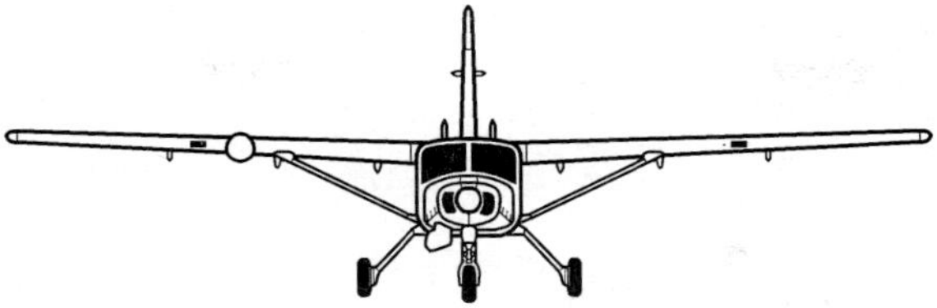

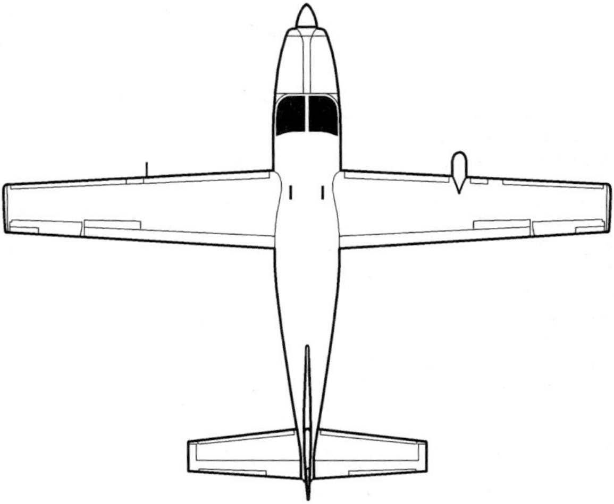

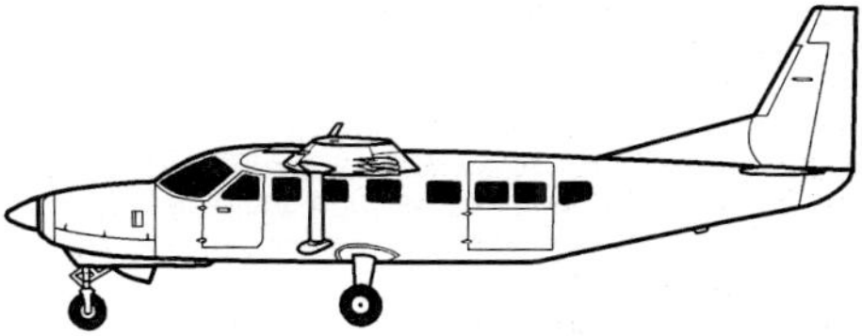

CESSNA 525 CITATION CJ1

Ursprungsland: USA.
Kategorie: Firmenflugzeug.
Triebwerke: Zwei Mantelstromtriebwerke Williams International FJ44-1A von je 861 kp (8,45 kN) Standschub.
Leistungen: Max. Reisegeschwindigkeit 704 km/h auf 10670 m; ökonom. Reisegeschwindigkeit 570 km/h auf 11885 m; Anfangssteiggeschwindigkeit 18 m/Sek; Dienstgipfelhöhe 12495 m; Reichweite mit max. Nutzlast und 45 Min. Reserven 1992 km, mit max. Treibstoffzuladung und IFR-Reserven 2750 km.
Gewichte: Rüstgewicht 2996 kg; max. Startgewicht 4808 kg.
Zuladung: Pilot und Copilot/Passagier im Cockpit und in der Standardausführung fünf Passagiere in vier Einzelsitzen vis-à-vis und einem Sitz quer zur Flugrichtung; max. Nutzlast bei vollen Tanks 306 kg.
Entwicklungsstand: Die Citation CJ1 fliegt seit Dezember 1999. Seit Frühjahr 2000 wird sie an Kunden ausgeliefert. Bisher sind über 100 Einheiten bestellt worden.
Bemerkungen: Die CJ1 ist die verbesserte Ausführung der CitationJet (siehe Ausgabe 1999). Von der weiterentwickelten Citation II übernimmt sie die ganze Struktur des Vorderrumpfes, während Flügel, Rumpfheck und Höhenleitwerk völlig neu konstruiert sind. Die Flügel weisen eine superkritische Form auf und haben eine laminare Beschichtung. Die CJ1 verfügt im Vergleich zur CitationJet über modifizierte Systeme, ein neues Cockpit mit Flüssigkristall-Bildschirmen und der Avionik Collins Pro Line 21. Dank dieser neuen Ausrüstung ist der Betrieb mit nur einem Pilot möglich.
Hersteller: Cessna Aircraft Company, Wichita, Kansas, USA.

Abmessungen: Spannweite 14,26 m, Länge 12,98 m, Höhe 4,20 m, Flügelfläche 22,30 m^2.

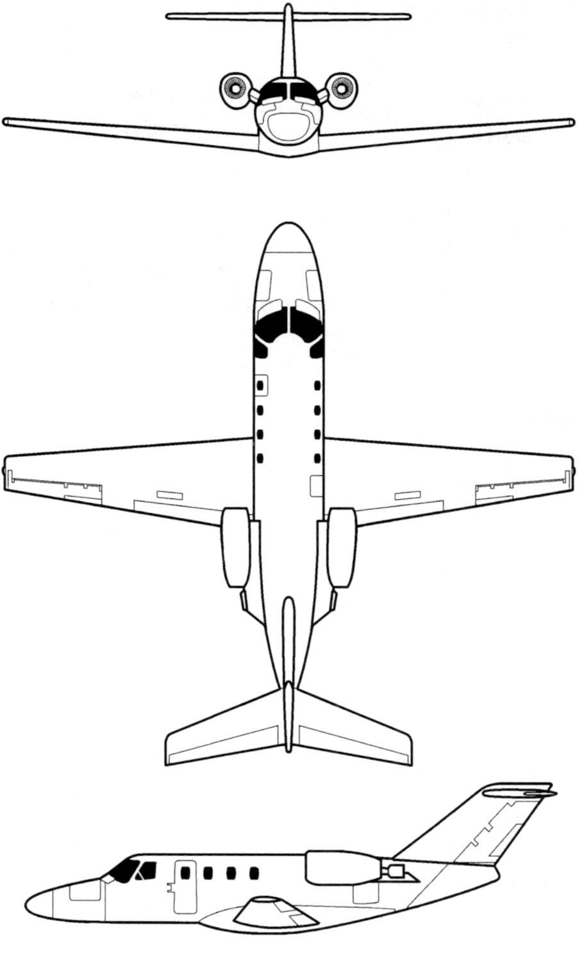

CESSNA 525 CITATION CJ2

Ursprungsland: USA.
Kategorie: Firmenflugzeug.
Triebwerke: Zwei Mantelstromtriebwerke Williams Rolls-Royce FJ44-2C von je 1050 kp (10,23 kN) Leistung.
Leistungen: Max. Reisegeschwindigkeit 760 km/h; Dienstgipfelhöhe 13716 m; max. Reichweite 3200 km.
Gewichte: Max. Startgewicht 5636 kg.
Zuladung: Pilot und Copilot/Passagier im Cockpit und bis zu sechs Passagiere; max. Nutzlast bei max. Treibstoffzuladung 381 kg.
Entwicklungsstand: Der erste von drei CJ2-Prototypen absolvierte seinen Erstflug am 27. April 1999. Bereits sind Aufträge für rund 125 Einheiten eingegangen. Mit den Auslieferungen hat Cessna Ende 2000 begonnen.
Bemerkungen: Wie der Name schon andeutet, ist die CJ2 eine vergrösserte Ausführung der CJ1 (siehe Seiten 130/131). Dank mehr Spannweite, einem um 15 % vergrösserten Leitwerk, dem um 1,32 m verlängerten Rumpf und stärkeren Triebwerken ist die CJ2 gegenüber dem Ausgangsmuster deutlich leistungsfähiger. Obwohl es sich um ein kleines Firmenflugzeug handelt, ist die Passagierkabine mit einer Länge von 5,76 m, einer Breite von 1,49 m und einer Höhe von 1,45 m recht geräumig. Die übrigen Ausstattungsmerkmale und die Avionik sind mit der CJ1 identisch. In der Grundausstattung kostet die Citation CJ2 US$ 4,295 Mio.
Hersteller: Cessna Aircraft Company, Wichita, Kansas, USA.

Abmessungen: Spannweite 15,09 m, Länge 14,30 m, Höhe 4,24 m.

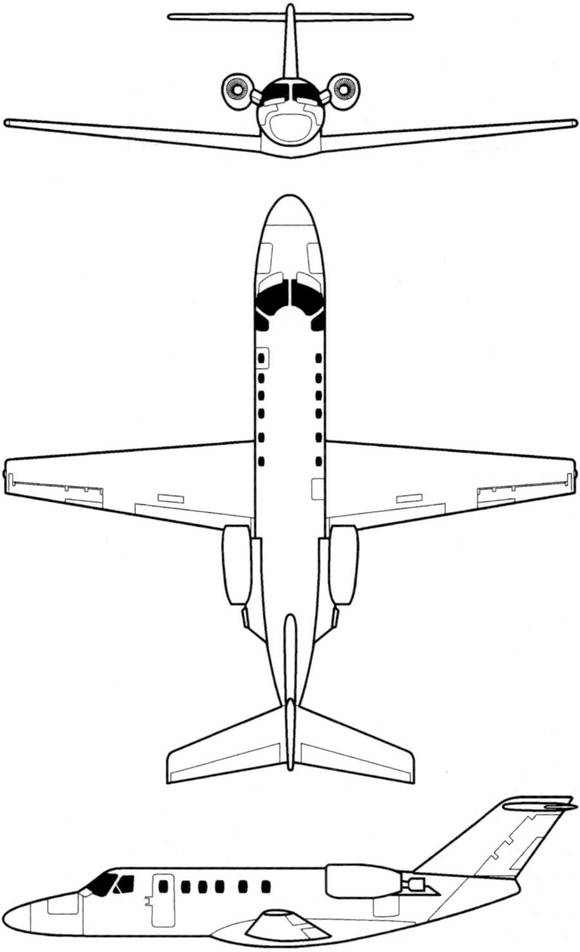

CESSNA 680 CITATION SOVEREIGN

Ursprungsland: USA.
Kategorie: Firmenflugzeug.
Triebwerke: Zwei Mantelstromtriebwerke Pratt & Whitney Canada von je 2580 kp (25,30 kN) Standschub.
Leistungen (nach Angaben des Herstellers): Max. Reisegeschwindigkeit 820 km/h auf 10700 m; Zeit um 13100 m zu erreichen 26 Min; Dienstgipfelhöhe 14325 m; Reichweite mit acht Passagieren und IFR-Reserven 4600 km, bei VFR-Regeln bis zu 5220 km.
Gewichte: Keine Angaben erhältlich.
Zuladung: Zwei Piloten und bis zu zehn Passagiere; Nutzlast mit max. Treibstoffzuladung 725 kg, max. Nutzlast 1134 kg.
Entwicklungsstand: Die Sovereign soll erstmals Ende 2000 fliegen. Mit der Zulassung wird Mitte 2002 gerechnet. Die amerikanische Executive-Jet hat 100 Einheiten bestellt. Vom Ausgangsmuster Excel sind bisher 300 Exemplare bestellt, über 100 davon bereits ausgeliefert worden.
Bemerkungen: Als Antwort auf die neuen Konkurrenzmuster im Bereich der mittelgrossen Geschäftsflugzeuge lanciert Cessna die neue Sovereign. Um den Verkaufspreis (voll ausgerüstet ca. US$ 12,5 Mio.) möglichst günstig zu halten, basiert sie konstruktiv auf der Cessna Excel (siehe Ausgabe 1999), ist aber grösser und zeichnet sich durch eine sehr geräumige Kabine aus. Der Rumpf ist gegenüber dem Ausgangsmuster um 1,80 m verlängert. Neu ist der superkritische Flügel mit einer leichten Pfeilung von $16{,}1^{0}$ und einem besonders geringen aerodynamischen Widerstand. Dadurch lassen sich hohe Reisegeschwindigkeiten erzielen. Seitenleitwerk und Höhenruder sind aus dem gleichen Grund ebenfalls leicht gepfeilt. Die Sovereign soll die guten Start- und Landeeigenschaften der Citation-Familie beibehalten (Startlänge ca. 1250 m, Landelänge ca. 975 m). Die Avionik Epic CDS stammt von Honeywell, das Cockpit ist mit vier grossen Multifunktions-Flachbildschirmen ausgestattet.
Hersteller: Cessna Aircraft Company, Wichita, Kansas, USA.

Abmessungen: Spannweite 19,24 m, Länge 18,81 m, Höhe 5,85 m, Flügelfläche 47,94 m^2.

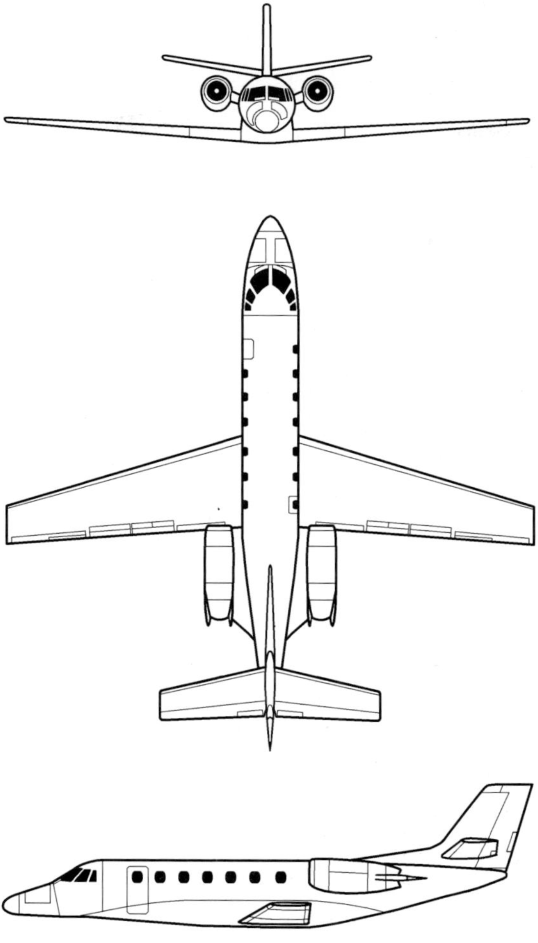

CESSNA 750 CITATION X

Ursprungsland: USA.
Kategorie: Firmenflugzeug.
Triebwerke: Zwei Mantelstromtriebwerke Allison GMA 3007C-1 von je 3068 kp (28,67 kN) Standschub.
Leistungen: Höchstgeschwindigkeit Mach 0,92; max. Reisegeschwindigkeit auf 11275 m 934 km/h oder Mach 0,88; Langstrecken-Reisegeschwindigkeit 851 km/h; Anfangssteiggeschwindigkeit 22,4 m/Sek; Dienstgipfelhöhe 15545 m; VFR-Reichweite bei Mach 0,82 mit sechs Passagieren und 45 Min. Reserven 6115 km, IFR-Reichweite 5556 km.
Gewichte: Leer 8618 kg; max. Startgewicht 16374 kg.
Zuladung: Zwei Mann Cockpitbesatzung und normalerweise acht, maximal aber bis zu 12 Passagiere in Einzelsitzen und einer dreiplätzigen Couch; max. Nutzlast 1179 kg.
Entwicklungsstand: Das erste von drei Erprobungsmustern nahm die Flugtests am 21. Dezember 1993 auf. Mit den Kundenauslieferungen wurde nach Erhalt der Zulassung im Juni 1996 begonnen. Bis jetzt sind rund 180 Bestellungen, darunter 31 für die ExecutiveJet, für die Citation X eingegangen. Die Monatsproduktion beläuft sich auf zwei Einheiten. Im Dezember 1999 lieferte Cessna die 100. Citation X ab.
Bemerkungen: Mit dem Ausgangsmuster Citation III hat die Citation X nur noch den Rumpfquerschnitt gemeinsam. Im übrigen handelt es sich um eine völlig neue Konstruktion. Das Flugzeug erreicht die höchste Reisegeschwindigkeit aller Zivilflugzeuge ausser der Concorde. Die Citation X ist deshalb mit einem neuartigen und hochentwickelten Flügel versehen, der eine Pfeilung von 35° aufweist, gegenüber 25° bei der Citation III, VI und VII. Als erstes Cessna-Flugzeug verfügt sie über eine servounterstützte Flugsteuerung. Der Rumpfquerschnitt erlaubt durchgehend Stehhöhe. Das Cockpit ist mit dem digitalen EFIS-System Honeywell Primus 2000 ausgerüstet. Die Citation X deckt bei Cessna das oberste Segment im Angebot von düsengetriebenen Firmenflugzeugen ab.
Hersteller: Cessna Aircraft Company, Wichita, Kansas, USA.

Abmessungen: Spannweite 19,50 m, Länge 22,00 m, Höhe 5,09 m, Flügelfläche 48,96 m^2.

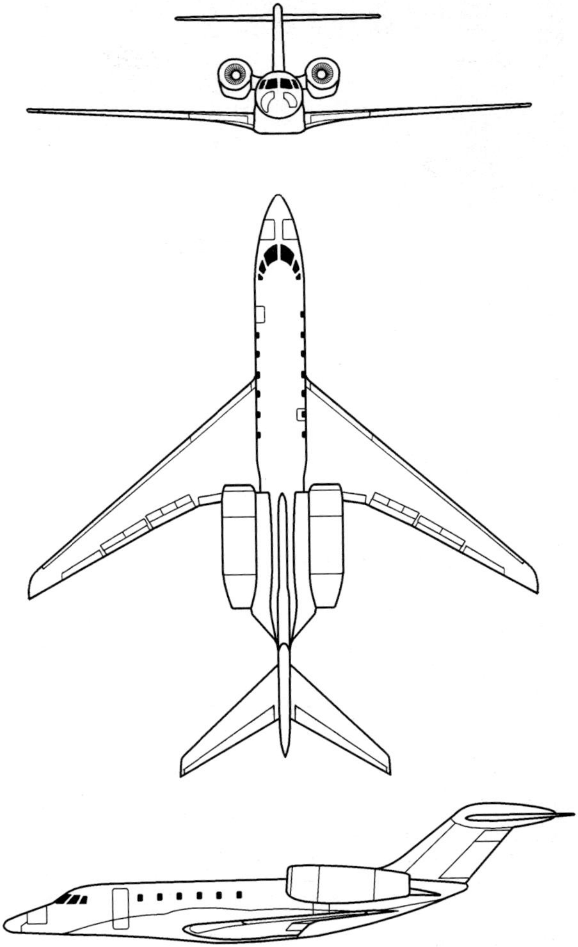

CHENGDU FC-1

Ursprungsland: Volksrepublik China.
Kategorie: Einsitziger Luftüberlegenheitsjäger und Erdkampfflugzeug.
Triebwerke: Ein Mantelstromtriebwerk Klimow RD-93 von 8300 kp (81,4 kN) Standschub mit Nachverbrennung.
Leistungen (geschätzt): Höchstgeschwindigkeit ohne Aussenlasten Mach 1,6 bis 1,8; Dienstgipfelhöhe 16700 m; Aktionsradius als Jäger 1000 km, als Erdkämpfer 700 km; Reichweite mit internem Kraftstoff 1600 km; Überführungsreichweite 3000 km.
Gewichte: Startgewicht normal beladen ohne Aussenlasten 9100 kg; max. Startgewicht 12500 kg.
Bewaffnung: Eine doppelläufige 23-mm-Kanone GSh-223-2 unter dem Rumpf und Luft-Luft- bzw. Luft-Boden-Lenkwaffen sowie Bomben an vier Stationen unter den Flügeln und zwei an den Flügelspitzen. Max. Waffenladung 3600 kg.
Entwicklungsstand: Das erste Erprobungsmuster soll frühestens 2001 erstmals fliegen. Offenbar sind mehrere Prototypen im Bau. Bei einem Bedarf von mehreren hundert Einheiten, plant die Luftwaffe der VR China ab 2005 jährlich 50 FC-1 zu beschaffen. Pakistan soll 150 Einheiten erhalten.
Bemerkungen: Die FC-1 wird in enger Zusammenarbeit mit der russischen MAPO entwickelt. Sie basiert auf der nie fertig gestellten einmotorigen Variante der MiG-29, der MiG-33. Die Auslegung des Musters ist recht konventionell. Rumpf wie Flügel bestehen aus Aluminium. Die Steuerung ist noch vollständig servogesteuert. Spätere Ausführungen sollen ein Fly-by-Wire-System erhalten. Noch offen ist, welche Avionik eingebaut wird. Geprüft werden die westlichen Mehrzweckradars Grifo S7 und RC400. Eine zweisitzige Ausführung ist ebenfalls geplant.
Hersteller: Chengdu Aircraft Industrial Corp., Chengdu, Sichuan, VR China.

Abmessungen: Spannweite 9,50 m, Länge 13,95 m, Höhe 5,01 m.

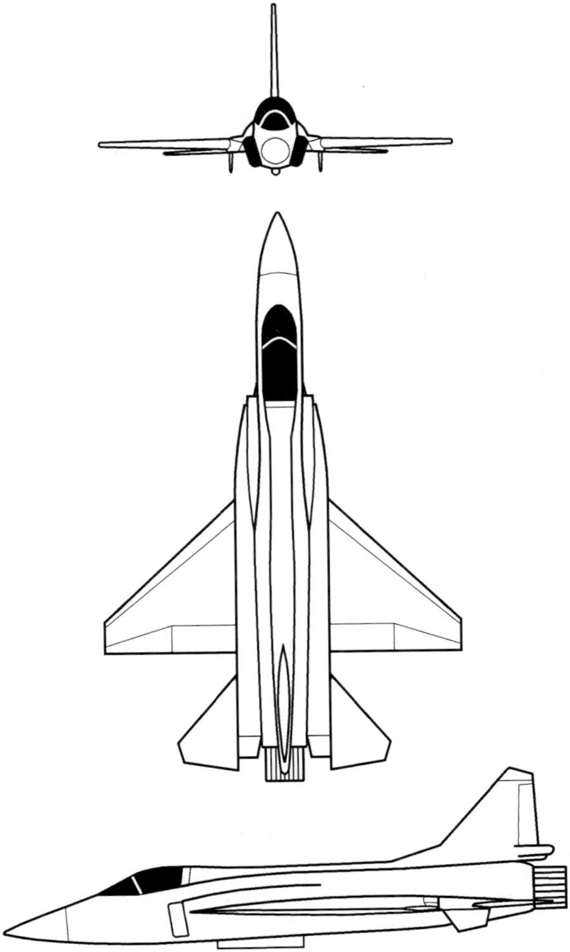

CIRRUS SR20

Ursprungsland: USA.
Kategorie: Sport- und Reiseflugzeug.
Triebwerke: Ein luftgekühlter Vierzylinder-Boxermotor Teledyne Continental IO-360-ES von 200 PS (149 kW) Leistung.
Leistungen: Normale Reisegeschwindigkeit mit 75 % Leistung 296 km/h; Anfangssteiggeschwindigkeit 5 m/Sek; max. Reichweite 1480 km.
Gewichte: Leergewicht 816 kg; max. Startgewicht 1315 kg.
Zuladung: Pilot und drei Passagiere, max. Nutzlast 500 kg.
Entwicklungsstand: Der Prototyp fliegt seit Ende 1994. Bisher sind rund 620 SR20 bestellt. Die ersten Exemplare wurden Mitte 1999 abgeliefert. Bis Ende 200 waren es über 100 Einheiten. Vorerst soll die monatliche Produktion zehn Einheiten betragen, wird aber dann auf 20 Exemplare gesteigert.
Bemerkungen: Die Cirrus SR20 ist eine völlige Neukonstruktion eines einmotorigen Sportflugzeuges, welches neueste Technologien nützt. Zelle und Flügel mit Festfahrwerk sind ganz aus Verbundwerkstoff (Epoxyd-Fiberglas) in Sandwichbauweise hergestellt und entsprechend leicht, was die CR20 für ihre Klasse sehr leistungsfähig und ökonomisch macht. So soll der Treibstoffverbrauch pro Stunde nur 42 l betragen. Die SR20 verfügt über eine umfassende Avionik, bestehend u.a. aus einem ICDS 2000-Multifunktionscockpit mit Autopilot und GPS für Flüge unter IFR-Bedingungen. Die sonst üblichen zwei Steuerhörner sind durch «Sidesticks» ersetzt worden. Bisher einmalig ist das sog. «Ballistic Recovery System», welches die Maschine bei Absturzgefahr mittels Fallschirm sicher auf den Boden bringen soll. Der Kaufpreis beträgt rund US$ 179 400.--. Cirrus bietet neu die leistungsfähigere Version SR22 mit stärkerem IO-550-N-Triebwerk von 310 PS (230 kW) Leistung an. Der Flügel grösserer Spannweite ist weitgehend neu konzipiert und verfügt über grössere Tanks von 300 l, was Reichweiten bis 2800 km ermöglicht. Wegen des höheren Abfluggewichts von 1545 kg sind Teile der Zelle wie auch das Fahrwerk verstärkt.
Hersteller: Cirrus Design Corp., Duluth, Minnesota, USA.

Abmessungen: Spannweite (SR 20) 10,67 m, (SR22) 11,70 m, Länge 7,92 m, Höhe 3,14 m, Flügelfläche 12,54 m^2.

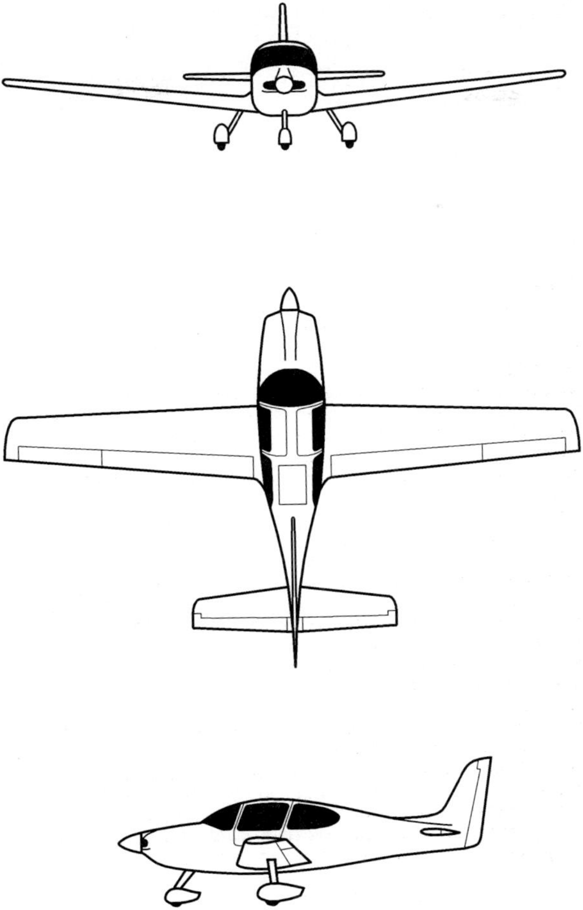

DASSAULT FALCON 900C

Ursprungsland: Frankreich.
Kategorie: Firmenflugzeug.
Triebwerke: Drei Mantelstromtriebwerke AlliedSignal TFE731-SBR von je 2165 kp (21,24 kN) Standschub.
Leistungen: Höchstgeschwindigkeit bei 12250 kg 924 km/h auf 10975 m (Mach 0,87); max. Reisegeschwindigkeit 893 km/h auf 11890 m (Mach 0,84); Langstrecken-Reisegeschwindigkeit 797 km/h auf 11275 m (Mach 0,75); Dienstgipfelhöhe 15550 m; Reichweite mit fünf Passagieren und maximaler Treibstoffzuladung 7410 km, mit 15 Passagieren 6968 km.
Gewichte: Rüstgewicht 10255 kg; max. Startgewicht 20640 kg.
Zuladung: Zwei Piloten und je nach Innenausstattung 8 bis 15 Passagiere. Maximale Passagierkapazität 19 Personen in Dreierreihen; max. Nutzlast 2170 kg.
Entwicklungsstand: Erstflug des ersten Prototypen der Falcon 900 am 21. September 1984, gefolgt vom ersten Serienflugzeug im März 1986. Die Version 900C flog erstmals am 17. Dezember 1998. Zugelassen wurde sie am 26. August 1999. Mit den Auslieferungen dieser Ausführungen begann Dassault anfangs 2000. Von allen Varianten sind bisher rund 200 Falcons 900 abgeliefert worden. 30 davon sind von Regierungen bestellt worden.
Bemerkungen: Als Ersatz der Falcon 900/900B bietet Dassault neu die Falcon 900C an. Von der -EX (siehe Ausgabe 1999) übernimmt sie die Avionik Honeywell Primus 2000 sowie das EFIS-Cockpit, weist aber im übrigen die gleichen Leistungen der 900/900B (siehe Ausgabe 1994) auf. Gegenüber der -EX ist die 900C etwas leichter und wirtschaftlicher zu betreiben. Dafür werden nicht die gleichen Reichweitenleistungen erzielt. Derzeit baut Dassault nur noch die Ausführungen 900EX und 900C. Alle weisen eine sehr komfortable Kabine von 11,90 m Länge, 1,87 m Höhe und 2,34 m Breite auf.
Hersteller: Dassault Falcon Jet Corporation, Vaucresson, Frankreich.

Abmessungen: Spannweite 19,33 m, Länge 20,21 m, Höhe 7,55 m, Flügelfläche 49,03 m^2.

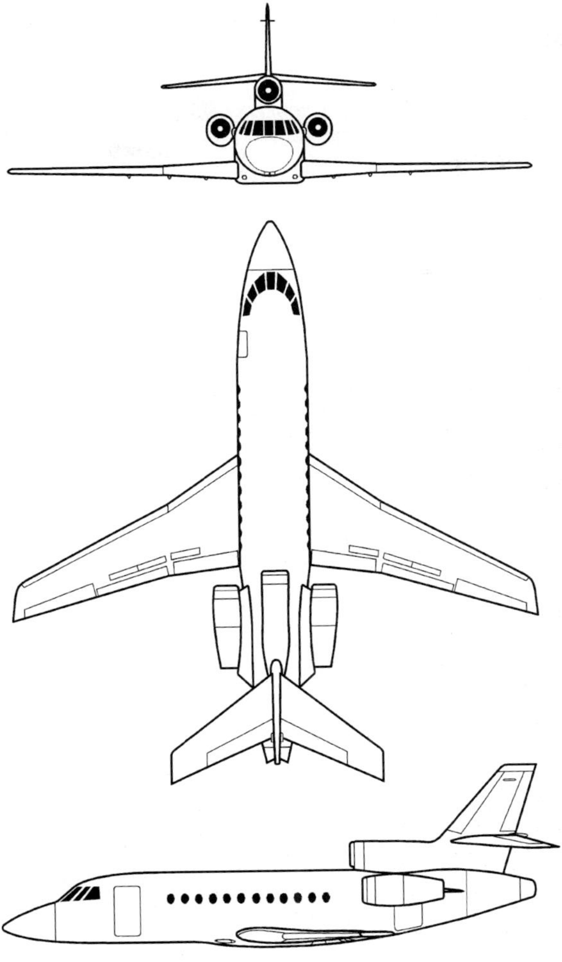

DASSAULT FALCON 2000

Ursprungsland: Frankreich.
Kategorie: Firmenflugzeug.
Triebwerke: Zwei Mantelstromtriebwerke General Electric/Garrett CFE 738-1-1B von je 2596 kp (25,46 kN) Standschub.
Leistungen: Max. Reisegeschwindigkeit auf 11890 m 903 km/h (Mach 0,85); Anfangssteiggeschwindigkeit 17,4 m/Sek; Dienstgipfelhöhe 14300 m; Reichweite mit acht Passagieren, max. Treibstoffzuladung und NBAA-Reserven 5555 km, mit max. Nutzlast rund 1850 km.
Gewichte: Rüstgewicht 9405 kg; max. Startgewicht 16240 kg.
Zuladung: Zwei Piloten im Cockpit und je nach Innenausstattung acht bis zwölf Passagiere in der Kabine, bei enger Bestuhlung sogar 19 Passagiere.
Entwicklungsstand: Erstflug des Erprobungsmusters am 4. März 1993. Zulassung und Beginn der Ablieferungen an Kunden im Februar 1995. Bis Ende 2000 sind über 180 Falcon 2000 bestellt, über 100 davon abgeliefert worden (darunter u.a. 38 an Executive Jet Aviation). Die Monatsproduktion beläuft sich auf zwei Einheiten.
Bemerkungen: Die Falcon 2000 verfügt über den gleichen komfortablen Rumpfquerschnitt mit durchgehender Stehhöhe wie die Falcon 900C/900EX (siehe Seiten 142/143). Die Kabine ist aber mit 9,46 m Länge etwas kürzer. Dank nur zwei Triebwerken kann die Falcon 2000 deutlich wirtschaftlicher betrieben werden. Das Cockpit ist mit vier CRT EFIS-Displays des Typs Collins Pro Line 4 ausgerüstet. Als Option ist ein HUD erhältlich. Seit 1999 werden alle Falcon 2000 mit Schubumkehr ausgerüstet. Kürzlich hat Dassault eine verbesserte Ausführung angekündigt. Sie erhält wesentlich leistungsstärkere Triebwerke Pratt & Whitney PW308C von je 3175 kp (31,3 kN) Standschub. Dank einer um 31 % erhöhten Treibstoffkapazität werden Reichweiten bis zu 7000 km erzielt. Angesichts des höheren Gewichts sind punktuelle Verstärkungen erforderlich, u.a. am Fahrwerk. Zudem wird geprüft, ein interaktives Cockpit «EASy» einzubauen. Das erste Muster soll Ende 2001 fliegen.
Hersteller: Dassault Falcon Jet Corporation, Vaucresson, Frankreich.

Abmessungen: Spannweite 19,33 m, Länge 20,23 m, Höhe 7,06 m, Flügelfläche 49,02 m^2.

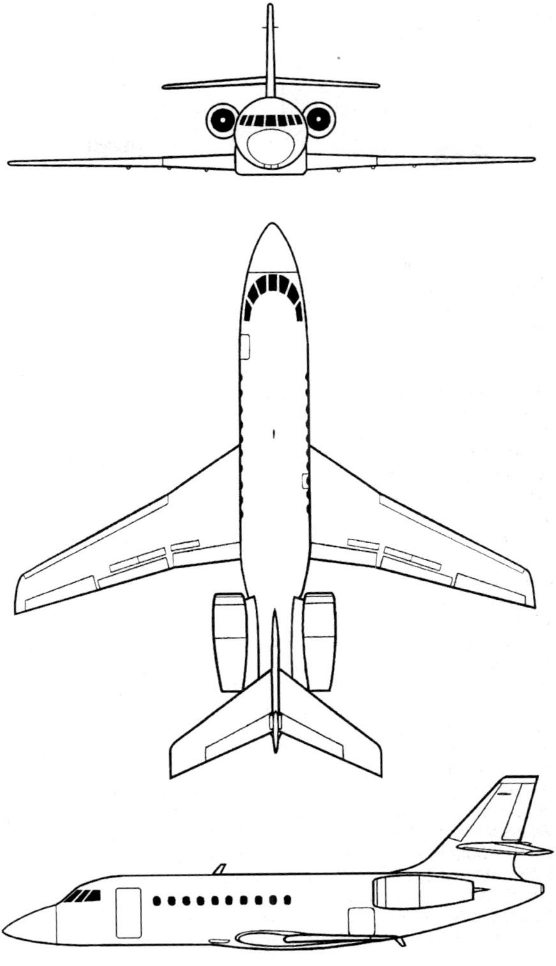

DASSAULT MIRAGE 2000-5/-5Mk.II

Ursprungsland: Frankreich.
Kategorie: Ein- oder zweisitziges Mehrzweckkampfflugzeug.
Triebwerke: Ein Mantelstromtriebwerk SNECMA M53-P2 von 6558 kp (64,3 kN) Standschub ohne und 9700 kp (95,1 kN) mit Nachbrenner.
Leistungen: Kurzzeitig erreichbare Spitzengeschwindigkeit 2390 km/h oder Mach 2,25 auf über 11000 m; Höchstgeschwindigkeit über längere Zeit 2230 km/h oder Mach 2,1, bzw. 1118 km/h oder Mach 0,91 ohne Nachbrenner; max. Anfangssteiggeschwindigkeit 305 m/Sek; Steigzeit auf 15000 m und Beschleunigung auf Mach 2,0 4 Min; Reichweite mit max. interner und externer Treibstoffzuladung 3355 km; taktischer Einsatzradius mit zwei 1700-l-Zusatztanks und 1000 kg Waffen 1500 km.
Gewichte: Leergewicht 7500 kg; Startgewicht ohne Aussenlasten 9500 kg; max. Startgewicht 17000 kg.
Bewaffnung: Als Abfangjäger zwei 30-mm-DEFA-Kanonen, zwei Kurzstrecken-Luft-Luft-Lenkwaffen Magic und vier mit einem Aktivradar ausgerüstete Mittelstrecken-Luft-Luft-Lenkwaffen Mica. Als Erdkämpfer Waffenlasten bis zu 6500 kg.
Entwicklungsstand: Der zweisitzige Prototyp der Mirage 2000-5-Version flog erstmals am 24. Oktober 1990. Taiwan erhielt 60, Quatar seit September 1997 12 Einheiten. Frankreich baut 37 heutige Mirage 2000 in diese Version um. Die VAR kauften 30 ähnliche Mirage 2000-9; neueste Nachbestellungen: Griechenland 15 Mirage 2000-5Mk.2, Indien 10 Mirage 2000EH. Von allen Mirage 2000-Varianten sind bisher 612 Einheiten bestellt worden.
Bemerkungen: Die Mirage 2000-5 ist eine verbesserte Mehrzweckvariante mit neuem Multifunktionsradar RDY und modernisiertem Cockpit. Dank dieser Ausrüstung können im Luftkampf gleichzeitig acht Ziele kontinuierlich verfolgt werden. Weiter verfügt diese Ausführung über hochentwickelte EloKa-Geräte, die sowohl gegnerische Radare wie auch den Start von Abwehrraketen erkennen und bekämpfen können. Schliesslich wurde die Struktur verstärkt. Die 2000-9 (neu als -5Mk.II bezeichnet) verfügt dank weiter entwickelter Elektronik über stark verbesserte Nachtkampftauglichkeit.
Hersteller: Dassault Défense, Vaucresson, Frankreich.

Abmessungen: Spannweite 9,13 m, Länge 14,36 m, Höhe 5,02 m, Flügelfläche 41,00 m².

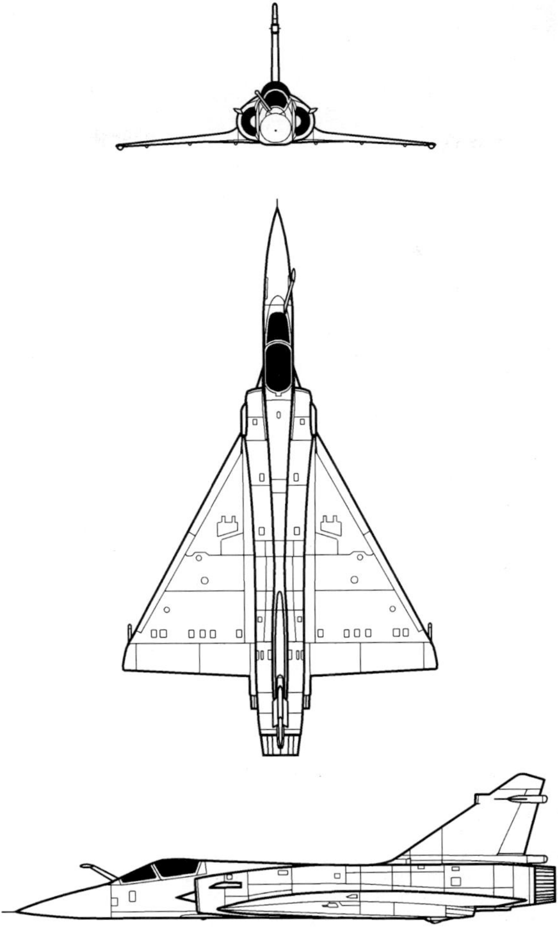

DASSAULT RAFALE F1/F2

Ursprungsland: Frankreich.
Kategorie: Zweisitziges Mehrzweckkampfflugzeug F2, einsitziger, bordgestützter Abfangjäger und Mehrzweckkampfflugzeug F1.
Triebwerke: Zwei Mantelstromtriebwerke SNECMA M88-2 von je 4966 kp (48,7 kN) Standschub ohne und 7438 kp (72,9 kN) mit Nachbrenner.
Leistungen: Höchstgeschwindigkeit 2124 km/h über 10975 m (Mach 2,0), 1390 km/h im Tiefflug (Mach 1,15); Anfangssteiggeschwindigkeit 305 m/Sek; Dienstgipfelhöhe 16775 m; taktischer Einsatzradius in Abfangmission mit acht Mica Luft-Luft-Lenkwaffen, einem Zusatztank von 1700 l unter dem Rumpf und je einem von 1300 l unter den Flügeln 1853 km, bei einem Einsatzprofil hoch-tief-tief-hoch mit 12 250-kg-Bomben, vier Mica-Lenkwaffen und Zusatztanks von insgesamt 4300 l 1093 km.
Gewichte: Rüstgewicht (F2) 8600, (F1) 9800 kg; max. Startgewicht 19500 bis 22500 kg.
Bewaffnung: Eine 30-mm-GIAT-DEFA-Kanone und eine Waffenlast von max. 9500 kg, verteilt auf 13 Aufhängepunkte unter Rumpf und Flügeln sowie an den Flügelenden.
Entwicklungsstand: Erstflug des ersten von vier Prototypen (Rafale C) am 19. Mai 1991. Die französische Luftwaffe erhält 235 Rafale F2 (28 bestellt), die französische Marine 60 Rafale F1 (bisher 25 bestellt, 5 geliefert). Das erste Serienflugzeug, eine F1, wurde der Marine am 7. Juli 1999 übergeben. Eine erste Staffel ist 2001 einsatzbereit.
Bemerkungen: Sowohl die Landversion Rafale F2 wie auch die Marineausführung Rafale F1 sind mit dem neuesten zweidimensionalen Bordradar GIE RBE2 mit elektronisch scannender Antenne ausgerüstet. Fast die gesamte Zelle ist aus Verbundwerkstoffen hergestellt, Rumpfspitze und Heck bestehen aus Kevlar. In besonders beanspruchten Bereichen gelangt Titan zum Einsatz. Die Steuerung erfolgt nach dem Fly-by-Wire-Prinzip. Derzeit wird eine Weiterentwicklung geprüft, welche im oberen Teil des Rumpfes mit integrierten (sog. conformalen) Treibstofftanks für 2000 l ausgerüstet wäre. Neuesten Meldungen zufolge soll nun auch die Marine zweisitzige Rafales erhalten und zwar ab dem 21. Exemplar.
Hersteller: Dassault Défense, Vaucresson, Frankreich.

Abmessungen: Spannweite inkl. Lenkwaffen an den Flügelspitzen 10,90 m, Länge 15,30 m, Höhe 5,34 m, Flügelfläche 45,70 m^2.

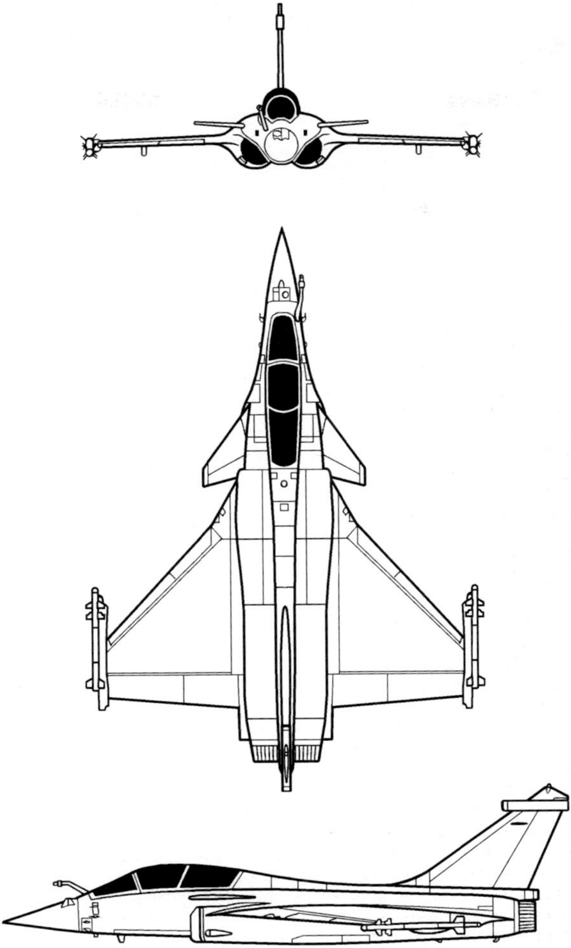

EL GAVILAN 358

Ursprungsland: Kolumbien.
Kategorie: Leichtes Mehrzweckflugzeug.
Triebwerke: Ein luftgekühlter Sechszylinder-Boxermotor Textron Lycoming TIO-540-W7A von 350 PS (260 kW) Leistung.
Leistungen (nach Angaben des Herstellers): Höchstgeschwindigkeit 325 km/h; Reisegeschwindigkeit 240 km/h; Anfangssteiggeschwindigkeit 4,5 m/Sek; Dienstgipfelhöhe 6800 m; Reichweite 770 km.
Gewichte: Leergewicht 1270 kg; max. Startgewicht 2050 kg.
Zuladung: Pilot und bis zu sieben Passagiere, zwei liegende Verletzte plus Helfer oder max. 770 kg Fracht.
Entwicklungsstand: Ein erster Prototyp nahm die Erprobung bereits 1990 auf, gefolgt von einem zweiten Prototypen 1996. Die FAA-Zulassung erfolgte Anfang 1998. Bisher sind elf Einheiten bestellt (+ ca. 30 Optionen), u.a. fünf von der Luftwaffe Kolumbiens. Die Auslieferungen begannen im Juni 1998.
Bemerkungen: Die El Gavilan 358 ist auf möglichst kostengünstige, einfache und robuste Auslegung hin entwickelt worden. Sie ist mit einer grossen Schiebetüre und einem Festfahrwerk mit breiter Spur ausgerüstet. Rumpf und Flügel bestehen aus einer Rohrkonstruktion, beplankt mit Aluminiumfolien. Der Grundpreis beträgt daher nur rund US$ 332'000.--. Nebst der Transportausführung wird auch eine Ambulanzversion angeboten. 1999 sollte eine leistungsfähigere Version 508T mit Propellerturbine Pratt & Whitney (Canada) PT6A-34 erstmals fliegen. Bisher hat man noch keine entsprechende Bestätigung erhalten. Diese wird eine Nutzlast von 1180 kg aufweisen und verfügt über wesentliche bessere Flugleistungen in allen Bereichen. Es ist geplant, die 358 auch in den USA herzustellen.
Hersteller: El Gavilan S.A., Santa Fé de Bogota, Kolumbien.

Abmessungen: Spannweite 19,3 m, Länge 9,6 m.

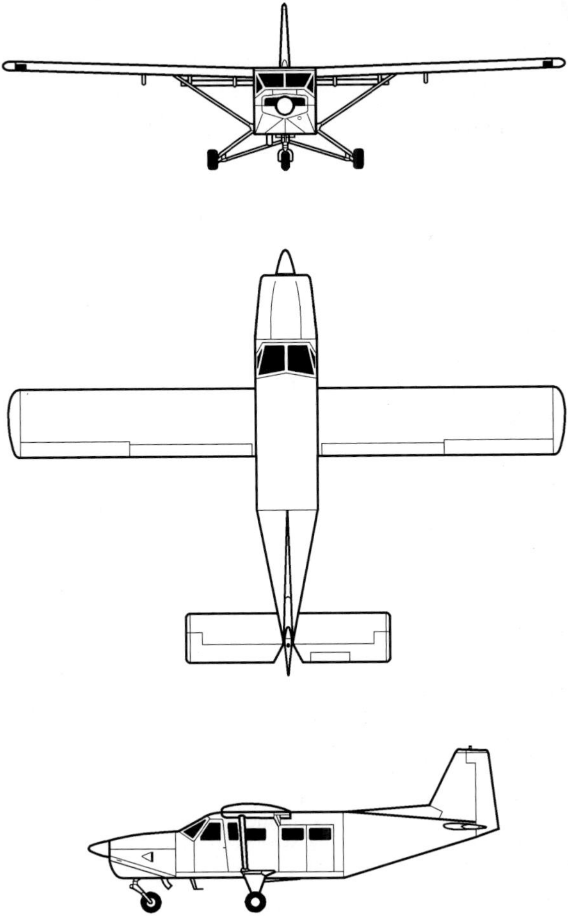

EMBRAER ERJ-145 AMAZON

Ursprungsland: Brasilien.
Kategorie: Regionalverkehrsflugzeug.
Triebwerke: Zwei Mantelstromtriebwerke Allison AE3007A von 3391 kp (33,00 kN) Standschub.
Leistungen: Max. Reisegeschwindigkeit 811 km/h auf 10668 m; Dienstgipfelhöhe 11270 m; Zeit um 9100 m zu erreichen 16 Min; Reichweite mit max. Treibstoffzuladung 2648 km, mit max. Passagierzuladung 1612 km; Version -ER mit 50 Passagieren bis zu 2220 km, Version -LR bis zu 3000 km.
Gewichte: Leergewicht 11585 kg; max. Startgewicht 19300 kg, (-ER 20600 kg, -LR 22000 kg).
Zuladung: Zwei Piloten und je nach Innenausstattung bis zu 50 Passagiere in Dreierreihen mit Mittelgang. Max. Nutzlast 5515 kg.
Entwicklungsstand: Der erste Prototyp nahm die Flugerprobung am 11. August 1995 auf, gefolgt von der ersten von drei Vorserienmaschinen am 17. November 1995. Nach Erteilen der Zulassung begann die Einsatzbereitschaft im Dezember 1996. Bisher sind rund 460 Bestellungen und 260 Optionen von etwa 25 Airlines eingegangen (rund 250 davon ausgeliefert). Grösster Einzelauftraggeber ist die Continental Express mit 160 Festbestellungen und zusätzlich Optionen. Die monatliche Produktion beträgt etwa neun Einheiten.
Bemerkungen: Die ERJ-145 ist besonders dafür ausgelegt worden, längere Streckenabschnitte, beispielsweise in dünnerbesiedelten Regionen, schneller und komfortabler bedienen zu können. Die Rumpfgrundkonstruktion sowie andere Elemente sind von der EMB-120 (siehe Ausgabe 1997) übernommen, während es sich in den anderen Bereichen um eine völlige Neukonstruktion handelt. Generell wurde auf einfache, kostengünstige Auslegung geachtet, um den Verkaufspreis niedrig zu halten. Für grössere Reichweiten werden die Varianten ERJ-145ER (**E**xtended **R**ange) und ERJ-145LR (**L**ong **R**ange, mit AE3007A1-Triebwerken, Erstflug im April 1998) angeboten. Die brasilianische Luftwaffe erhält ab 2000 fünf EMB-145 der AEW-Ausführung mit Ericsson Erieye-Radar (siehe Ausgabe 2000). Eine Geschäftsreise-Version «Legacy» wird 2001 erstmals fliegen (Erstbesteller Swift Aviation 25).
Hersteller: EMBRAER (Emprêsa Brasileira de Aeronautica SA), Sao José dos Campos, Brasilien.

Abmessungen: Spannweite 20,04 m, Länge 29,87 m, Höhe 6,71 m, Flügelfläche 51,18 m^2.

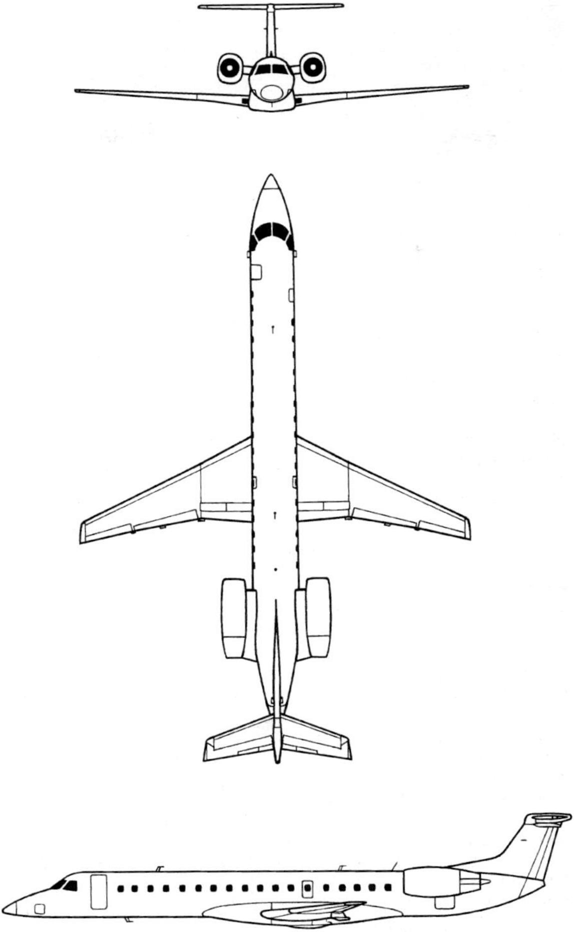

EMBRAER ERJ-135/ERJ-140

Ursprungsland: Brasilien.
Kategorie: Regionalverkehrsflugzeug.
Triebwerke: Zwei Mantelstromtriebwerke Allison AE3007A von je 3391 kp (33,00 kN) Standschub.
Leistungen (ERJ-135): Max. Reisegeschwindigkeit 833 km/h (Mach 0,78); Dienstgipfelhöhe 10700 m; Reichweite mit 37 Passagieren 2200 km (-ER 2930 km).
Gewichte (ERJ-135): Max. Startgewicht (-ER) 19000 kg, (-LR) 20000 kg.
Zuladung: Zwei Piloten und bis zu (ERJ-135) 37 (ERJ-140) 44 Passagiere in Dreierreihen mit Mittelgang. Max. Nutzlast 4770 kg.
Entwicklungsstand: Die erste ERJ-135, eine umgebaute ERJ-145, begann die Flugerprobung am 4. Juli 1998, gefolgt von der zweiten am 24. September 1998. Bisher sind 195 Bestellungen und 146 Optionen von sieben Gesellschaften eingegangen. Die ersten Ablieferungen begannen Mitte 1999. Die ERJ-140 startete am 27. Juni 2000 zum Erstflug (205 Bestellungen und 100 Optionen). Angesichts der grossen Nachfrage ist die monatliche Produktionsrate von ERJ-145, ERJ-140 und -135 zusammen auf 16 Einheiten gesteigert worden.
Bemerkungen: Die ERJ-135 (siehe Silhouette) ist etwa 3,50 m kürzer als die ERJ-145. Im übrigen ist sie mit dem Ausgangsmuster zu 90 % baugleich, was bei Einsatz beider Muster deutliche Kostenvorteile mit sich bringt. Auch von der ERJ-135 wird es verschiedene Ausführungen geben, die sich vorwiegend durch die Reichweitenleistungen unterscheiden. Die ERJ-135ER ist die Basisversion, während die ERJ-135LR dank grösserer Treibstoffzuladung und damit höherem Abfluggewicht mit voller Passagierzahl bis 2930 km weit fliegen kann. Analog zur ERJ-145 wird auch von der ERJ-135 eine Geschäftsreiseversion ECJ-135 angeboten (7 bestellt). Mit 10 Passagieren kann sie bis zu 5550 km weit fliegen. Als Modell zwischen der ERJ-135 und der ERJ-145 entwickelte EMBRAER neu die ERJ-140 (siehe Foto). Gegenüber der ERJ-135 wird der Rumpf etwas verlängert, im übrigen besteht zu 95 % Teilegleichheit.
Hersteller: EMBRAER (Emprêsa Brasileira de Aeronautica SA), Sao José dos Campos, Brasilien.

Abmessungen: Spannweite 20,04 m, Länge 26,33 m, Höhe 6,71 m, Flügelfläche 51,18 m².

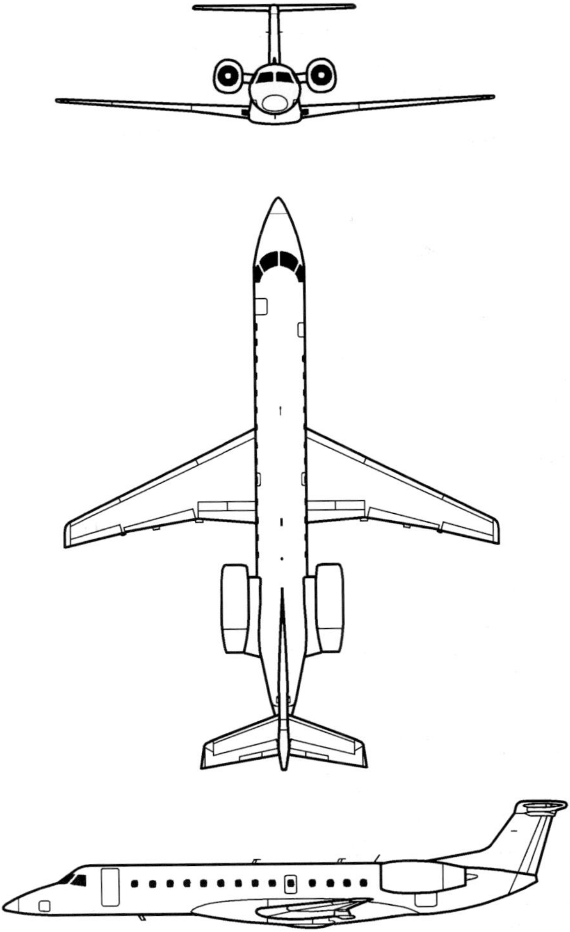

EMBRAER ERJ-170

Ursprungsland: Brasilien.
Kategorie: Regionalverkehrsflugzeug.
Triebwerke: Zwei Mantelstromtriebwerke General Electric CF34-8E von 6350 kp (62,3 kN) Standschub.
Leistungen (nach Angaben des Herstellers): Max. Reisegeschwindigkeit 870 km/h (Mach 0,80); Reichweite bei voller Passagierzahl (STD) 3334 km, (LR) 3889 km.
Gewichte: Leergewicht 20150 kg; max. Startgewicht (STD) 35450 kg, (LR) 36850 kg.
Zuladung: Zwei Piloten und bis zu 70 Passagiere in Viererreihen mit Mittelgang. Max. Nutzlast 9100 kg.
Entwicklungsstand: Im vierten Quartal 2001 soll die Flugerprobung beginnen. Der Auftragsbestand der ERJ-170 beläuft sich Ende 2000 auf etwa 90 Bestellungen und 105 Optionen, darunter von Crossair 30+, GE Capital 50 (+ 100 Optionen). Den Kunden werden die ersten Muster im zweiten Semester 2002 übergeben.
Bemerkungen: Zur Abrundung des Angebots am oberen Ende des Regionalflugzeugmarktes lancierte EMBRAER die ERJ-170 und später auch die ERJ-190. Letztere wird für rund 100 Passagiere ausgelegt sein und 2003 erstmals fliegen. Bei beiden besonders hervorzuheben sind der «Double bubble-Rumpfquerschnitt», der einer «Acht» gleicht. Dies bringt für den Passagier erhebliche Komfortverbesserungen. Bei vier Sitzen nebeneinander sind beispielsweise Kopf- und Ellenbogenfreiheit wesentlich grösser. Im übrigen entspricht die ERJ-170-Konstruktion dem heute üblichen technischen Stand: Cockpit mit farbigen Flüssigkristall-Bildschirmen, digitale, elektronische Triebwerkkontrolle, Fly-by-Wire-Steuerung usw. Dank vier Türen sollen extrem kurze Bodenzeiten möglich sein. Auch bei der ERJ-170 werden zwei Ausführungen (STD und LR) angeboten, die sich durch unterschiedliche Reichweitenleistungen unterscheiden. EMBRAER erwägt derzeit die Ableitung einer Geschäftsreiseversion für Langstrecken.
Hersteller: EMBRAER (Emprêsa Brasileira de Aeronautica SA), Sao José dos Campos, Brasilien.

Abmessungen: Spannweite einschliesslich Winglets 26,00 m, Länge 29,90 m, Höhe 9,67 m.

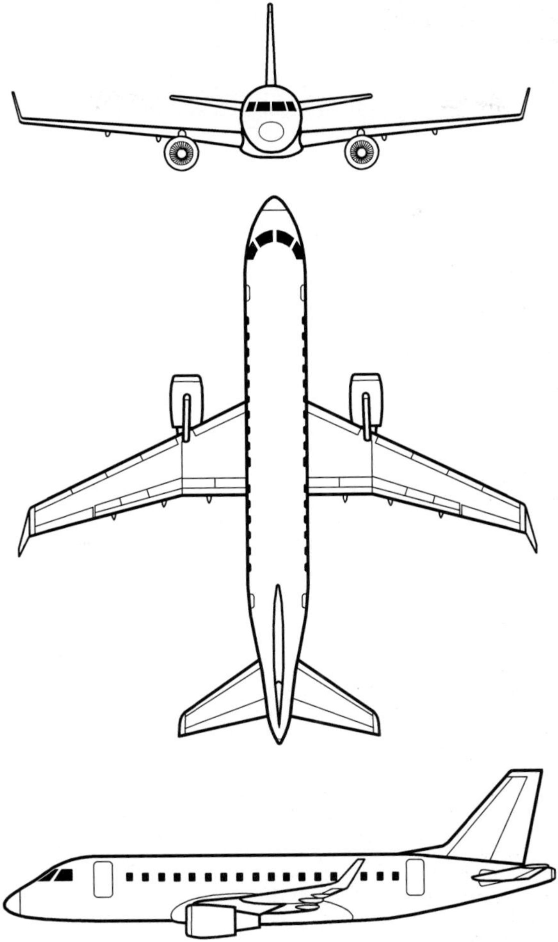

EMBRAER EMB-314/ALX SUPER TUCANO

Ursprungsland: Brasilien.
Kategorie (EMB-314): Zweisitziger Basis- und Fortgeschrittenentrainer bzw. (ALX) leichtes einsitziges (A-29) bzw. zweisitziges (AT-29) Erdkampf- und Überwachungsflugzeug.
Triebwerke: Eine Propellerturbine Pratt & Whitney Canada PT6A-68/1 von 1600 WPS (1190 kW) Leistung.
Leistungen: Höchstgeschwindigkeit 590 km/h; max. Reisegeschwindigkeit 535 km/h; Anfangssteiggeschwindigkeit 24 m/Sek; Dienstgipfelhöhe 10600 m; Aktionsradius auf 3300 m ohne Bewaffnung 750 km, bei voller Bewaffnung 540 km.
Gewichte: Leergewicht 3150 kg; normales Startgewicht 3600 kg, mit Waffenlast 4918 kg.
Bewaffnung (AL-29): Zwei in den Flügeln fest eingebaute 12,7 mm-Maschinengewehre sowie an fünf Aufhängestationen unter dem Rumpf und unter den Flügeln eine Vielzahl von verschiedenen Waffenlasten bis zu 1500 kg.
Entwicklungsstand: Der erste, bereits dem Serienstandard entsprechende Prototyp YA-29 (siehe Foto) nahm die Flugerprobung am 2. Juni 1999 auf. Die brasilianische Luftwaffe erhält ab 2000 49 A-29 und 50 AT-29.
Bemerkungen: Die ALX-Ausführungen A-29/AT-29 wurden aus der im JPATS-Wettbewerb ausgeschiedenen Super Tucano entwickelt. Sie unterscheiden sich von ihr hauptsächlich durch eine missionsbezogene Ausrüstung: Elbit-Angriffs- und Navigationselektronik, GPS, Head-up-Display, Multifunktionsbildschirme, punktuell verstärkte Zellen- und Flügelstruktur. Das Cockpit ist gepanzert und druckbelüftet. Die Besatzung kann für Nachteinsätze mit **N**ight-**V**ision-**G**oggles (NVG) ausgestattet werden. Der Zweisitzer AT-29 verfügt zusätzlich über ein nach vorne gerichtetes FLIR-Gerät. So ausgerüstet, soll die A-29 primär zur Bekämpfung von Drogenschmugglern und Guerillas in der Amazonasregion eingesetzt werden. Dabei wird sie mit der AEW-Version der EMB-145SA (siehe Ausgabe 2000) zusammenarbeiten.
Hersteller: EMBRAER (Emprêsa Brasileira de Aeronautica SA), Sao José dos Campos, Brasilien.

Abmessungen: Spannweite 11,14 m, Länge 11,30 m, Höhe 3,97 m, Flügelfläche 19,40 m^2.

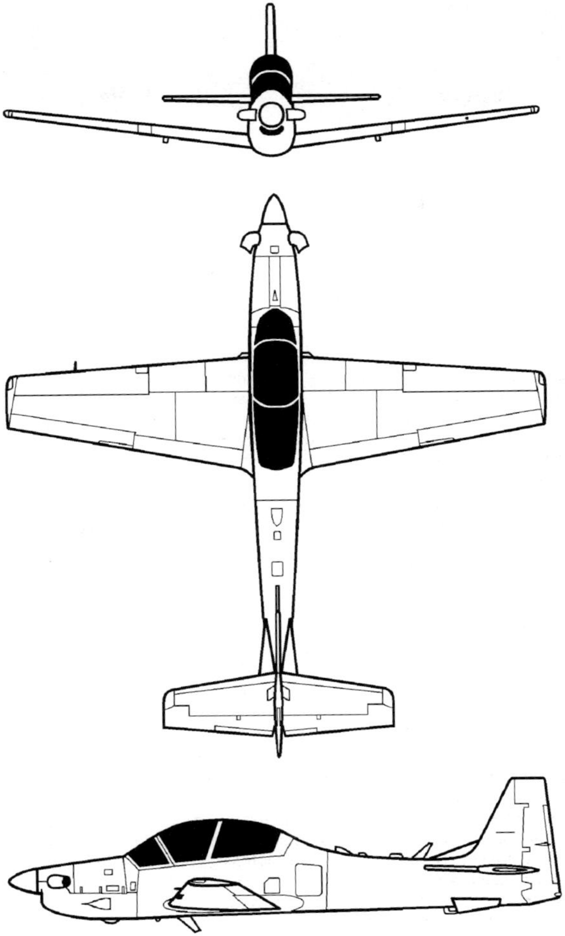

EUROCOPTER TIGER/UHU

Ursprungsland: Frankreich und Deutschland.
Kategorie: Zweisitziger Panzerabwehr- und Erdkampfunterstützungs-Hubschrauber.
Triebwerke: Zwei Gasturbinen MTU/Rolls-Royce/Turboméca MTR 390 von je 1285 WPS (958 kW) Leistung.
Leistungen: Höchstgeschwindigkeit 315 km/h; max. Reisegeschwindigkeit 280 km/h; normale Reisegeschwindigkeit 250 km/h; max. Schrägsteiggeschwindigkeit 10 m+/Sek; Dienstgipfelhöhe 3960 m; Schwebehöhe ohne Bodeneffekt 2000 m+; Flugdauer 2,85 Std.
Gewichte: Leer 3300 kg; normales Startgewicht 5800 kg; max. Überlast 6000 kg.
Bewaffnung (HAP): 30-mm-Kanone, bis zu 68 ungelenkte Raketen und vier Mistral-Luft-Luft-Lenkwaffen; (HAC): Acht Panzerabwehrlenkwaffen HOT/Trigat und zwei Luft-Luft-Lenkwaffen Mistral; (UHU): Zwei Behälter für je 22 ungelenkte 67-mm-Lenkwaffen, zwei starre 12,7-mm-Kanonen unter den Flügeln und Stinger-Luft-Luft-Lenkwaffen.
Entwicklungsstand: Fünf Prototypen wurden gebaut, wovon der erste am 27. April 1991 erstmals flog und der letzte am 21. Februar 1996 die Flugerprobung aufgenommen hat. Die französische Luftwaffe erhält definitiv 215 Maschinen (115 HAP und 100 HAC), die deutsche Armee ab 2002 212 Uhu's. Vorerst wurden Mittel für die Beschaffung von 160 Maschinen (je 80 pro Land) freigegeben.
Bemerkungen: Von der Tiger werden drei Versionen gebaut: HAP (**H**élicoptère d'**A**ppui **P**rotection = Feuerunterstützung, mit Schützenoptik mittels TV-/Infrarotkamera, Laser-Entfernungsmesser) und HAC (**H**élicoptère **A**nti-**C**har = Panzerabwehrhubschrauber zusätzlich mit Osiris-Sichtsystem) für die französische Armee und UHU (**U**nterstützungs**hu**bschrauber, Ausrüstung weitgehend baugleich mit der HAC-Version) für die deutsche Armee. Die Zelle besteht zu über 75 % aus Verbundwerkstoffen. Zur Abschirmung von elektromagnetischen Einflüssen und zum Blitzschutz sind grosse Teile des Rumpfes mit einem Kupfer-Bronze-Gitter versehen. Die Panzerabwehrversion erhält ein auf dem Rotormast montiertes Visier mit Kamera.
Hersteller: Eurocopter Hubschrauber GmbH, München, Deutschland.

Abmessungen: Rotordurchmesser 13,00 m, Rumpflänge 14,00 m, Höhe inkl. Rotorkopf 3,81 m, inkl. Mastvisier 4,32 m.

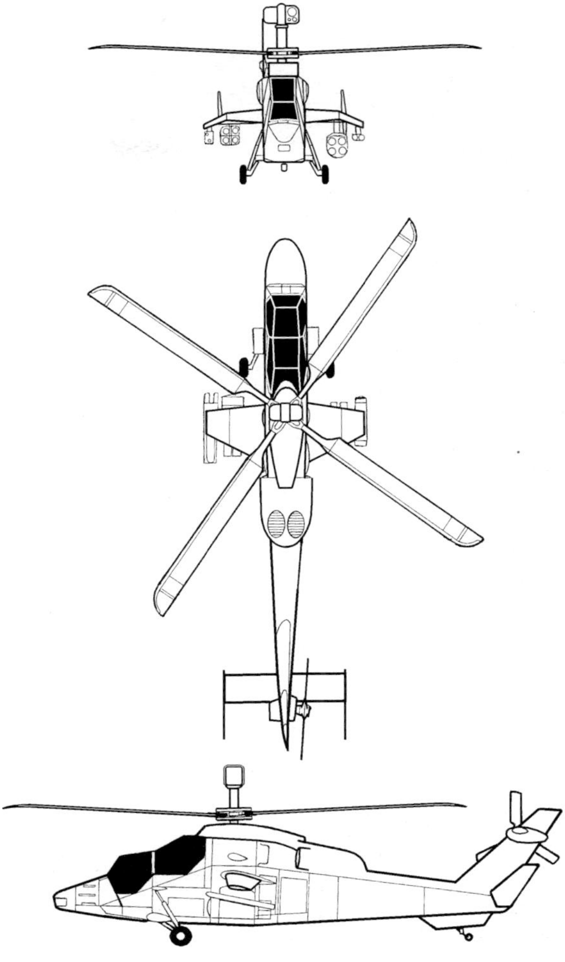

EUROCOPTER AS 332 SUPER PUMA MK.II/AS 532 COUGAR MK.II

Ursprungsland: Frankreich.
Kategorie: Mittelschwerer ziviler (AS 332) und militärischer (AS 532) Mehrzweckhubschrauber.
Triebwerke: Zwei Gasturbinen Turboméca Makila 1A2 von je 1959 WPS (1461 kW) Leistung.
Leistungen (AS 532): Höchstgeschwindigkeit 315 km/h; Reisegeschwindigkeit 276 km/h auf Meereshöhe; max. Schrägsteiggeschwindigkeit 6,5 m/Sek; Schwebehöhe mit Bodeneffekt 2500 m, ohne Bodeneffekt 1600 m; Reichweite mit Standardtreibstoffzuladung 647 km.
Gewichte: Leer 4650 kg; max. Startgewicht 9300 kg, mit Aussenlast 10000 kg.
Zuladung: Zwei Piloten und 24 Passagiere oder 29 Soldaten (AS 532). Max. Nutzlast 4140 kg.
Entwicklungsstand: Erstflug des Prototyps am 6. Februar 1987. Von allen Super Puma-Varianten sind bis heute über 530 Maschinen in Auftrag gegeben worden, davon rund zwei Drittel durch 33 militärische bzw. paramilitärische Organisationen. Neueste (Nach)Bestellungen: Brasilien 8 AS 532 Mk.I, Griechenland 4 AS 532AC.
Bemerkungen: Die verschiedenen derzeit angebotenen Ausführungen sind in der Ausgabe 1998 beschrieben. Neu hinzugekommen ist die Cougar Mk.II Combat SAR für die Armée de l'Air, welche vorerst vier Einheiten ab September 1999 erhält. Nebst Rettungsgeräten ist sie mit Suchscheinwerfer, FLIR und Wetterradar ausgerüstet. Eurocopter entwickelt als Konkurrenz zur S-92 (siehe Seiten 276/277) eine Weiterentwicklung Super Puma Mk.III, die Ende 2001 verfügbar sein wird. Sie weist dank leistungsfähigeren Makila-Triebwerken ein höheres max. Startgewicht auf. Das Kabinenvolumen soll durch Vergrösserung des Rumpfes (Länge + 70 cm, Breite + 25 cm, Innenhöhe + 35 cm) um rund einen Viertel zunehmen. Die Mk. III wird für zivile wie auch für militärische Zwecke angeboten.
Hersteller: Eurocopter, Werk Marignane, La Courneuve, Frankreich.

Abmessungen: Rotordurchmesser 16,20 m, Rumpflänge inkl. Heckrotor 16,79 m, Höhe inkl. Rotorkopf 4,60 m

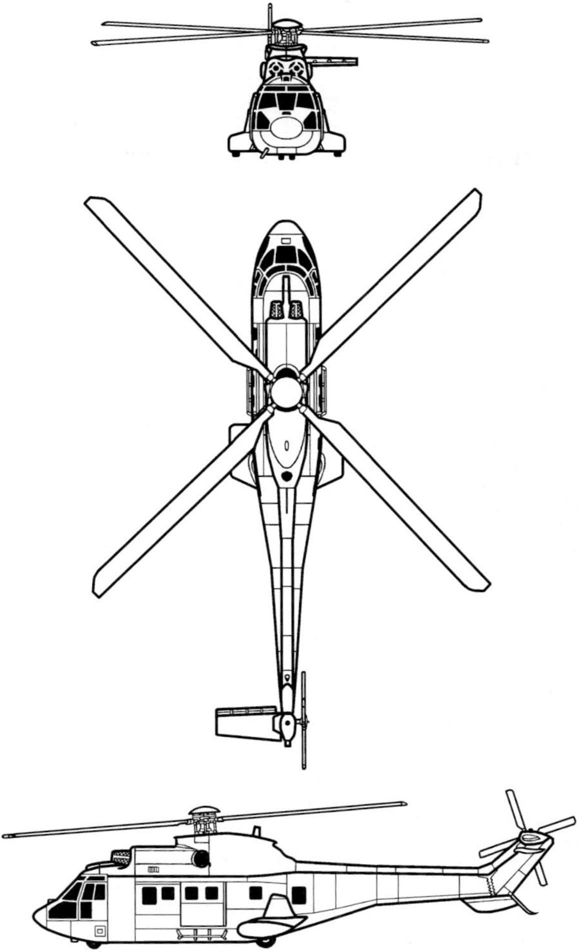

EUROCOPTER AS 350B3 ECUREUIL/AS 550C3 FENNEC

Ursprungsland: Frankreich.
Kategorie: Leichter ziviler und militärischer Mehrzweckhubschrauber.
Triebwerke: Eine Gasturbine Turboméca Arriel 2B von 848 WPS (632 kW) Leistung.
Leistungen (AS 350B3): Höchstgeschwindigkeit 287 km/h; Reisegeschwindigkeit 248 km/h auf Meereshöhe; max. Schrägsteiggeschwindigkeit 10,1 m/Sek; Dienstgipfelhöhe 5250 m; Schwebehöhe mit Bodeneffekt 4140 m, ohne Bodeneffekt 3720 m; Reichweite 616 km.
Gewichte: Leer 1175 kg; max. Startgewicht 2250 kg, mit Aussenlast 2750 kg.
Zuladung: Sechs Personen. Max. Nutzlast 1115 kg.
Bewaffnung (AS 550A2): 20-mm-GIAT-Kanone, zwei 7,62-mm-Maschinengewehr- bzw. 68-mm-Raketenbehälter; (AS 550C2): HeliTow-Antitank-Lenkwaffensystem Saab/Emerson.
Entwicklungsstand: Am 4. März 1997 absolvierte die leistungsfähigere Ausführung AS350B3 den Erstflug. Von den zahlreichen bisher entwickelten Varianten sind über 2150 Exemplare (davon 100 B3) von rund 800 Kunden bestellt und zum grössten Teil ausgeliefert worden. Lizenzbau in Brasilien bei Helibras als HB 350 (200+). Die zweimotorige AS355 (siehe Silhouette), von der weitere 660 Einheiten gebaut wurden, ist in der Ausgabe 1995 beschrieben.
Bemerkungen: Die AS 350 Ecureuil ist die zivile, die AS 550 Fennec die militärische Variante des gleichen Grundmusters. In den USA wird unter der Bezeichnung Astar eine Ausführung mit Textron Lycoming LTS 101-600A-3-Triebwerk sowie die SuperStar mit dem Arriel 1D-Triebwerk angeboten. Von der militärischen Fennec sind erhältlich: AS 550U2 Mehrzwecktransporter; AS 550A2 Feuerunterstützungs- und Nahkampfversion; AS 550C2 Panzerbekämpfer. Bei der AS 550M2 bzw. AS 550S2 handelt es sich um eine unbewaffnete bzw. bewaffnete Marineausführung. Die AS 350B3 unterscheidet sich von der Vorversion B2 durch verstärktes Getriebe, digitale Triebwerksteuerung und Heckrotor mit vergrösserten Flächen zur Verbesserung der Steuerung.
Hersteller: Eurocopter, Werk Marignane, La Courneuve, Frankreich.

Abmessungen: Rotordurchmesser 10,69 m, Rumpflänge inkl. Heckrotor 12,94 m, Höhe inkl. Rotorkopf 3,14 m.

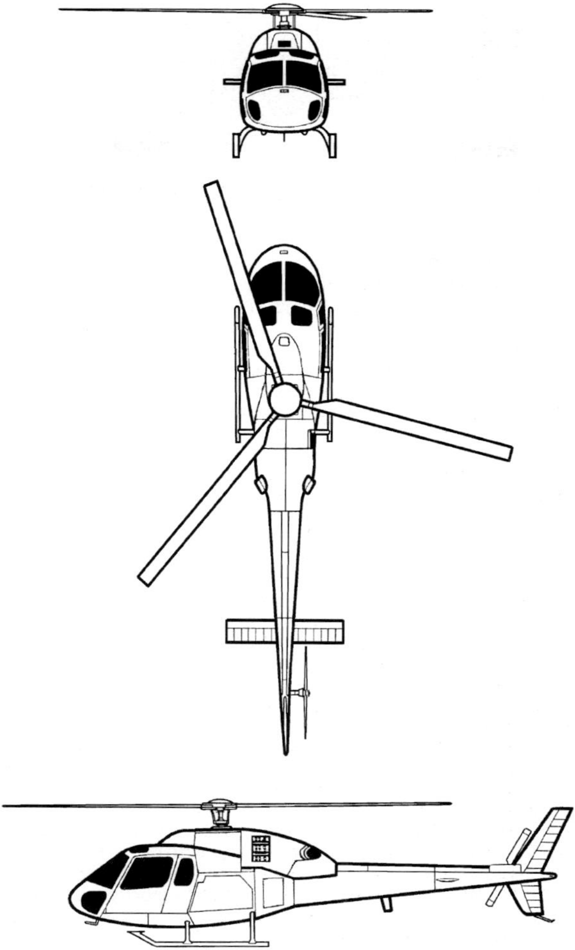

EUROCOPTER EC 120B COLIBRI

Ursprungsland: Frankreich, Volksrepublik China und Singapur.
Kategorie: Leichter ziviler Mehrzweckhubschrauber.
Triebwerke: Eine Gasturbine Turboméca Arrius 2F von 504 WPS (375 kW) Leistung.
Leistungen: Höchstgeschwindigkeit 278 km/h; max. Reisegeschwindigkeit 231 km/h; max. Steiggeschwindigkeit 7,49 m/Sek; Dienstgipfelhöhe 6100 m; Schwebehöhe mit Bodeneffekt 4145 m, ohne Bodeneffekt 3413 m; Reichweite 750 km.
Gewichte: Leergewicht 895 kg; max. Startgewicht 1680 kg.
Zuladung: Pilot und vier Passagiere. Max. Nutzlast 750 kg.
Entwicklungsstand: Der erste von drei Prototypen ging am 9. Juni 1995 in die Luft, gefolgt vom zweiten am 17. Juli 1996. Die Zulassung erfolgte im Juni 1997. Der aktuelle Bestellungsstand beläuft sich auf über 200 Einheiten, darunter 15 für die spanische Luftwaffe. Die Monatsproduktion beträgt seit 1999 sechs Einheiten.
Bemerkungen: An der Gemeinschaftsentwicklung EC 120 nehmen teil: Eurocopter als technischer Leiter mit 61 % Anteil (Konzeption, Elektronik, dynamische Komponenten, Endmontage und Zertifizierung), CATIC/HAMC 24 % (ganze Rumpfstruktur) und Singapore Technologies 15 % (Rotorheck, Verbundwerkstoffstruktur, Kabinentüren). Die Zelle dieses nach neuesten Erkenntnissen konstruierten Hubschraubers besteht weitgehend aus Verbundwerkstoffen. Dank des Spheriflex-Hauptrotors und des neu entwickelten ummantelten Fenestron-Heckrotors werden ausgezeichnete Flugleistungen bei geringem Geräuschpegel erreicht. Die hohen Sicherheitsanforderungen werden u.a. durch bruchsichere Sitze und Kraftstofftanks erfüllt. Mit der EC 120 will man das untere Ende des Hubschraubermarktes abdecken und erhofft sich dank tiefem Anschaffungspreis von rund US$ 800'000.-- und sehr günstigen Betriebskosten eine grosse Abnehmerzahl. Im englischsprachigen Raum wird die EC 120 statt Colibri als Hummingbird bezeichnet.
Hersteller: Eurocopter, CATIC/HAMC (China) und Singapore Aerospace, Paris, Frankreich.

Abmessungen: Rotordurchmesser 10,20 m, Rumpflänge inkl. Rotor 11,52 m, Höhe 3,40 m.

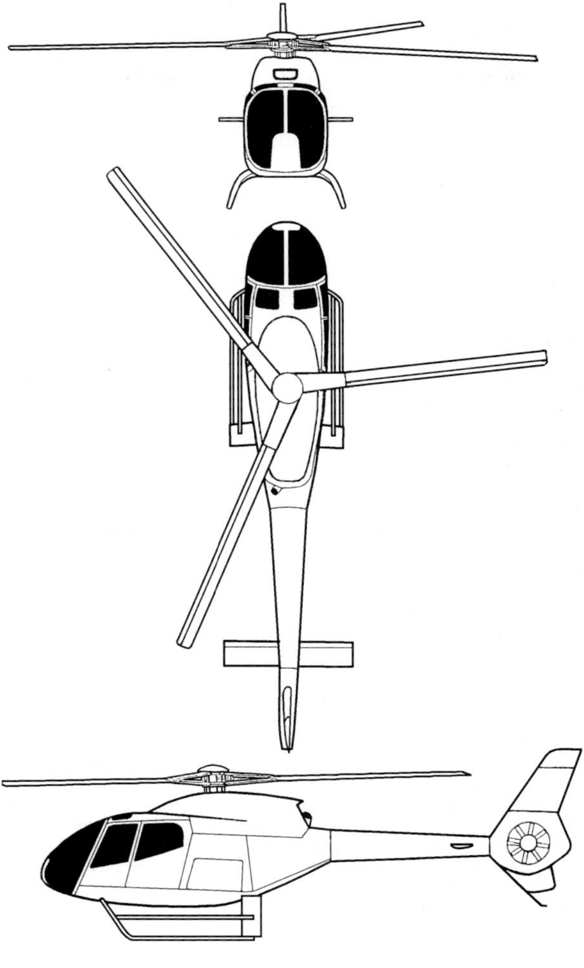

EUROCOPTER (MBB) EC 135

Ursprungsland: Deutschland.
Kategorie: Leichter Mehrzweckhubschrauber.
Triebwerke: Zwei Gasturbinen Turboméca Arrius 2B von je 696 WPS (519 kW) oder Pratt & Whitney Canada PW206B von je 732 WPS (546 kW) Leistung.
Leistungen: Höchstgeschwindigkeit 287 km/h; max. Reisegeschwindigkeit 270 km/h auf 1500 m; ökonom. Reisegeschwindigkeit 240 km/h; max. Schrägsteiggeschwindigkeit 9,23 m/Sek; Dienstgipfelhöhe 5230 m; Schwebehöhe mit Bodeneffekt 4150, ohne 3260 m; max. Reichweite 630 km.
Gewichte: Leer 1420 kg; max. Startgewicht mit Aussenlast 2900 kg.
Zuladung: Sechs bis sieben Personen; bei Rettungseinsätzen zwei Tragbahren und zwei Helfer; max. Nutzlast 1250 kg.
Entwicklungsstand: Der erste Prototyp EC 135 fliegt seit 15. Februar 1994; Beginn der Ablieferungen am 31. Juli 1996. Bisher sind rund 180 Bestellungen eingegangen (davon ca. 120 abgeliefert), u.a. von der deutschen ADAC, der bayerischen Polizei 9 und dem Bundesgrenzschutz 9. Die Bundeswehr erhält ab 2000 15 Trainingshubschrauber.
Bemerkungen: Die EC 135 folgt neuesten Technologieprinzipien: Haupt- und Heckrotor aus Faserverbundwerkstoffen ohne jegliche Gelenke; Übertragungswelle mit speziellen Vibrationsdämpfern, Zellenstruktur aus Kunststoff, Fenestron-Heckrotor usw. Der Rotorkopf besitzt keine Blattlager mehr. Die Verstellung der einzelnen Rotorblätter geschieht durch elastische Verformung der Kunststoff-Blattwurzel. Rotornabe und Rotormast sind aus einem einzigen Stück geschmiedet. Die EC 135 ist bereits von 16 verschiedenen Polizeicorps bestellt worden. Für solche Aufgaben sind diese Ausführungen meistens ausgerüstet u.a. mit Suchscheinwerfer, Nachtsichtausrüstung, TV-Kamera und speziellen Navigationsmitteln. Neu ist auch eine Version EC 635 für militärische Einsätze im Angebot (9 durch portugiesische Armee bestellt). Neue EC 135 werden mit Pratt & Whitney-Triebwerken PW206B2 von je 815 WPS (607 kW) ausgerüstet.
Hersteller: Eurocopter Hubschrauber, München, Deutschland.

Abmessungen: Rotordurchmesser 10,20 m, Rumpflänge 12,10 m, Höhe inkl. Rotorkopf 3,23 m, Höhe über alles 3,62 m.

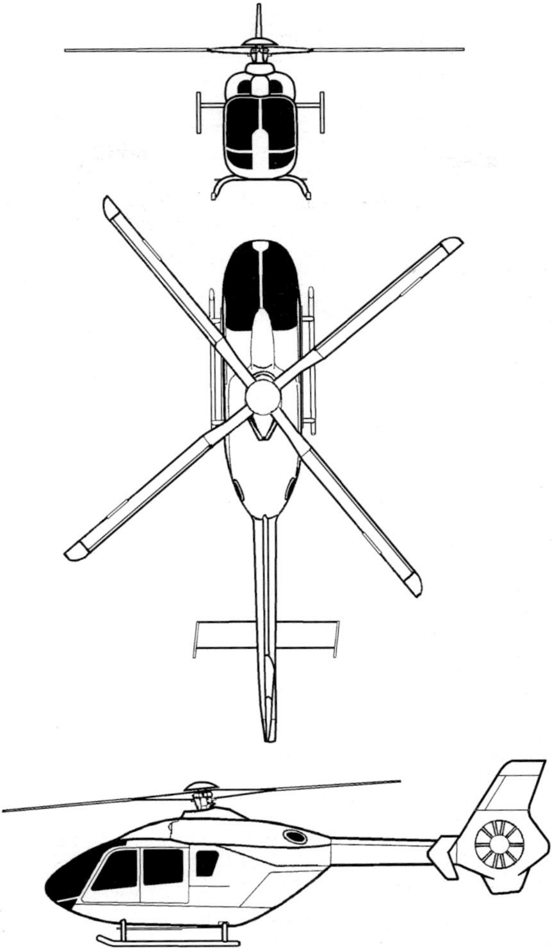

EUROCOPTER (MBB/KAWASAKI) EC 145

Ursprungsland: Deutschland und Japan.
Kategorie: Mehrzweckhubschrauber.
Triebwerke (BK117B-1) Zwei Gasturbinen Turboméca Arriel 1E2 von je 592 WPS (441,5 kW) oder Turboméca Arriel 1-E von je 660 WPS (492 kW) Leistung.
Leistungen: Höchstgeschwindigkeit 278 km/h auf Meereshöhe; max. Reisegeschwindigkeit 248 km/h; max. Schrägsteiggeschwindigkeit 9,7 m/Sek; Dienstgipfelhöhe 4570 m, Schwebehöhe mit Bodeneffekt 2925 m, ohne Bodeneffekt 2285 m; Reichweite mit normaler Treibstoffzuladung 700 km.
Gewichte: Leergewicht 1727 kg; max. Startgewicht 3500 kg.
Zuladung: Acht bis dreizehn Personen inkl. Piloten; bei EMS-Einsätzen zwei liegende Verletzte und zwei Pfleger; max. Nutzlast 1700 kg.
Entwicklungsstand: Erstflug der EC 145 im Juni 1999. Die französische Sécurité Civile bestellte 32 EC 145, die Gendarmerie 8. Von den früheren Varianten (siehe Foto und Silhouette) sind bisher über 300 Exemplare weltweit in Einsatz gelangt.
Bemerkungen: Die vorerst als BK117 C-2, später aber in EC 145 umbezeichnete neueste Ausführung weist wesentliche Verbesserungen auf. Völlig neu sind die Avionik, das Cockpit mit NVG-Ausrüstung und der Heckrotor vom Typ Fenestron. Die Innengrösse der Kabine nahm durch Verlängerung des Rumpfes um 40 cm und Verbreiterung um 10 cm deutlich zu. Damit und wegen der einfachen Lademöglichkeit via Hecktüren eignet sich diese Version besonders für Rettungseinsätze. Dank höherem Abfluggewicht sind bessere Reichweitenleistungen erzielbar. Das Cockpit übernimmt wesentliche Elemente der EC 135. Auch formal ist besonders der Frontbereich diesem Muster sehr ähnlich.
Hersteller: Eurocopter Hubschrauber, MBB Division, München, Deutschland, sowie Kawasaki Heavy Industries Ltd., Gifu, Japan.

Abmessungen: Rotordurchmesser 11,00 m, Rumpflänge 10,27 m, Höhe inkl. Rotorkopf 3,36 m.

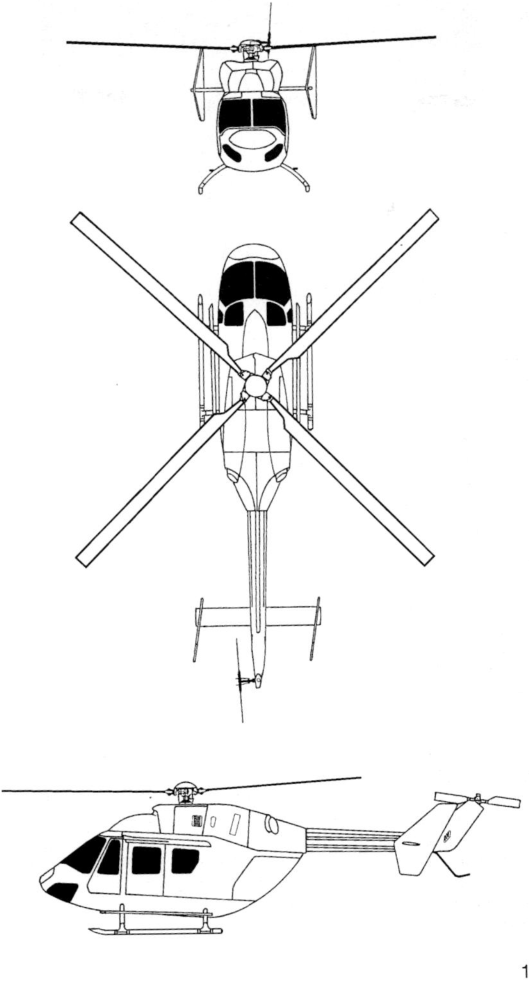

EUROCOPTER EC 155B

Ursprungsland: Frankreich.
Kategorie: Ziviler und militärischer Mehrzweckhubschrauber.
Triebwerke: Zwei Gasturbinen Turboméca Arriel 2C von je 851 WPS (635 kW) Leistung.
Leistungen: Höchste Reisegeschwindigkeit auf Meereshöhe 264 km/h; max. Durchschnittsreisegeschwindigkeit 252 km/h auf Meereshöhe; ökonom. Reisegeschwindigkeit 260 km/h; max. Schrägsteiggeschwindigkeit 7,0 m/Sek; Schwebehöhe mit Bodeneffekt 2550 m, ohne Bodeneffekt 1800 m; Reichweite 830 km auf Meereshöhe.
Gewichte: Leer 2523 kg; max. Startgewicht intern 4800 kg, extern 5000 kg.
Zuladung: Ein bis zwei Piloten und max. 13 Passagiere bzw. 14 Soldaten; max. Nutzlast 1994 kg.
Entwicklungsstand: Die EC 155 fliegt seit 17. Juni 1997. Bisher bekanntgegebene Bestellungen: Bundesgrenzschutz 13, Baden-Würtemberg 2, Helicopter Service Group 6 (+ 6 Optionen), Hong Kong 5. Ablieferung ab Ende 1998. Von den früheren Ausführungen sind bisher über 650 Einheiten geordert und zum grössten Teil abgeliefert worden.
Bemerkungen: Die EC 155 ist eine wesentlich weiterentwickelte Ausführung der AS 365N2 (siehe Ausgabe 1997). Sie zeichnet sich vor allem durch eine um 30 cm verlängerte Kabine aus, die zudem 18 cm höher ist. Das Innenvolumen nahm sogar um 40 % zu. Ebenfalls deutlich grösser wurde der Gepäckraum. Als Antrieb dienen zwei leistungsgesteigerte Arriel 2C-Triebwerke mit einem neuen Spheriflex-Fünfblattrotor, welcher einen um 60 cm grösseren Durchmesser aufweist. Der Zehnblatt-Fenestron-Heckrotor wurde zur Lärmreduktion ebenfalls modifiziert. Das Cockpit ist vollständig digitalisiert. Die Grundausführung soll etwa US$ 5,5 Mio. kosten. Von der EC 155 soll eine Militärausführung für Truppentransporte entwickelt werden.
Hersteller: Eurocopter (Aérospatiale), Werk Marignane, La Courneuve, Frankreich.

Abmessungen: Rotordurchmesser 12,60 m, Rumpflänge inkl. Heckrotor 12,83 m, Höhe inkl. Rotorkopf 3,52 m, inkl. Seitenleitwerk 4,35 m.

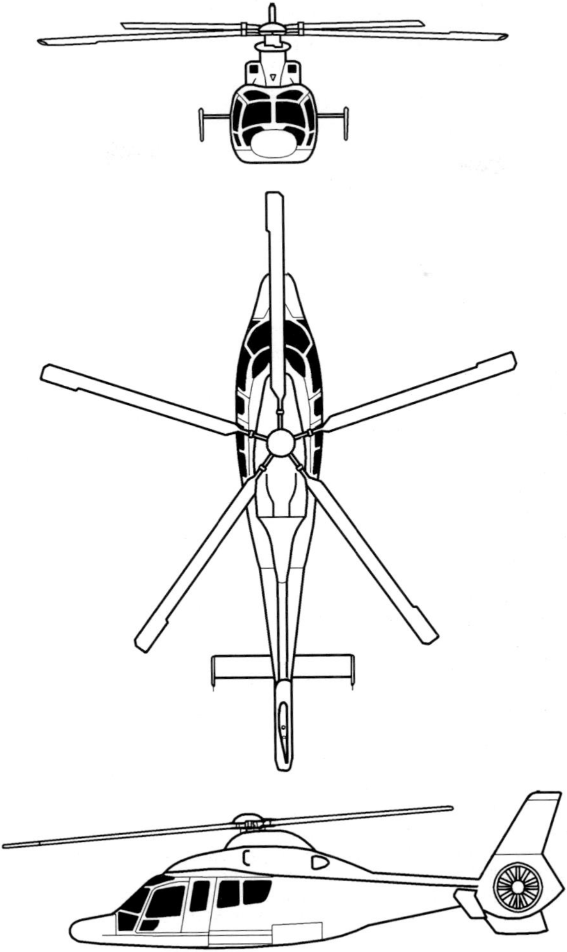

EUROFIGHTER EJ2000 TYPHOON

Ursprungsland: Grossbritannien, Deutschland, Italien und Spanien.
Kategorie: Einsitziger Abfang- und Luftüberlegenheitsjäger.
Triebwerke: Zwei Mantelstromtriebwerke Eurojet EJ200 von je rund 6100 kp (60 kN) Standschub ohne und 9185 kp (90 kN) mit Nachbrenner.
Leistungen: Höchstgeschwindigkeit in grosser Höhe Mach 2,0+, in Bodennähe 1390 km/h; Steigzeit auf 10000 m ca. 2 Min; Dienstgipfelhöhe 16765 m; Aktionsradius mit je zwei Luft-Luft-Lenkwaffen AIM-120 und AIM-132 inkl. Aussentanks 1390+ km; Überführungsreichweite mit zwei Aussentanks 3700 km.
Gewichte: Leer 10995 kg; max. Startgewicht 23000 kg.
Bewaffnung: Eine 27-mm-Mauser-Kanone im Rumpf und beispielsweise eine Zusammensetzung von sechs Kurzstrecken-Luft-Luft-Lenkwaffen AIM-132 und vier Mittelstrecken-Luft-Luft-Lenkwaffen AIM-120. Max. Waffenlast 6500 - 8000 kg an 13 Waffenstationen.
Entwicklungsstand: Der erste von sieben Prototypen nahm am 27. März 1994 die Flugerprobung auf. 620 Einheiten sind derzeit für folgende Länder geplant: Grossbritannien 232, Bundesrepublik Deutschland 180, Italien 121, Spanien 87. Ein erstes Los von 148 Maschinen wurde mittlerweile freigegeben, Ablieferung ab 2002. Griechenland beschafft 60 Einheiten (+ 30 Optionen).
Bemerkungen: Die EJ2000 Typhoon wird als Ein- wie als Doppelsitzer angeboten. Derzeit werden fünf dem Serienstandard entsprechende Muster hergestellt. Sie sind mit der gesamten Avionik ausgerüstet, u.a. dem ECR90-Bordradar. Die ersten Einheiten sind vorerst für Abfangaufgaben konfiguriert. Erst ab 2004 steht der gesamte Leistungsumfang zur Verfügung. Für den Exportmarkt prüft Eurofighter derzeit eine Ausführung mit sog. konformen Zusatztanks links und rechts am Rumpf oberhalb des Flügels. Damit liesse sich die Einsatzreichweite erheblich vergrössern. Das Zusatzgewicht würde durch um 15 % leistungsstärkere Triebwerke ausgeglichen. Als weitere Optionen erwägt man schwenkbare Austrittsdüsen und ein überarbeitetes Cockpit mit Voice-Control (= sprachgesteuerte Flugzeugführung).
Hersteller: Eurofighter, München, Deutschland.

Abmessungen: Spannweite 10,95 m, Länge 15,96 m, Höhe 5,28 m, Flügelfläche 50,00 m^2.

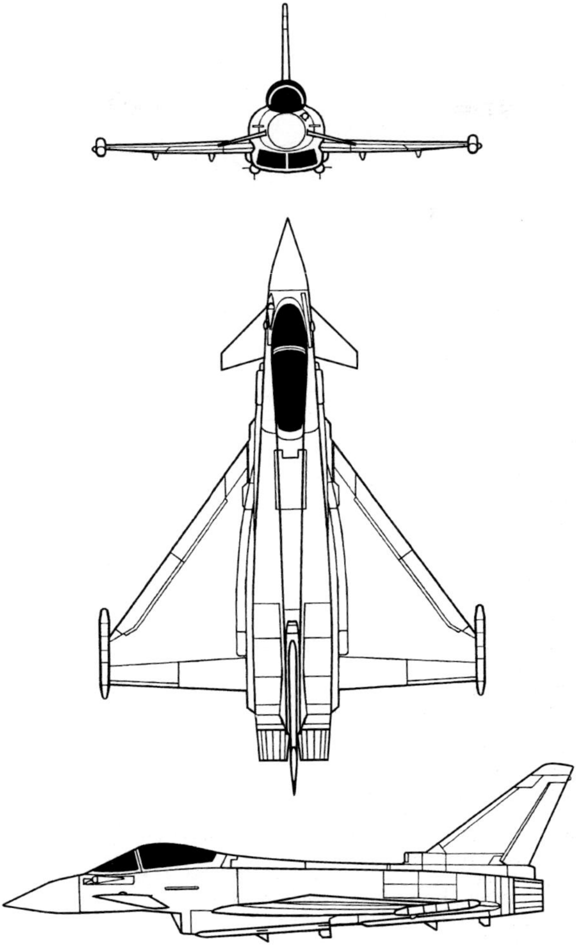

FAIRCHILD/DORNIER 328JET

Ursprungsland: Deutschland/USA.
Kategorie: Regionalverkehrsflugzeug.
Triebwerke: Zwei Mantelstromtriebwerke Pratt & Whitney Canada PW306B von je 2742 kp (26,9 kN) Leistung.
Leistungen: Max. Reisegeschwindigkeit 756 km/h; Zeit um 9450 m zu erreichen 14,2 Min; Dienstgipfelhöhe 10670 m; Reichweite mit 34 Passagieren bis zu 1480 km, als Option 1650 km, mit max. Treibstoffzuladung 3700 km.
Gewichte: Rüstgewicht 9345 kg; max. Startgewicht 15200 kg, als Option 15700 kg.
Zuladung: Zwei Piloten und zwischen 32 und 34 Passagiere in Dreierreihen; max. Nutzlast 3260 kg.
Entwicklungsstand: Die Flugerprobung wurde am 20. Januar 1998 aufgenommen. Nach Zulassung im Juli 1999 begann man mit den Auslieferungen. Die Aufträge belaufen sich Ende 2000 auf etwa 85 Exemplare (+ ca. 75 Optionen), davon etwa 15 für die Geschäftsreiseversion Envoy 3. Monatlich werden rund vier Einheiten hergestellt.
Bemerkungen: Mit der 328JET wird eine schnellere Ausführung der 328 (siehe Ausgabe 2000) angeboten, um in diesem Sektor der Regionalflugzeuge konkurrenzfähig zu bleiben. Die Grundkonstruktion bleibt weitgehend gleich. Nur die Systeme im Zusammenhang mit dem Düsenantrieb (neue Triebwerksgondeln, Software) sind entsprechend angepasst worden. Das Fahrwerk ist verstärkt. Von der 328JET wird auch eine Geschäftsreiseversion Envoy 3 mit einer auf 4400 km erhöhten Reichweite angeboten. Normalerweise ist die Kabine für zwölf bis 14 Passagiere ausgelegt. Auf die Weiterentwicklung der verlängerten Ausführung 428JET hat Fairchild Dornier mittlerweile verzichtet.
Hersteller: Fairchild Dornier Corp., Wessling, Deutschland und San Antonio, Texas, USA.

Abmessungen: Spannweite 20,98 m, Länge 21,28 m, Höhe 7,24 m, Flügelfläche 40,00 m^2.

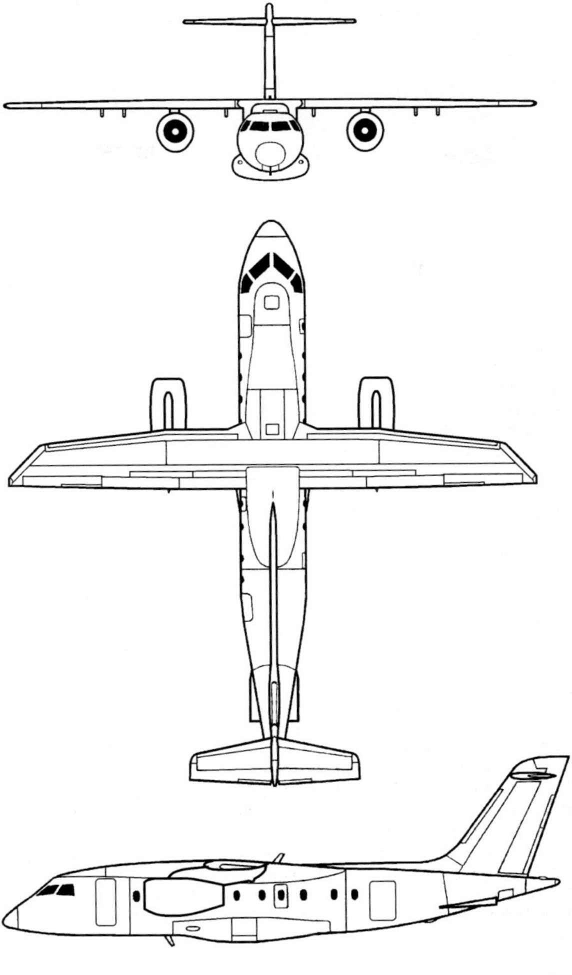

FAIRCHILD/DORNIER 728JET

Ursprungsland: Deutschland/USA.
Kategorie: Regionalverkehrs- und Geschäftsreiseflugzeug.
Triebwerke: Zwei Mantelstromtriebwerke General Electric CF34-8D3 von je 5700 kp (55,9 kN) Leistung.
Leistungen (nach Angaben des Herstellers): Max. Reisegeschwindigkeit 860 km/h (Mach 0,81); normale Reisegeschwindigkeit Mach 0,78; Dienstgipfelhöhe 12500 m; Reichweite mit 70 Passagieren 3300 km.
Gewichte: Rüstgewicht 20900 kg; max. Startgewicht 35200 kg.
Zuladung: Zwei Piloten und zwischen 70 und 80 Passagiere in Fünferreihen; max. Nutzlast 9420 kg.
Entwicklungsstand: Nach neuesten Plänen soll der erste Prototyp Ende 2001 oder anfangs 2002 die Flugerprobung aufnehmen. Der Beginn der Auslieferungen an Kunden ist für Mitte 2003 geplant. Erste Auftraggeber: Lufthansa CityLine (60 Bestellungen und 60 Optionen) und GE Capital (50 Bestellungen + 100 Optionen).
Bemerkungen: Bei der 728JET handelt es sich um eine völlige Neukonstruktion. Von den Konkurrenzmustern ERJ-170 und CRJ-900 unterscheidet sie sich insbesondere durch den breiteren Rumpfquerschnitt, welcher eine Fünferbestuhlung zulässt. Die Geschäftsreiseausführung Envoy 7 (bisher 30 bestellt) soll Ende 2002 erstmals fliegen. Sie erhält zur Erhöhung der Reichweitenleistung Zusatztanks von insgesamt 5000 l am vorderen und hinteren Ende des Rumpfes. Sie wird deutlich schwerer sein als das Ausgangsmuster. Der Flügel erhält voraussichtlich Winglets. Bei einer Nutzlast von rund 5000 kg sollen Reichweiten von bis zu 7400 kg erzielbar sein. Von der 728JET abgeleitet ist vorgesehen, eine verlängerte und wesentlich schwerere Ausführung 928JET für 95 bis 110 Passagiere zu bauen (Erstflug voraussichtlich 2004, bisher 4 Einheiten bestellt).
Hersteller: Fairchild Dornier Corp., Wessling, Deutschland und San Antonio, Texas, USA.

Abmessungen: Spannweite 27,12 m, Länge 27,40 m, Höhe 9,05 m, Flügelfläche 75 m^2.

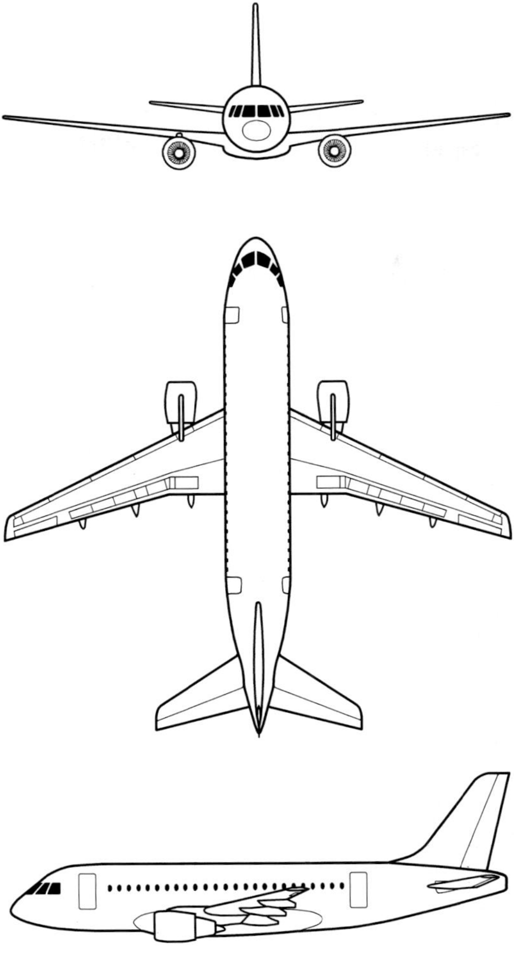

GALAXY AEROSPACE GALAXY

Ursprungsland: Israel/USA.
Kategorie: Firmenflugzeug.
Triebwerke: Zwei Mantelstromtriebwerke Pratt & Whitney Canada PW306A von je 2850 kp (25,34 kN) Leistung.
Leistungen: Höchstgeschwindigkeit 870 km/h oder Mach 0,85; Langstrecken-Reisegeschwindigkeit 800 km/h (Mach 0,82); Dienstgipfelhöhe 13716 m; Reichweite mit vier Passagieren 6700 km.
Gewichte: Leergewicht 8480 kg; max. Startgewicht 15800 kg.
Zuladung: Zwei Piloten und normalerweise acht Passagiere in Komfortausführung oder bis zu 18 Personen in enger Dreierbestuhlung.
Entwicklungsstand: Der erste von vier Prototypen fliegt seit 25. Dezember 1997. Die Erstablieferung begannen Anfang 1999. Bis Ende 2000 sind Bestellungen für über 50 Einheiten (+ Optionen) eingegangen. Jährlich werden 24 Maschinen in Israel hergestellt, welche die Innenausstattung durch die Galaxy Aerospace in den USA erhalten.
Bemerkungen: Die Galaxy wurde aus der Astra SPX (siehe Ausgabe 1999) weiterentwickelt. Während der Flügel weitgehend von ihr übernommen wurde, verfügt die Galaxy über einen völlig neu konstruierten, wesentlich grösseren Rumpf. Mit einer Länge von 7,44 m, einer Breite von 2,18 m und einer Höhe von 1,91 m (Innenmasse) wird die Kabine wesentlich höheren Ansprüchen gerecht. Hersteller des Rumpfes als Unterauftragnehmer ist die französische SOGERMA in Rochefort. Wie bei den meisten Geschäftsflugzeugen neuester Generation ist das Cockpit mit Multifunktionsdisplays ausgerüstet; Lieferant ist Rockwell Collins. Der Verkaufspreis einer voll ausgerüsteten Galaxy beträgt rund US$ 17 Mio.
Hersteller: Israel Aircraft Industries Ltd./Galaxy Aerospace, Ben-Gurion International Airport, Israel.

Abmessungen: Spannweite 17,71 m, Länge 18,97 m, Höhe 6,53 m, Flügelfläche 34,28 m^2.

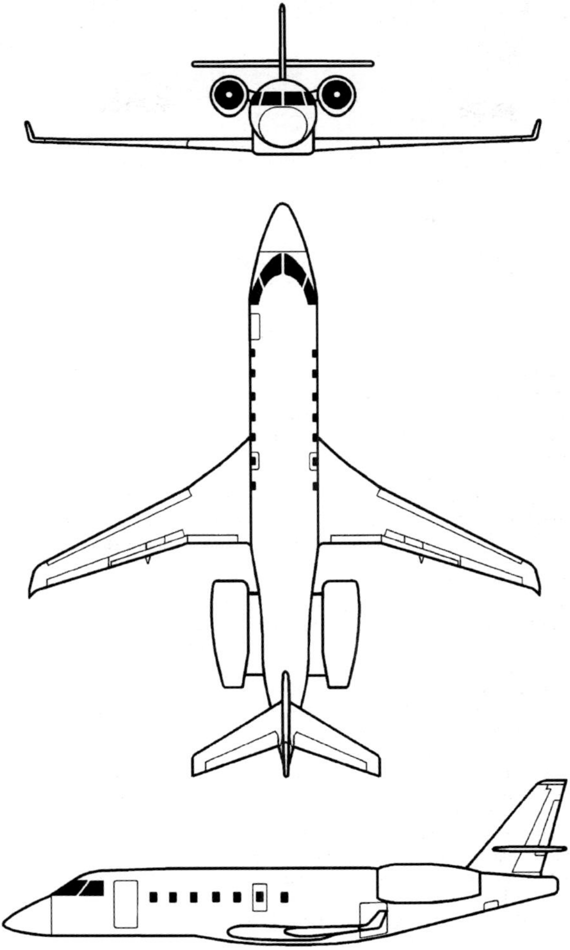

GENERAL ATOMICS RQ-1A PREDATOR

Ursprungsland: USA.
Kategorie: Unbemannte Drone für Aufklärungs- und ELINT-Aufgaben in mittleren Höhen.
Triebwerke: Ein Kolbenmotor mit Schubpropeller Rotax 914 TC von 106 PS (79 kW) Leistung.
Leistungen: Höchstgeschwindigkeit ca. 225 km/h; Dienstgipfelhöhe 7600 m; Flugdauer 500 km von der Basis entfernt 24 Std.; max. Flugdauer 40 bis 60 Std.
Gewichte: Normales Startgewicht 850 kg, max. Startgewicht 1040 kg.
Zuladung: Aufklärungssysteme im Gesamtgewicht von 204 kg.
Entwicklungsstand: Die erste Einheit wurde im August 1994 vorgestellt. Seit mehreren Jahren befindet sich eine unbekannte Anzahl von Systemen beim 11. Reconnaissance Wing der USAF im Einsatz. Einschliesslich der USN, sollen insgesamt über 50 Einheiten beschafft werden. Italien wird sechs Systeme bestellen.
Bemerkungen: Die RQ-1A ist eine verbesserte Version des Ausgangsmusters GNAT-750, welches nur vereinzelt für Spionage-Aufgaben der CIA Verwendung findet. Das eingebaute «Synthetische Breitband-Aufklärungsradar» ist mit einer Datenverbindung via Satellit ausgerüstet. Ein hoch auflösliches Videoaufnahmegerät ermöglicht zudem den Kommandanten von Bodentruppen, via Data-link Real Time-Informationen vom Feindgebiet zu beschaffen. Die Predator kann unter allen Wetterbedingungen Einsätze fliegen. Von der Auslegung ist sie besonders für den Langsamflug auf mittleren Höhen optimiert. Die RQ-1A wurde im Bosnienkrieg sehr intensiv für Aufklärungseinsätze verwendet. Eine Ausführung dieses Typs verfügt über spezialisierte Radio-Frequenz-Systeme, um ELINT-Aufgaben zu erfüllen. Weiter wird derzeit eine bewaffnete Ausführung geprüft, welche u.a. AGM-114 Hellfire-Panzerabwehr-Lenkwaffen an zwei Flügelstationen mitführen könnte.
Hersteller: General Atomics Aeronautical Systems, Inc., San Diego, USA.

Abmessungen: Spannweite 14,60 m, Länge 8,23 m.

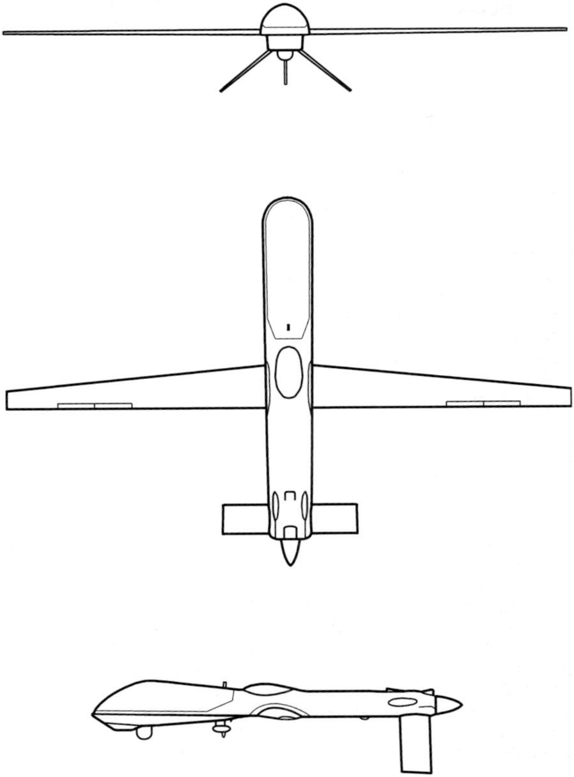

GULFSTREAM AEROSPACE GULFSTREAM IV-SP

Ursprungsland: USA.
Kategorie: Firmen- und Mehrzweckflugzeug für zivile und militärische Aufgaben.
Triebwerke: Zwei Mantelstromtriebwerke Rolls-Royce Tay 611-8 von je 6282 kp (61,6 kN) Standschub.
Leistungen: Max. Reisegeschwindigkeit 943 km/h auf 9450 m; Langstrecken-Reisegeschwindigkeit 850 km/h auf 13715 m; Anfangssteiggeschwindigkeit 20,93 m/Sek; Dienstgipfelhöhe 13715 m; Reichweite mit max. Treibstoffzuladung und acht Passagieren unter IFR-Reserven 7820 km, mit max. Nutzlast und IFR-Reserven 6845 km.
Gewichte: Rüstgewicht 19278 kg; max. Startgewicht 33839 kg.
Zuladung: Zwei Piloten im Cockpit und je nach Innenausstattung 12, 14 oder bis 19 Passagiere; (C-20G) 26 Passagiere oder max. 2950 kg Fracht.
Entwicklungsstand: Der Gulfstream IV-SP fliegt seit 1993. Mitte 2000 wurde die 400. Gulfstream IV ausgeliefert, darunter sieben Kombi-Frachter C-20G für USN/USMC. 20 ähnliche, als U-4 bezeichnete Mehrzweckmodelle will die japanische Luftwaffe insgesamt beschaffen. Fünf davon sind bereits ausgeliefert.
Bemerkungen: Die Ausführung -SP (= **S**pecial **P**erformance) des Ausgangsmusters Gulfstream IV verfügt dank erhöhtem Abfluggewicht über bessere Reichweitenleistungen. Das digitale Cockpit sowie die Inneneinrichtung wurden überarbeitet. Schliesslich konnten Wirtschaftlichkeit und Wartungsfreundlichkeit verbessert werden. Über 50 Gulfstreams IV-SP werden bei rund 30 Luftwaffen und staatlichen Agenturen für die verschiedensten militärischen oder öffentliche Zwecke eingesetzt, wie (VIP)Transport-, Überwachungs-, ECM- und Aufklärungsaufgaben. Aber auch als Seeaufklärer, Ambulanzjet und zur Wetterbeobachtung werden Einheiten dieses Musters verwendet. So betreiben beispielsweise die schwedische Luftwaffe zwei Maschinen für SIGINT-Aufgaben, das Königreich Saudi Arabien eine -SP für medizinische Einsätze. Eine nochmals verbesserte -SP mit leistungsstärkeren Tay-Triebwerken und angehobenen Flugleistungen wird derzeit geprüft.
Hersteller: Gulfstream Aerospace Corp. (Tochterfirma von Daimler-Chrysler Corp.), Savannah, Georgia, USA.

Abmessungen: Spannweite 23,72 m, Länge 26,90 m, Höhe 7,60 m, Flügelfläche 88,29 m².

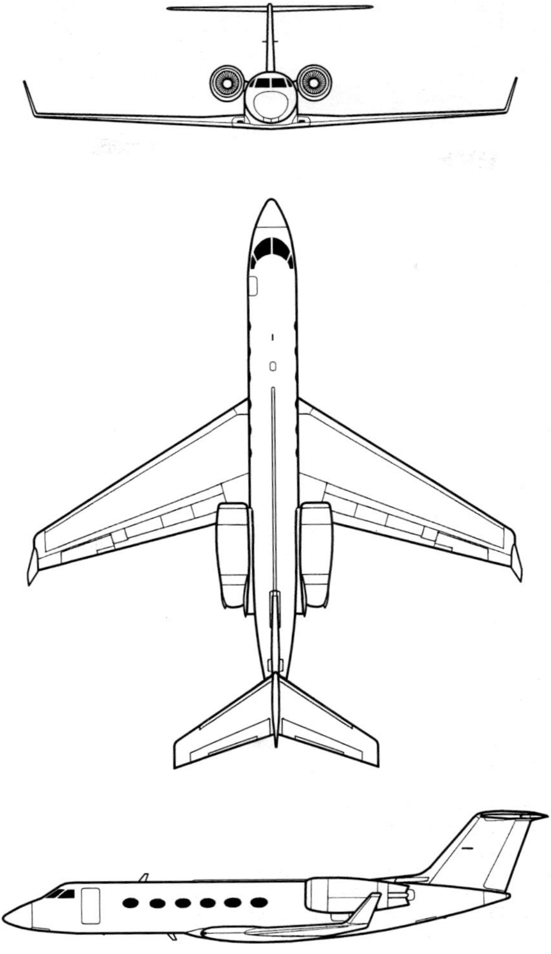

GULFSTREAM AEROSPACE GULFSTREAM V

Ursprungsland: USA.
Kategorie: Langstrecken-Firmenflugzeug.
Triebwerke: Zwei Mantelstromtriebwerke BMW/Rolls-Royce BR 710-48 von je 6690 kp (65,6 kN) Standschub.
Leistungen: Max. Reisegeschwindigkeit 904 km/h; Langstrecken-Reisegeschwindigkeit 851 km/h; Anfangssteiggeschwindigkeit 21,3 m/Sek; Dienstgipfelhöhe 15500 m; Reichweite mit max. Treibstoffzuladung und acht Passagieren unter Beachtung der IFR-Reserven 12046 km.
Gewichte: Rüstgewicht 21228 kg; max. Startgewicht 41050 kg.
Zuladung: Zwei Piloten im Cockpit und normalerweise 13 bis 15, max. 19 Passagiere. Max. Nutzlast 2950 kg.
Entwicklungsstand: Der erste Prototyp fliegt seit 28. November 1995. Die ersten Auslieferungen begannen Mitte 1997. Bis Ende 2000 sind 160 Einheiten, darunter auch von Regierungen als Staatsflugzeuge, bestellt worden. Im Juli 2000 wurde die 100. Einheit abgeliefert. Die USAF erhält elf (darunter fünf geleaste) als C-37A (+ eine Option) bezeichnete VIP-Transporter, die US Army eine.
Bemerkungen: Gulfstreams neuestes Modell ist das erste Firmenflugzeug, welches unter Normalbetrieb Reichweitenleistungen von über 10000 km anbietet. Dazu wurde das Ausgangsmuster Gulfstream IV vollständig überarbeitet. Der Rumpf ist um 2,40 m verlängert und bietet somit einen wesentlich höheren Passagierkomfort mit grösserer Gepäckzuladung. Die Kabine misst nun 15,30 m. Die Höhe mit 1,90 m und die Breite mit 2,20 m bleiben gegenüber der Gulfstream IV hingegen gleich. Völlig neu wurde der Flügel konstruiert, um ihn für die erforderlichen Reichweiten zu optimieren. Es gelangt das digitale Avionik-System Honeywell SPZ-8000 mit sechs Multifunktionsbildschirmen zum Einbau. Eine weiter verbesserte Variante V-SP mit etwa 500 km grösserer Reichweite und neuem Cockpit startet Ende 2001 zum Erstflug. Zudem wird derzeit geprüft, eine militärische Ausführung für Spezialeinsätze unter der Bezeichnung EC-37A zu entwickeln.
Hersteller: Gulfstream Aerospace Corp. (Tochterfirma von DaimlerChrysler Corp.), Savannah, Georgia, USA.

Abmessungen: Spannweite 28,50 m, Länge 29,40 m, Höhe 7,70 m, Flügelfläche 105,63 m^2.

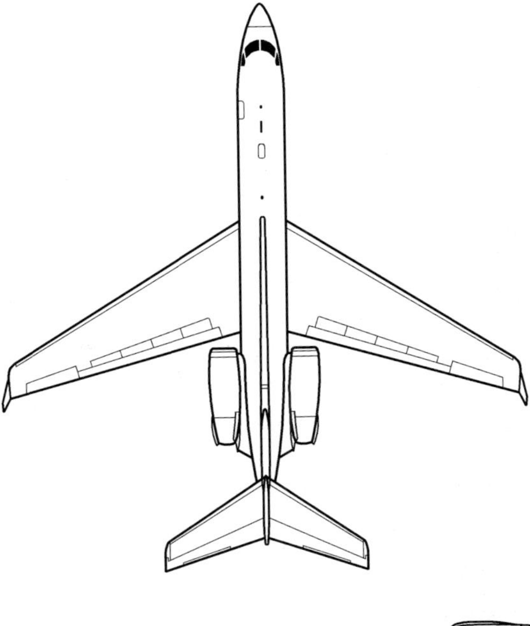

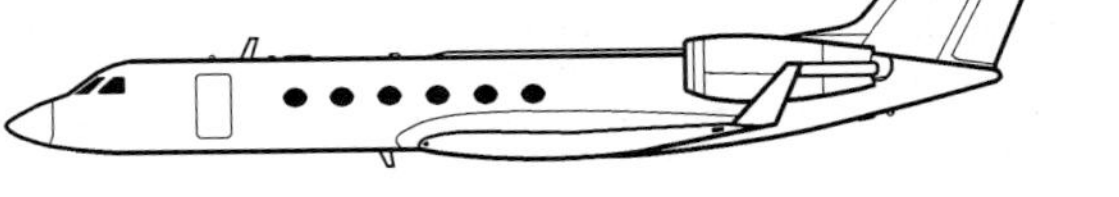

HAL ALH

Ursprungsland: Indien.
Kategorie: Ziviler und militärischer Mehrzweckhubschrauber.
Triebwerke: Zwei Gasturbinen Turboméca TM 333-2B von je 1000 WPS (746 kW) Leistung.
Leistungen: Höchstgeschwindigkeit 280 km/h auf Meereshöhe; Reisegeschwindigkeit 245 km/h; max. Schrägsteiggeschwindigkeit 9,0 m/Sek; Dienstgipfelhöhe 6000 m; Schwebehöhe ohne Bodeneffekt 3000 m+; Reichweite mit einer Nutzlast von 700 kg 400 km auf Meereshöhe, max. Reichweite 800 km.
Gewichte: Leer (Luftwaffenversion) 2216 kg, (Marineversion) 2352 kg; max. Startgewicht (Armeeversion) 5500 kg, (Luftwaffenversion) 4000 kg, (Marineversion) 5000 kg.
Zuladung: Zwei Piloten und bis zu 14 Passagiere. Max. Nutzlast als Aussenlast 1500 kg.
Entwicklungsstand: Der erste von vier Prototypen nahm die Flugerprobung im August 1992 auf. Die indischen Streitkräfte haben einen Bedarf von 300 ALH's (Armee 120, Luftwaffe 60, Marine 120). Zwölf Einheiten von verschiedenen Versionen sind bestellt, welche alle bis Ende 2000 abgeliefert waren. Für 20 weitere wird der Auftrag bald erwartet. Vorerst sollen jährlich 24, später rund 36 Maschinen gebaut werden.
Bemerkungen: Verschiedene Varianten sind vorgesehen: (Armee) Truppentransporter und Nachschubhubschrauber, Antitank- und Minenlegemissionen, alle ausgerüstet mit einem Kufenfahrwerk; (Marine) Verbindungs- und Evakuationsaufgaben sowie SAR- und ASW-Aufträge, ausgerüstet mit einem einziehbaren Dreipunkt-Radfahrwerk, faltbarem Haupt- und Heckrotor und Sonar; (Luftwaffe) Rettungshubschrauber, Mehrzwecktransporter. Auch eine Zivilversion für normalerweise bis zu 12 Passagiere wird angeboten (Erstflug 1999). Haupt- wie Heckrotor sind gelenklos aus Faserverbundwerkstoffen, der Rumpf besteht nebst Aluminium aus Karbon und Kevlar. Der vierte Prototyp (Marineausführung, Erstflug 22. Januar 1996) ist als Alternative mit einer Gasturbine LHTEC CTS800 ausgerüstet.
Hersteller: HAL Hindustan Aeronautics Ltd., Bangalore, Indien.

Abmessungen: Rotordurchmesser 13,20 m, Rumpflänge 12,89 m, Höhe inkl. Rotorkopf 3,76 m.

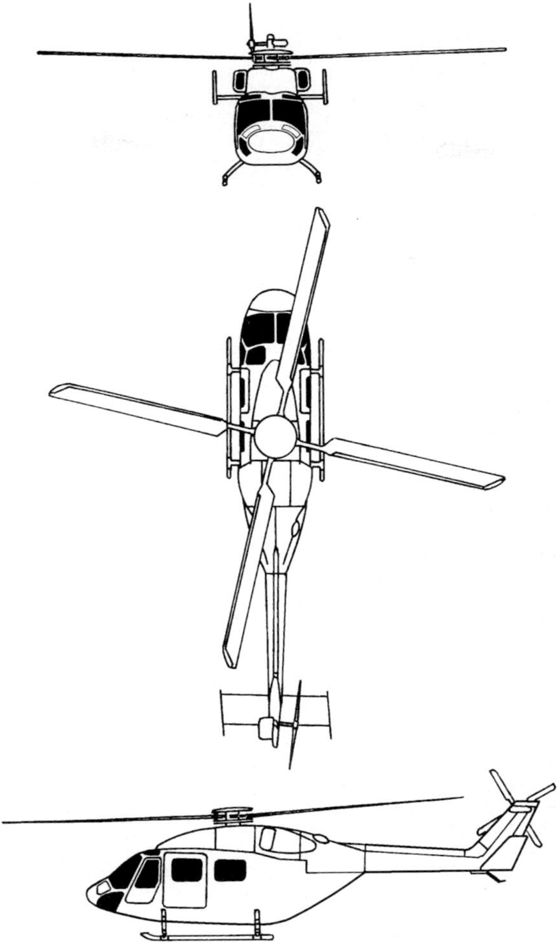

IAR-99 SOIM

Ursprungsland: Rumänien.
Kategorie: Zweisitziger Fortgeschrittenentrainer und leichter Erdkämpfer.
Triebwerke: Ein Strahltriebwerk Rolls-Royce Viper 632-41M (Lizenzbau Turbomecanica, Rumänien) von 1814 kp (17,8 kN) Standschub.
Leistungen: Höchstgeschwindigkeit 865 km/h auf Meereshöhe; Anfangssteiggeschwindigkeit 35 m/Sek; Dienstgipfelhöhe 12900 m; max. Einsatzdauer als Trainer 2 Std. 40 Min, als Erdkämpfer 1 Std. 30 Min; Reichweite als Trainer 1100 km, als Erdkämpfer 967 km.
Gewichte: Rüstgewicht 3200 kg; normal beladen als Trainer 4400 kg; max. Startgewicht als Erdkämpfer 5560 kg.
Bewaffnung: Eine 23-mm-GSh-23L-Kanone in einem Behälter unter dem Rumpf. Vier Waffenstationen unter den Flügeln für je 250 Kg Tragkraft, beispielsweise zwei 200-kg-Bomben oder zwei Behälter für je 26 ungelenkte Raketen.
Entwicklungsstand: Der erste von drei Prototypen flog am 21. Dezember 1985. Die rumänische Luftwaffe bestellte in der Folge nur 13 Exemplare, die bis 1998 ausgeliefert wurden. Von der verbesserten Ausführung werden nun weitere 24 Einheiten ab 2001 den Luftstreitkräften Rumäniens zugeführt.
Bemerkungen: Die neue IAR-99 unterscheidet sich vom Ausgangsmuster vor allem durch die Ausrüstung. Zum Einbau gelangt u.a. ein integriertes Avionik-System von Elbit. Dieses umfasst nebst digitalen Cockpitanzeigen und HUD ein GPS sowie ein automatisches Helmvisier. Zudem lässt sich eine grössere Anzahl Waffen verschiedener Provenienz mitführen.
Hersteller: Avioane (IAV Craiova), Craiova, Rumänien.

Abmessungen: Spannweite 9,85 m, Länge 11,01 m, Höhe 3,90 m, Flügelfläche 18,71 m².

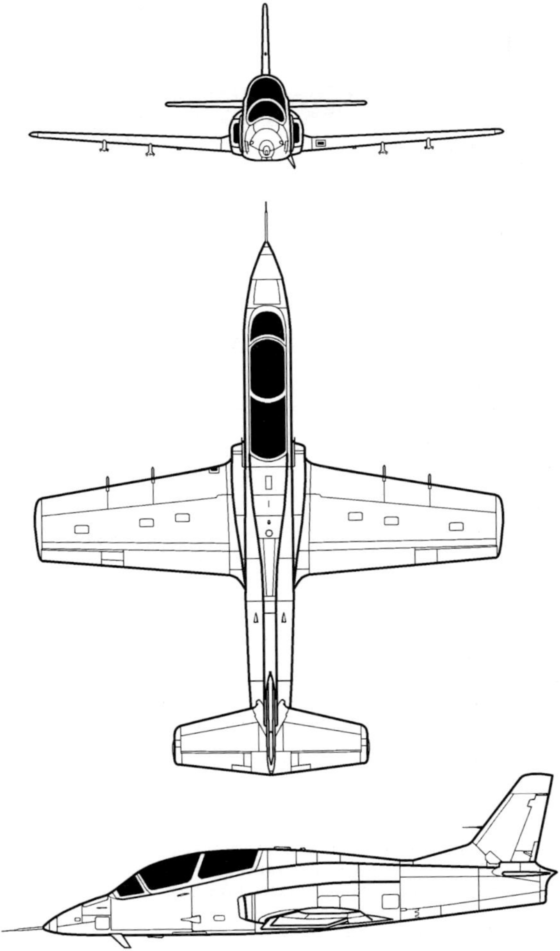

ILJUSCHIN IL-76MF

Ursprungsland: Russland.
Kategorie: Schwerer ziviler wie militärischer Mittel- und Langstreckentransporter.
Triebwerke: Vier Mantelstromtriebwerke Aviadvigatel/Perm PS-90A-76 von je rund 16000 kp (157,8 kN) Standschub.
Leistungen (geschätzt): Höchstgeschwindigkeit 850 km/h auf 10000 m; max. Reisegeschwindigkeit 800 km/h; Langstrecken-Reisegeschwindigkeit 750 km/h; Anfangssteiggeschwindigkeit 9,0 m/Sek; Dienstgipfelhöhe ca. 15500 m; Reichweite mit max. Nutzlast von 52000 kg 4500 km, mit 40000 kg 5200 km.
Gewichte: Rüstgewicht 101000 kg; max. Startgewicht 210000 kg.
Zuladung: Bis zu sechs Mann Besatzung, einschliesslich zwei Lademeister und einem Navigator. Max. Nutzlast je nach Einsatzzweck zwischen 40000 und 52000 kg.
Entwicklungsstand: Die neueste Version Il-76MF hat den Erstflug am 1. August 1995 absolviert. Die russische Luftwaffe will eine noch unbekannte Anzahl beschaffen. Bisher sind vier Maschinen im Bau. Zwei Il-76TF sind kürzlich von East Line bestellt worden. Von den früheren Varianten der Il-76 sind bisher rund 850 Maschinen hergestellt worden.
Bemerkungen: Die Il-76MF stellt eine wesentlich verbesserte Variante der Il-76 (siehe Ausgabe 1994) dar. Nebst neuen und deutlich leistungsfähigeren Mantelstromtriebwerken mit hohem Nebenstromverhältnis, wurde der Rumpf um 6,60 m verlängert. Dadurch können im um rund 30 % vergrösserten Frachtraum statt drei inskünftig vier Container geladen werden. Die max. Nutzlast steigt um rund 5000 kg. Zudem ist die Wirtschaftlichkeit wesentlich besser. Der spezifische Treibstoffverbrauch soll etwa 25 bis 30 % geringer als bei der Il-76T sein. Schliesslich ist das Cockpit so überarbeitet worden, dass die Cockpit-Besatzung reduziert werden kann. Der zivile Frachter, der IL-76 MF, wird als Il-76TF bezeichnet. Nach früher bereits fehlgeschlagenen Anläufen, soll nun doch eine Weiterentwicklung mit CFM-56-Triebwerken vorangetrieben werden. Usbekistan hat offenbar fünf Einheiten bestellt.
Hersteller: Iljuschin Design Bureau, Moskau, Russland und Chkalow Werk, Taschkent, Usbekistan.

Abmessungen: Spannweite 50,50 m, Länge 53,19 m, Höhe 14,76 m, Flügelfläche 300 m².

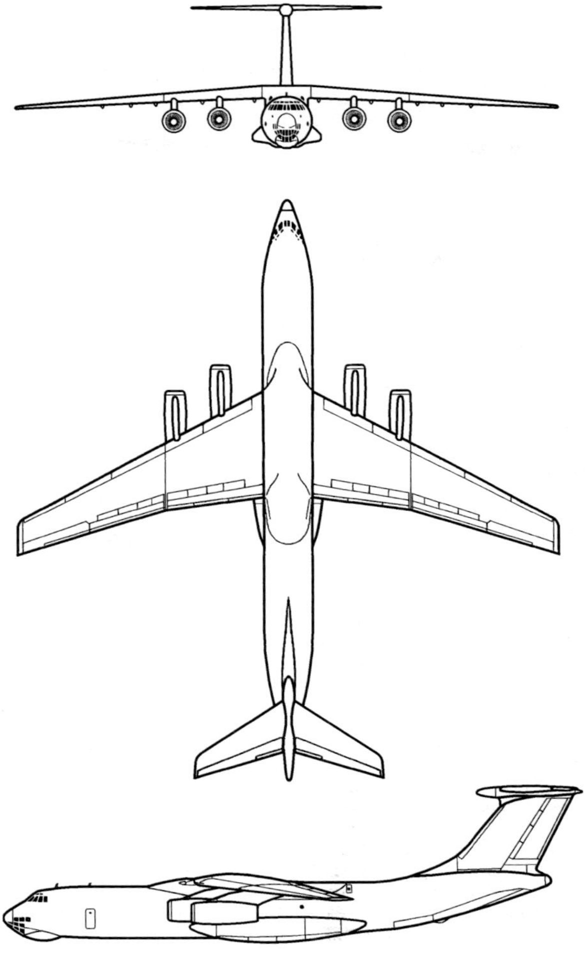

ILJUSCHIN IL-96M/IL-96T/-300

Ursprungsland: Russland.
Kategorie: Langstrecken-Verkehrsflugzeug.
Triebwerke: Vier Mantelstromtriebwerke (Il-96M) Pratt & Whitney PW2337 von je 17350 kp (170,1 kN) bzw. (Il-96-300) Aviadvigatel/Perm PS-90A von je 16000 kp (156,90 kN) Standschub.
Leistungen (Schätzung): Max. Reisegeschwindigkeit 900 km/h auf 12000 km; normale Reisegeschwindigkeit 850 bis 870 km/h auf 9000 bis 12000 m; Dienstgipfelhöhe 13100 m; Reichweite mit max. Nutzlast (Il-96-300) 7500 km, (Il-96M) 11482 km, mit 30000 kg (Il-96-300) 9000 km.
Gewichte: Rüstgewicht (Il-96-300) 117000 kg, (Il-96M) 132400 kg; max. Startgewicht (Il-96-300) 216000 kg, (Il-96M) 270000 kg.
Zuladung (Il-96-300/Il-96M): Drei/zwei Mann Cockpitbesatzung und drei verschiedene Inneneinrichtungen z.B. für 22/18 Erstklasse-, 40/44 Businessklasse- und 173/250 Zweitklassepassagiere oder in Einheitsklasse 300/375 Passagiere. Max. Nutzlast (Il-96-300) 40000 kg, (Il-96T) 92000 kg.
Entwicklungsstand: Der Prototyp der Ausführung Il-96M (Umbau der ersten Il-96-300) flog erstmals am 6. April 1993. Bisher sind von der Passagierausführung und von der davon abgeleiteten Frachtversion Il-96T (Erstflug 16. Mai 1997) rund 30 Maschinen bestellt worden. Das erste Serienflugzeug der Il-96M fliegt seit Dezember 1995. Für die Il-96-300 gingen 20 Aufträge (+ 10 Optionen) ein. Rund ein Dutzend davon sind bisher ausgeliefert worden.
Bemerkungen: Die Il-96M bzw. T (siehe Silhouette) ist eine mit westlichen Triebwerken und Rockwell-Collins-Avionik versehene Ausführung für den internationalen Markt. Der Rumpf wurde gegenüber der Il-96-300 um 9,35 m verlängert, das Seitenleitwerk dafür etwas verkleinert. Das Cockpit ist voll digitalisiert und für Zweimannbetrieb eingerichtet. Die preisgünstigere Vorgängerversion Il-96-300 bleibt weiterhin im Angebot, vorwiegend für den östlichen Markt. Von dieser Ausführung soll nun auch eine Frachtversion für bis zu 70 t Fracht gebaut werden.
Hersteller: Iljuschin Design Bureau, Moskau, Werk Woronesch, Russland.

Abmessungen (Il-96M/T): Spannweite inkl. Winglets 60,11 m, Länge 63,94 m, Höhe 15,72 m, Flügelfläche 391,6 m^2.

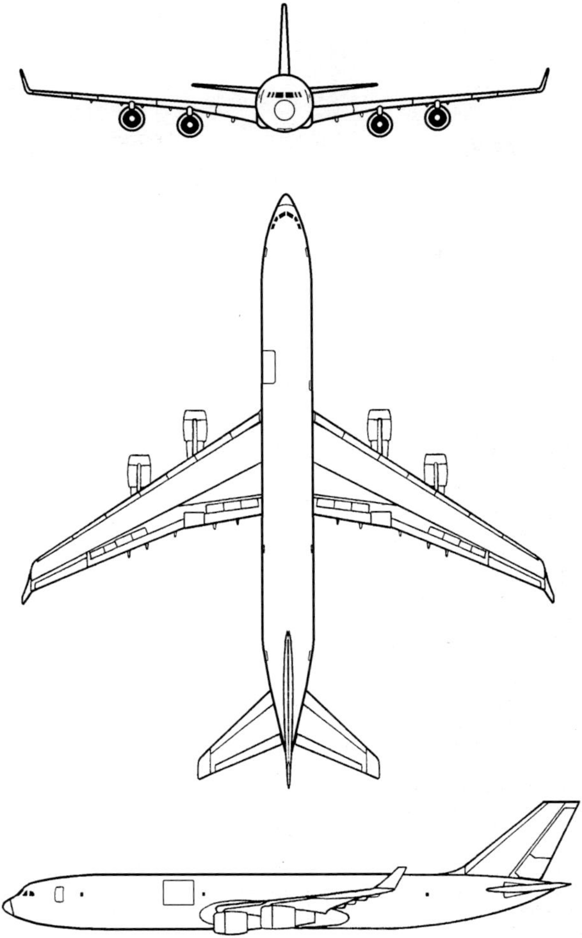

ILJUSCHIN IL-114

Ursprungsland: Russland.
Kategorie: Regionalverkehrsflugzeug und leichter Frachter.
Triebwerke: Zwei Propellerturbinen Isotow TV7-117S von je 2500 WPS (1860 kW) Leistung.
Leistungen: Max. Reisegeschwindigkeit 500 km/h auf 8150 m; Reiseflughöhe 8150 m; Reichweite mit 5400 kg Nutzlast 1000 km, mit 3000 kg Nutzlast 3250 km; max. Reichweite ohne Nutzlast 5800 km.
Gewichte: Leergewicht 13700 kg; max. Startgewicht 21000 kg, als Frachter 23500 kg.
Zuladung: Zwei Piloten und Standard-Innenausstattung für 60 Passagiere in Viererreihen mit Mittelgang; als Frachter max. Nutzlast 6500 kg.
Entwicklungsstand: Der erste von fünf Prototypen flog am 29. März 1990. Das erste Serienflugzeug wurde im Januar 1994 ausgeliefert. Zurzeit sollen mehr als zehn Exemplare fliegen. Bisher wurde aber nur die Bestellung durch die Uzbekistan Havo Yullari Airways bekannt. Ihre erste Il-114 erhielt sie im August 1998.
Bemerkungen: Die Il-114 soll hauptsächlich im Binnenluftverkehr bis 1000 km eingesetzt werden, wobei auch Flugplätze mit Graspisten anzufliegen sind. Die Zelle besteht teilweise aus Verbundwerkstoffen, hochentwickelten Aluminiumlegierungen und auch Titaniumteilen. Das Triebwerk soll einen äusserst geringen spezifischen Kraftstoffverbrauch aufweisen und zusammen mit dem neuartigen Sechsblatt-Propeller aus Verbundwerkstoff für ein sehr tiefes Lärmniveau verantwortlich sein. Auch eine Ausführung Il-114-100 mit leistungsstärkeren westlichen Triebwerken Pratt & Whitney Canada PW127F, vorwiegend für den westlichen Markt, wird angeboten (Erstflug am 26. Januar 1999). Sie weist grössere Reichweitenleistungen auf und verfügt über eine Avionik von Sextant. Die Frachtausführung (siehe Silhouette) ist auf der rechten Seite mit einem Ladetor von 3,31 m x 1,78 m ausgerüstet.
Hersteller: Iljuschin Design Bureau, Moskau, Russland und Werk Taschkent, Usbekistan.

Abmessungen: Spannweite 30,00 m, Länge 26,88 m, Höhe 9,32 m, Flügelfläche 81,90 m².

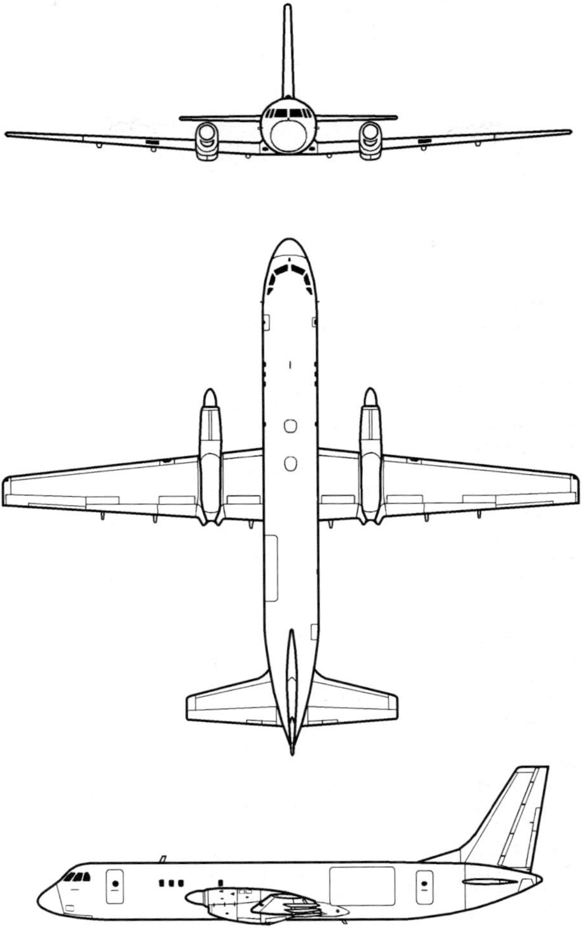

KAMAN SH-2G SUPER SEASPRITE

Ursprungsland: USA.
Kategorie: U-Bootjagd- und Mehrzweckhubschrauber für Marineeinsätze.
Triebwerke: Zwei Gasturbinen General Electric T700-GE401 von je 1723 WPS (1285 kW) Leistung.
Leistungen: Höchstgeschwindigkeit 260 km/h; Reisegeschwindigkeit 250 km/h; max. Schrägsteiggeschwindigkeit 10,5 m/Sek; Dienstgipfelhöhe 6215 m; Schwebehöhe mit Bodeneffekt 5365 m, ohne Bodeneffekt 4450 m; max. Einsatzzeit 5,3 Std; Reichweite 870 km.
Gewichte: Leergewicht 4173 kg; max. Startgewicht 6115 kg.
Zuladung: Pilot, Copilot/TACCO-Operator sowie als Transporter bis zu acht vollausgerüstete Soldaten; max. Nutzlast 2296 kg.
Bewaffnung: Antischiffs-bzw. Luft-Boden-Lenkwaffen Penguin, Maverick, Sea Skua oder Hellfire bzw. Mk.46/50 Torpedos und Mk.11 Tiefwasserbomben gegen U-Boote.
Entwicklungsstand: Die erste SH-2G mit T700-Triebwerken fliegt seit April 1985. Bisherige Besteller: Ägypten 10, Australien 11, Neuseeland 5, USN 6. Von den Ursprungsausführungen UH/SH-2A, B wurden ab 1959 190 Einheiten für die USN hergestellt. Über 100 davon baute man schliesslich in die Varianten HH/SH-2C, D, F und G um. Von der SH-2F wurden bis 1989 schliesslich noch 54 neue gebaut. Vier Einheiten erhält die polnische Marine.
Bemerkungen: Die Ausführung SH-2G ist eine Weiterentwicklung der SH-2F. Nebst den wesentlich leistungsfähigeren Triebwerken weist sie zahlreiche Systemverbesserungen auf, u.a. Litton MIL-STD 1553 Databus, AlliedSignal AQS-18-Tauchsonar, FLIR- und EMS-Systeme. Die SH-2G wird hauptsächlich auf Zerstörern und Fregatten als Bordhubschrauber für ASW-, Rettungs- und Transportaufgaben eingesetzt.
Hersteller: Kaman Aerospace Corp., Bloomfield, Connecticut, USA.

Abmessungen: Rotordurchmesser 13,41 m, Rumpflänge 12,00 m, Höhe inkl. Rotorkopf 4,09 m.

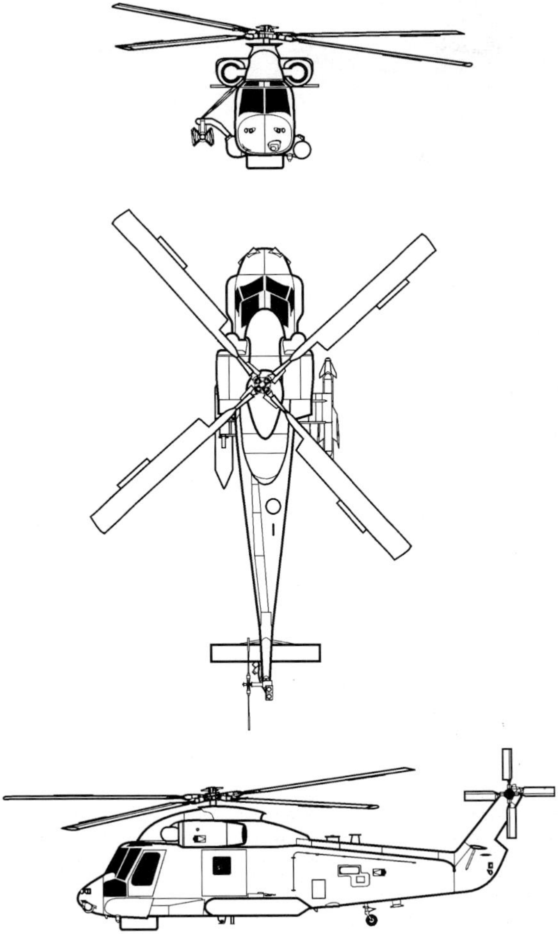

KAMAN K-MAX

Ursprungsland: USA.
Kategorie: Einsitziger Lastenhubschrauber.
Triebwerke: Eine Gasturbine Textron Lycoming T5317A-1 mit einer reduzierten Leistung von 1500 WPS (1119 kW).
Leistungen: Höchstgeschwindigkeit ohne Aussenlasten 185 km/h, mit Aussenlasten 148 km/h; Dienstgipfelhöhe 7620 m; Schwebehöhe mit Bodeneffekt und einer Nutzlast von 2268 kg und Treibstoff für 1,5 Std. 2440 m.
Gewichte: Leer 2132 kg; max. Startgewicht 5216 kg.
Zuladung: Ein Pilot und Aussenlasten ohne Bodeneffekt bis zu 2300 kg, mit Bodeneffekt 2700 kg.
Entwicklungsstand: Der erste von zwei Prototypen startete am 23. Dezember 1991 zum Erstflug. Die Auslieferungen begannen unmittelbar nach der Zulassung vom 30. August 1994. Bis Ende 2000 hat Kaman rund 30 K-Max abgeliefert.
Bemerkungen: Die K-Max ist ein aussergewöhnlicher, speziell für den Lastentransport ausgelegter Hubschrauber, insbesondere für den Transport von Baumstämmen in unwirtlichen Gegenden. Dazu ist sie sehr einfach und robust konstruiert und die Kabine besonders crash-resistent ausgelegt. Wie bei fast allen bisherigen Kaman-Konstruktionen, gelangt auch hier das Rotorsystem mit zwei gegenläufig ineinandergreifenden gelenklosen Zweiblattrotoren zur Anwendung. Damit kann auf einen Heckrotor verzichtet werden. Dank der ungewöhnlichen Kabinenauslegung geniesst der Pilot eine ausgezeichnete Aussicht nach unten. Die K-Max soll auch als Feuerwehr- bzw. Landwirtschaftshubschrauber mit einem 2500-l-Tank ausgerüstet werden können. Neu wird für einen Flugbegleiter ein zweiter Sitz ausserhalb! des Hubschraubers angeboten. Die USN erprobt die K-Max als Versorgungshubschrauber sowie für Minensucheinsätze in flachen Gewässern. Dazu rüstete man einen Erprobungsträger mit dem Magic Lantern Minen-Spürsystem auf. Für das USMC wird zudem eine als K-Max/UAV bezeichnete Drone ohne Piloten entwickelt.
Hersteller: Kaman Aerospace Corp., Bloomfield, Connecticut, USA.

Abmessungen: Rotordurchmesser je 14,70 m, Rumpflänge 15,80 m, Höhe inkl. Rotorkopf 4,14 m.

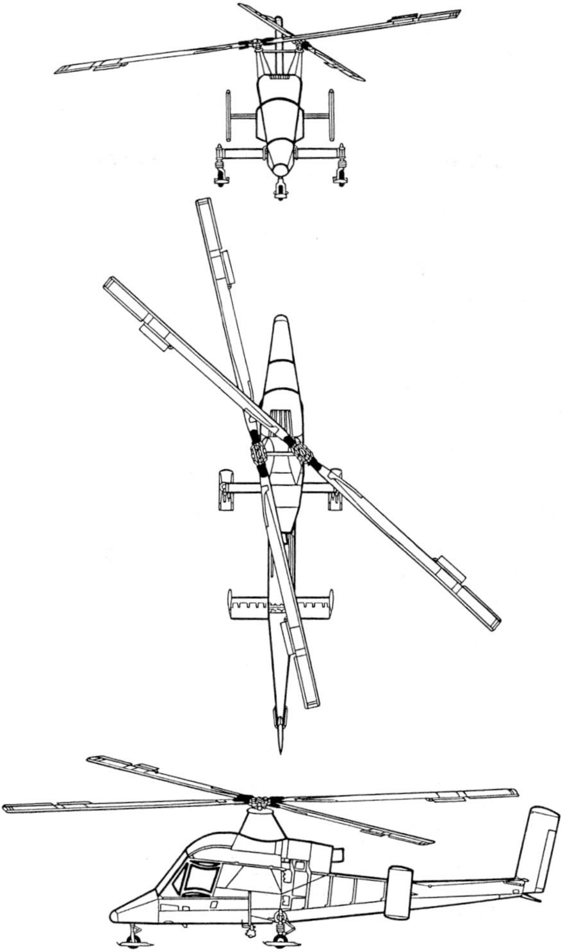

KAWASAKI T-4

Ursprungsland: Japan.
Kategorie: Zweisitziger Trainer.
Triebwerke: Zwei Mantelstromtriebwerke Jshikawajima-Harima F3-IHI-30 von je 1670 kp (16,37 kN) Standschub.
Leistungen: Höchstgeschwindigkeit bei 4700 kg 1038 km/h auf Meereshöhe, 956 km/h auf 10975 m; max. Dauergeschwindigkeit bei 5500 kg 797 km/h; Anfangssteiggeschwindigkeit bei 5500 kg 51 m/Sek; Dienstgipfelhöhe 12200 m; Reichweite ohne Zusatztanks 1297 km, mit zwei 450-l-Zusatztanks 1668 km.
Gewichte: Leer 3700 kg; max. Startgewicht 7500 kg.
Bewaffnung (als Waffentrainer): Ein 7,6-mm-MG-Behälter unter dem Rumpf und zwei Luft-Luft-Lenkwaffen AIM-9L Sidewinder an den beiden Flügelstationen oder bis zu vier 227-kg-Uebungsbomben.
Entwicklungsstand: Der erste von vier XT-4-Prototypen begann die Flugerprobung am 29. Juli 1985, gefolgt vom ersten Serienflugzeug T-4 am 28. Juni 1988. Bei einem Gesamtbedarf der japanischen Luftstreitkräfte von 200 T-4 sind bisher deren 183 beschafft worden. Im Fiskaljahr 2001 stossen voraussichtlich weitere neun dazu.
Bemerkungen: Für die Produktion der T-4 zeichnet Kawasaki als Hauptauftragnehmer verantwortlich. Mitsubishi ist Lieferant von Rumpfmittelteil und -heck, Triebwerkeinläufen und Seitenflosse und Fuji von Rumpfnase und Flügel. Die T-4 ersetzt die Fuji T-1 und die Lockheed T-33 als Schulflugzeug. Sie kann aber auch für eine Reihe anderer Missionen eingesetzt werden, wie z.B. Verbindungs- und Zielschleppaufgaben. Die T-4 ist die erste japanische Eigenentwicklung mit einheimischem Triebwerk seit 25 Jahren. Der japanischen Luftwaffe wird zurzeit eine verbesserte Version der T-4 angeboten, welche auch die Aufgaben des Fortgeschrittenentrainers Mitsubishi T-2 übernehmen könnte.
Hersteller: Kawasaki Heavy Industrie Ltd., Werk Gifu, Japan.

Abmessungen: Spannweite 9,94 m, Länge 13,00 m, Höhe 4,60 m, Flügelfläche 21,00 m².

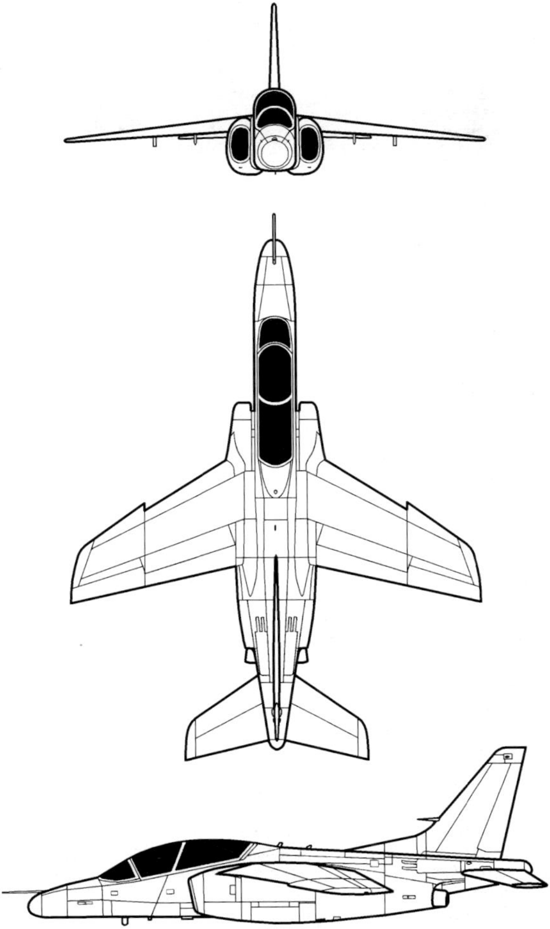

KAWASAKI OH-1

Ursprungsland: Japan.
Kategorie: Zweisitziger leichter Kampf- und Beobachtungshubschrauber.
Triebwerke: Zwei Gasturbinen Mitsubishi TS1-10 von je 888 WPS (663 kW) Leistung.
Leistungen (nach provisorischen Angaben des Herstellers): Maximalgeschwindigkeit im Horizontalflug 270 km/h; Aktionsradius ohne Aussentanks 200 km, Reichweite 550 km.
Gewichte: Leergewicht 2450 kg; max. Startgewicht rund 4000 kg.
Bewaffnung: An zwei Auslegern seitlich am Rumpf vier Kurzstrecken-Luft-Luft-Infrarot-Lenkwaffen Toshiba Type 91 sowie zwei Zusatztanks von je 160 l.
Entwicklungsstand: Der erste von sechs Prototypen (davon zwei nicht fliegende Muster zur statischen Erprobung) absolvierte den Erstflug am 6. August 1996. Die Auslieferungen begannen im Januar 2000. Die japanischen Bodenstreitkräfte haben einen Bedarf von etwa 150 OH-1 als Ersatz der Kawasaki/MDD OH-6D angemeldet, die ersten zwölf sind bestellt, 2001 soll ein Auftrag für weitere vier folgen.
Bemerkungen: Nebst Kawasaki beteiligen sich auch Fuji und Mitsubishi mit je 20 % an der Entwicklung der OH-1. Die Konzeption des ursprünglich als OH-X bezeichneten Entwurfs folgt dem heute üblichen Muster eines schlanken Tandemzweisitzers, wobei der Pilot im Frontcockpit und der Beobachter/Systemoperateur hinten sitzt. Die Zelle ist weitgehend aus Verbundwerkstoffen, das Cockpit gepanzert. Auch der gelenklose Hauptrotor ist aus Kunststoff und der Heckrotor aus Sicherheitsgründen ummantelt. Die Kampfelektronik umfasst u.a. TV, FLIR und Laser-Entfernungsmesser. Alle Systeme sind durch einen MIL-STD-1553B-Databus gesteuert. Mit dieser Ausrüstung ist die OH-1 vollständig nacht- und allwettertauglich. Die Kawasaki bewirbt sich für die Ausschreibung eines Kampfhubschraubers der japanischen Armee mit einer als AH-X bezeichneten leistungsstärkeren Weiterentwicklung der OH-1.
Hersteller: Kawasaki Heavy Industries Ltd., Tokio, Japan.

Abmessungen: Rotordurchmesser 11,60 m, Rumpflänge 12,00 m, Höhe 3,80 m.

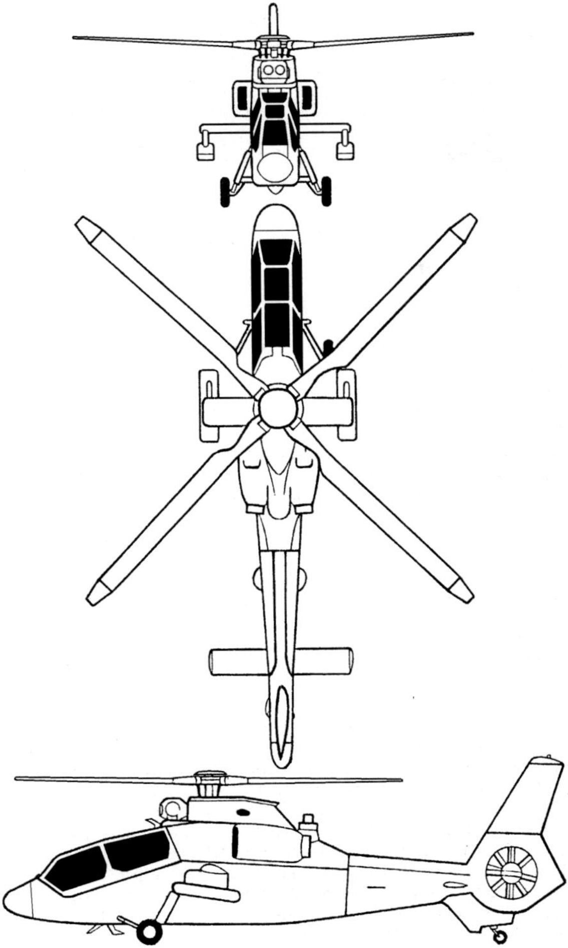

KOREA AEROSPACE INDUSTRIES (DAEWOO) KT-1 WOONG BEE

Ursprungsland: Südkorea.
Kategorie: Zweisitziger Basistrainer.
Triebwerke: Eine Propellerturbine Pratt & Whitney Canada PT6A-62 von 950 WPS (710 kW) Leistung.
Leistungen: Höchstgeschwindigkeit 650 km/h; Dienstgipfelhöhe 11580 m; max. Flugzeit 2,5 Std; Reichweite 1700 km.
Gewichte: Rüstgewicht 1818 kg; max. Startgewicht 2830 kg.
Bewaffnung: Verschiedene Waffen für Trainingseinsätze an zwei Aufhängepunkten unter den Flügeln bis max. 520 kg; (KOX) vier Aufhängestationen für Maschinengewehrbehälter, Zusatztanks und Markierraketen.
Entwicklungsstand: Der erste von vier noch als KTX-1 bezeichneten Prototypen ist seit Dezember 1991 in Flugerprobung, der letzte seit Mai 1996. Ein Vorserienmodell folgte 1998. Die koreanische Luftwaffe hat 85 Einheiten bestellt, welche ab 2000 zur Auslieferung gelangen. Indonesien beschafft voraussichtlich acht KT-1.
Bemerkungen: Die Woong Bee ist die Siegerin des einheimischen «KORINT»-Programms für einen leichten Trainer, welches 1988 initialisiert wurde. Zuerst entstand das Erprobungsmuster KTX-1, das Daewoo nun als KT-1 verfeinerte. Gegenüber den Prototypen zeichnet sich die Serienausführung durch strukturelle Verstärkungen und aerodynamische Verbesserungen an Rumpf und Flügeln aus, welche die Stabilität und die Manövrierfähigkeit optimieren. Die KT-1 verfügt über zwei Martin Baker Mk.16-Schleudersitze. Unter der Bezeichnung KOX wird eine Beobachtungsvariante (FAC, **F**orward **A**ir **C**ontrol) entwickelt, welche über eine leichte Bewaffnung verfügt. Ab 2003 will die koreanische Armee etwa 20 Einheiten beschaffen.
Hersteller: Korea Aerospace Industries (KAI), Inchon, Werk Sachon, Republik Südkorea.

Abmessungen: Spannweite 10,26 m, Länge 10,60 m, Höhe 3,40 m, Flügelfläche 15,50 m^2.

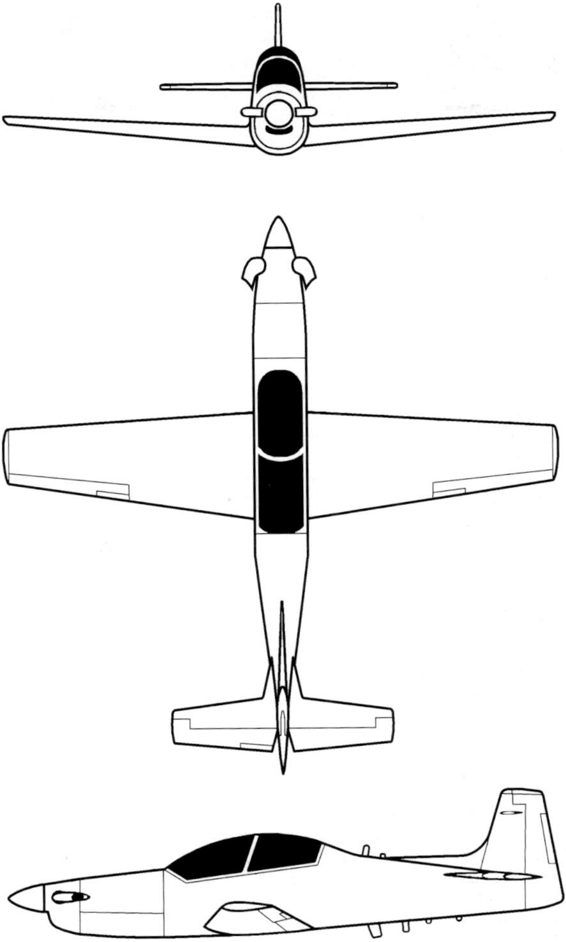

KOREA AEROSPACE INDUSTRIES/LOCKHEED T-50/A-50 GOLDEN EAGLE

Ursprungsland: Südkorea.
Kategorie: Zweisitziger Trainer und leichtes Mehrzweckkampfflugzeug.
Triebwerke: Ein Mantelstromtriebwerk General Electric F404-GE-402 von 8000 kp (78,7 kN) Standschub mit Nachverbrennung.
Leistungen (nach Angaben des Herstellers): Höchstgeschwindigkeit Mach 1,4; Anfangssteiggeschwindigkeit 165 m/Sek; Dienstgipfelhöhe 14630 m.
Gewichte: Leergewicht 6441 kg; max. Startgewicht ohne Aussenlasten 8890 kg, mit Aussenlasten 11974 kg.
Bewaffnung: Eine 20-mm-Kanone im Vorderrumpf mit Austrittsöffnung unter der linken Flügelvorderkante. An sieben Aufhängepunkten, einem unter dem Rumpf, vier unter den Flügeln und zwei an den Flügelenden Luft-Luft- bzw. Luft-Boden-Lenkwaffen sowie Bomben aller Art.
Entwicklungsstand: Der erste von vier Prototypen soll Ende 2001 oder Anfang 2002 die Flugerprobung aufnehmen. Bisher plant die koreanische Luftwaffe 47 Fortgeschrittenentrainer T-50A, 47 Jagdflugzeugtrainer T-50B und später bis zu 100 leichte Kampfflugzeuge A-50 zu beschaffen. Die Ablieferungen sollen 2005 beginnen.
Bemerkungen: Bereits 1992 begann die Samsung Aerospace, unterstützt von Lockheed Martin, mit der Entwicklung des damals als KTX-2 bezeichneten Fortgeschrittenentrainers und leichtem Kampfflugzeugs. Das amerikanische Werk zeichnet sich für die Entwicklung des Flügels, der Flugkontrollsysteme sowie für die Avionik verantwortlich. Der Rest ist Sache von Samsung bzw. später von KAI. Drei Ausführungen sind vorgesehen: Der Fortgeschrittenentrainer T-50A, der sog. Lead-in Fighter-Trainer T-50B sowie das leichte Kampfflugzeug A-50. Konstruktiv unterscheiden sich diese Ausführungen kaum voneinander, sondern nur durch ihre Ausrüstung. Alle verfügen über ein Fly-by-Wire-Steuerungssystem, Cockpitausrüstung mit HUD von Honeywell und ein APG-67-Bordradar neuester Technologie.
Hersteller: Korea Aerospace Industries (KAI), Inchon, Werk Sachon, Republik Südkorea.

Abmessungen: Spannweite inkl. Lenkwaffen an den Flügelspitzen 9,17 m, Länge 13,13 m, Höhe 4,90 m.

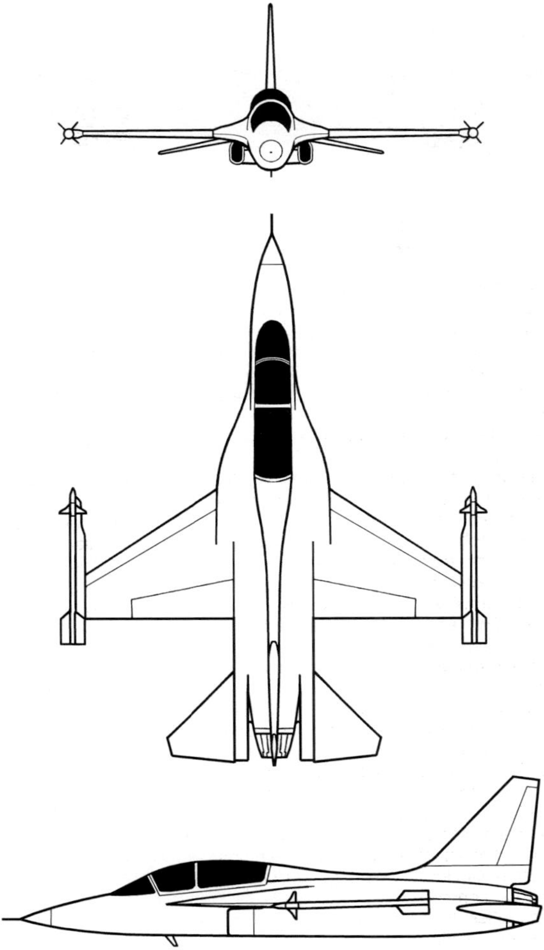

LOCKHEED C-130J HERCULES II

Ursprungsland: USA.
Kategorie: Mittelschwerer militärischer und ziviler Transporter.
Triebwerke: Vier Propellerturbinen Allison AE2100 von je 6000 WPS (4500 kW) Leistung.
Leistungen: Max. Reisegeschwindigkeit 645 km/h, norm. Reisegeschwindigkeit 556 km/h; Anfangssteiggeschwindigkeit 10,7 m/Sek; Dienstgipfelhöhe 9315 m; Reichweite mit einer Nutzlast von 21625 kg über 2600 km, mit 18144 kg 5250 km.
Gewichte: Rüstgewicht (J) 34274 kg, (J-30) 34326 kg; max. Abfluggewicht 79380 kg.
Zuladung: Zwei Piloten und eine Nutzlast von 22000 kg.
Entwicklungsstand: Das erste von fünf C-130J-Erprobungsmustern fliegt seit 5. April 1996. Bisherige Bestellungen: RAF 25 (10 C-130J/C.5 + 15 -30/C.4), RAAF 12 C-130J-30 (+ 24 Optionen), RNZAF 8 Optionen, Italien 24 C-130J/-30, USAF/USMC bisher 37 (u.a. 10 WC-130J, 8 KC-130J). Letztere haben einen Bedarf von 168 neuen C-130J. Die C-130 ist das einzige Flugzeug, das in mehreren Varianten ununterbrochen seit 43 Jahren produziert wird und zwar bisher in rund 2160 Exemplaren. Derzeit werden monatlich fast zwei Einheiten hergestellt.
Bemerkungen: Die Version C-130J ist gegenüber der bisherigen C-130H in wesentlichen Teilen überarbeitet und verbessert worden. Nebst neuen Triebwerken mit Sechsblattrotoren neuester Technologie werden ein völlig neues Zweimann-Cockpit mit vier grossen LCD-Anzeigen und einem HUD eingebaut. Weiter hat Lockheed zur Leistungserhöhung und zur Vereinfachung der Wartung das elektrische System, die Betankungsanlage sowie die gesamte Elektronik neu konzipiert. Alle diese Massnahmen führen dazu, dass bei um 17 % reduziertem Treibstoffverbrauch sowie einer um 15 % höheren Geschwindigkeit die Nutzlast-/Reichweitenleistung um nicht weniger als 61 % verbessert wird. Zudem hat man Teile der Struktur verstärkt. Die Ausführungen C-130J und C-130J-30 unterscheiden sich nur durch die unterschiedliche Rumpflänge. Lockheed entwickelt auch eine zivile Ableitung L-100J. Nebst der Heckladerampe verfügt sie zusätzlich über ein 3,55 m breites Frachttor an der rechten Rumpfvorderseite.
Hersteller: Lockheed Martin Marietta Corp., Marietta, Georgia, USA.

Abmessungen: Spannweite 40,41 m, Länge (C-130J) 29,79 m, (C-130J-30) 34,36 m, Höhe 11,71 m, Flügelfläche 162,12 m².

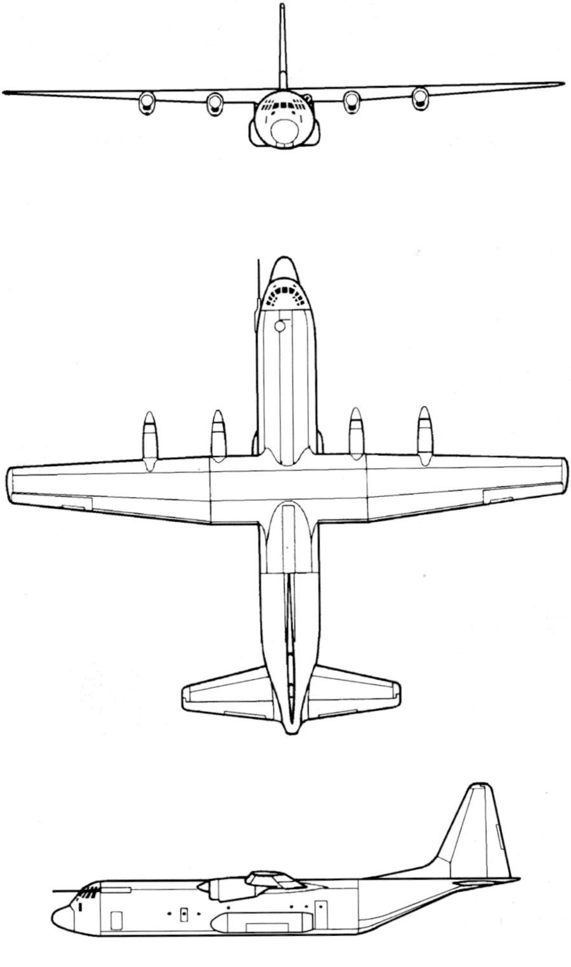

LOCKHEED F-16C/D BLOCK 50/52/60 FIGHTING FALCON

Ursprungsland: USA.
Kategorie: Einsitziger Mehrzweckjäger (F-16C) und zweisitziger operationeller Trainer (F-16D).
Triebwerke: Ein Mantelstromtriebwerk Pratt & Whitney F100-PW-229 von 8075 kp (79,2 kN) Standschub ohne und 13150 kp (129,4 kN) mit Nachbrenner bzw. General Electric F110-GE-129 von 8043 kp (78,9 kN) Standschub ohne und 13416 kp (131,6 kN) mit Nachbrenner.
Leistungen (mit F-100): Kurzzeitig erreichbare Höchstgeschwindigkeit 2145 km/h auf 12190 m (Mach 2,02), andauernde Höchstgeschwindigkeit 2007 km/h (Mach 1,89); taktischer Einsatzradius mit sechs 227-kg-Bomben 580 km; Überführungsreichweite mit Zusatztanks 3943 km.
Gewichte: Leergewicht 8273 kg; max. Startgewicht 19187 kg, (Block 60) 22680 kg.
Bewaffnung: Eine mehrläufige 20-mm-Revolverkanone M61A-1 und, als Abfangjäger, bis sechs Luft-Luft-Lenkwaffen AIM-9L/M, als Erdkämpfer bis zu 5638 kg Aussenlasten.
Entwicklungsstand: Die derzeit neueste Version F-16C Block 50/52 befindet sich seit 1991 im Einsatz. Von allen Ausführungen sind bisher 4290 Einheiten von 20 Luftwaffen neu oder gebraucht beschafft worden. Die 4000. Einheit verliess am 28. April 2000 die Montagehalle. Seit der letzten Ausgabe gingen folgende (Zusatz)aufträge für F-16C/D ein: Singapur 20 Block 52, Südkorea 20 Block 52, USAF 9 Block 50.
Bemerkungen: Gegenwärtig werden die Ausführungen der Varianten F-16C und F-16D (Blöcke 40 bzw. 50/52) abgeliefert. Letztere verfügen über verbesserte Elektronik (u.a. APG-68(V)X-Radar, Laserkreisel). Ab dem Jahr 2001 geht die Version F-16C/D (Block 60) in Produktion. Neben nochmals stärkeren Triebwerken F110-129EFE von 14270 kp (140 kN) mit Nachbrenner oder Pratt & Whitney F100-PW-229A mit etwa gleicher Leistung ist sie mit dem modernsten «Active-Array»-Radar ausgerüstet. Das Cockpit wurde verbessert und im Helm des Piloten ist ein Display eingebaut. Zur Erhöhung der Reichweite sind konforme Zusatztanks vorgesehen, welche den Luftwiderstand deutlich verringern.
Hersteller: Lockheed Martin Marietta Corp., Fort Worth Division, Fort Worth, Texas, USA.

Abmessungen: Spannweite 9,45 m, Länge 15,03 m, Höhe 5,09 m, Flügelfläche 27,87 m^2.

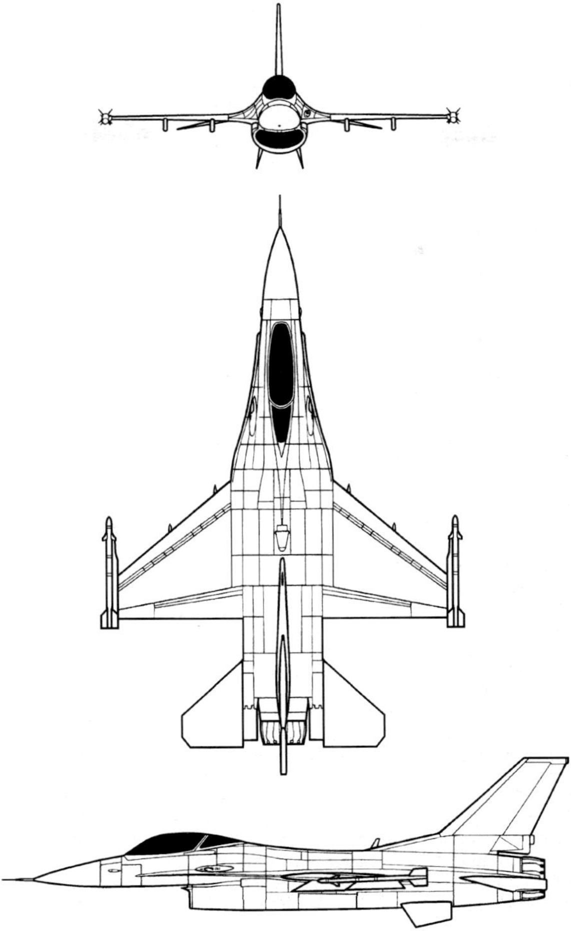

LOCKHEED/BOEING F-22 RAPTOR

Ursprungsland: USA.
Kategorie: Luftüberlegenheits- und Mehrzweckkampfflugzeug.
Triebwerke: Zwei Mantelstromtriebwerke Pratt & Whitney YF119-PW-100 von 15900 kp (156 kN) Standschub mit Nachverbrennung mit schwenkbarem Triebwerkstrahl.
Leistungen (geschätzt): Höchstgeschwindigkeit in geringer Höhe 1470 km/h (Mach 1,20) oder 1915 km/h über 10975 m (Mach 1,80); max. Dauergeschwindigkeit 1595 km/h über 10975 m (Mach 1,50); Dienstgipfelhöhe 16700+ m; Aktionsradius mit interner Treibstoffzuladung und voller Zahl Luft-Luft-Lenkwaffen 1450 km.
Gewichte: Leergewicht 14365 kg; max. Startgewicht 27216 kg.
Bewaffnung: Eine sechsläufige 20-mm-Revolverkanone und zwei Kurzstrecken-Luft-Luft-Lenkwaffen AIM-9 je in einem separaten Schacht seitlich am Rumpf sowie bis zu sechs Mittelstrecken-Luft-Luft-Lenkwaffen AIM-120 im zentralen Waffenschacht. Für Erdkampfeinsätze können darin auch spezielle 450-kg-Bomben sowie Lenkwaffen oder Zusatztanks an vier Aufhängungen unter den Flügeln mitgeführt werden.
Entwicklungsstand: Der Serienprototyp der F-22 startete am 7. September 1997 zum Erstflug. Anfang 2001 befanden sich fünf F-22 in der Flugerprobung. Mit der Einsatzbereitschaft rechnet man nicht vor 2004. Die USAF plant 348 Maschinen zu beschaffen, zehn davon sind bestellt.
Bemerkungen: Die Raptor ist auch für Tiefangriffe ausgelegt. Stealth-Eigenschaften, hohe, kaum Einschränkungen unterworfene Wendigkeit, modernste Kampf-elektronik und die Fähigkeit, ohne Nachbrenner eine Dauergeschwindigkeit von Mach 1,5 zu erzielen, machen die Raptor zum derzeit leistungsfähigsten Jagdflugzeug der Welt.
Hersteller: Lockheed Martin Marietta Corp., Marietta, Georgia und Boeing Military Airplanes, Seattle, Washington, USA.

Abmessungen: Spannweite 13,56 m, Länge 18,87 m, Höhe 5,05 m, Flügelfläche 77,1 m^2.

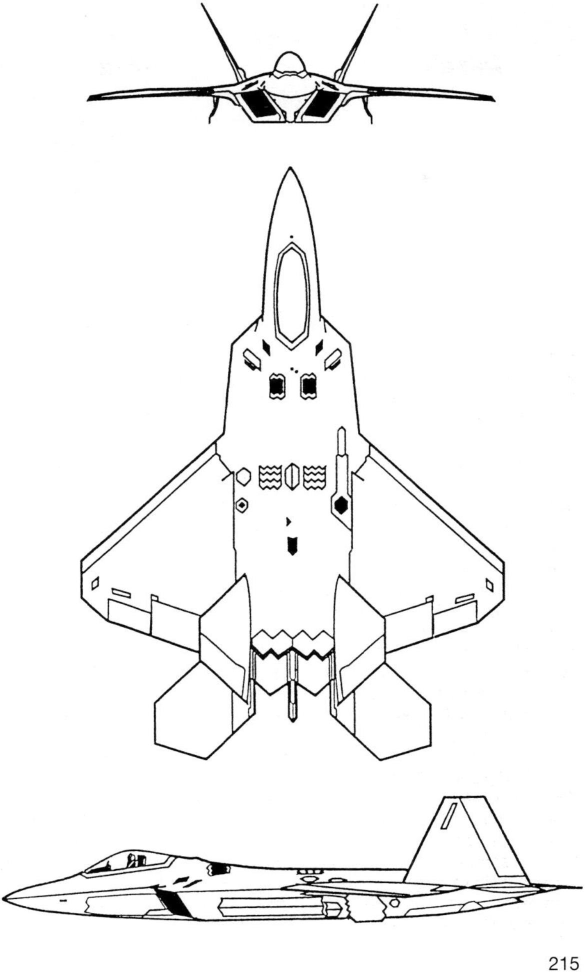

LOCKHEED MARTIN X-35 JOINT STRIKE FIGHTER

Ursprungsland: USA (Grossbritannien).
Kategorie: Erprobungsträger für ein land- sowie bordgestütztes STOVL/CTOL-Mehrzweckkampfflugzeug.
Triebwerke: Ein Mantelstromtriebwerk Pratt & Whitney SE611 (Ableitung des F119) von 11400 kp (111,20 kN) Standschub (220A und C) mit assymetrischer Austrittsöffnung, (220B) zusätzlich für den VTOL-Einsatz ein senkrecht im vorderen Rumpfdrittel angeordneter Fan. Alternativ steht auch ein Mantelstromtriebwerk General Electric YF-120-FX mit etwa gleichen Leistungen und Auslegung zur Verfügung.
Leistungen: Noch keine Angaben erhältlich.
Gewichte: Leergewicht zwischen 11033 bis 13536 kg.
Bewaffnung: Eine 27 mm-Mauserkanone BK-27 Kanone und ca. 7000 kg Waffen.
Entwicklungsstand: Der erste Erprobungsträger X-35A startete am 24. Oktober 2000 zum Erstflug, der zweite X-35C folgte am 16. Dezember 2000. Vom Gewinner der Ausscheidung wollen USAF 1763, USN 480 und USMC 609 Maschinen der verschiedensten Versionen, RAF/RN etwa 150 Einheiten beschaffen.
Bemerkungen: Zusammen mit der Boeing X-32 (siehe Seiten 94/95) beteiligt sich die X-35 am JSF-Wettbewerb. Drei Konfigurationen sind vorgesehen, die konstruktiv aber zu etwa 90 % gleich sind: Die Landversion (CTOVL) 220A (X-35A) für die USAF; die 220B X-35B für das USMC und die RAF/RN mit Kurzstart- bzw. Senkrechtlandeeigenschaften (STOVL); die 220C (X-35C) für die USN für Flugzeugträgereinsatz (CV). Allen gemeinsam sind der Flügel, die Seitenleitwerke und das Höhenleitwerk (bei der 220C mit jeweils grösserer Fläche). Bei der STOVL-Version ist das Triebwerk mit einem durch eine Gelenkwelle verbundenen Fan ausgerüstet, mit Einlassöffnung oben und Austrittsdüse unten am vorderen Teil des Rumpfs. Das Cockpit neuester Technologie weist hochauflösende Bildschirme auf. Viele Funktionen lassen sich durch Sprachbefehle oder via Pilotenhelm-Display steuern.
Hersteller: Lockheed Martin, Werk Fort Worth, Texas, USA.

Abmessungen: Spannweite (CTOVL, STOVL) 10,70 m, (CV) 13,10 m, Länge 15,47 m, Flügelfläche (CTOVL, STOVL) 42,70 m^2 (CV) 57,60 m^2.

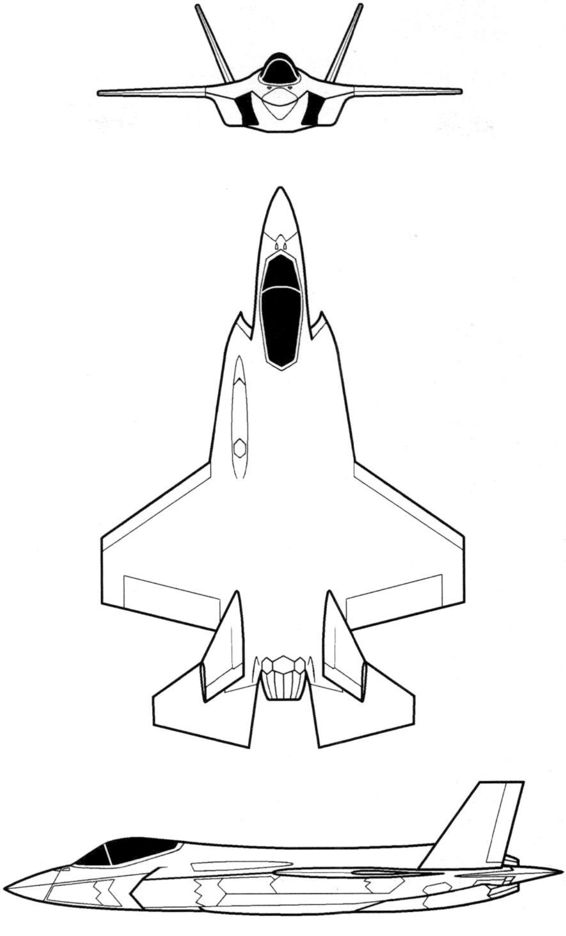

LOCKHEED MARTIN ARGENTINA IA 63 PAMPA NG

Ursprungsland: Argentinien (USA).
Kategorie: Zweisitziger Basis- und Fortgeschrittenentrainer.
Triebwerke: Ein Mantelstromtriebwerk Honeywell (Pampa NG A) TFE731-2-2N von 1590 kp (15,57 kN) bzw. (Pampa NG B) TFE731-40R von 1930 kp (18,9 kN) Standschub.
Leistungen: Höchstgeschwindigkeit 825 km/h auf Meereshöhe; Anfangssteiggeschwindigkeit 32 m/Sek; Dienstgipfelhöhe 12900 m; taktischer Einsatzradius mit einer Waffenlast von 477 kg 481 km; Reichweite ohne Zusatztanks 1342 km, mit Zusatztanks 2018 km.
Gewichte: Leergewicht 2980 kg; max. Startgewicht ohne Aussenlasten 4232 kg, mit Aussenlasten 6000 kg.
Bewaffnung (Pampa NG B): An einer Station unter dem Rumpf und sechs unter den Flügeln Waffen aller Art bis zu einem Gewicht von 1730 kg.
Entwicklungsstand: Die ursprüngliche IA 63 Pampa (siehe Foto) nahm die Flugerprobung am 6. Oktober 1984 auf (siehe letztmals Ausgabe 1991/92). Nur rund 20 Einheiten statt der erwarteten 65 erhielt die argentinische Luftwaffe zwischen 1987 und ca. 1990. 2001 wird die Produktion der Weiterentwicklung Pampa NG A aufgenommen, um einen Folgeauftrag für 12 Einheiten zu erfüllen.
Bemerkungen: Die Pampa ist aus einer Gemeinschaftsproduktion zwischen den damaligen Dornier-Werken und dem staatlichen argentinischen Flugzeughersteller FMA entstanden. Es handelt sich um eine bewusst einfach gehaltene, konventionelle Konstruktion vollständig aus Aluminium. Die Pampa NG A unterscheidet sich vom Ausgangsmuster vorwiegend durch eine aufdatierte Avionik. Der leichte Erdkämpfer NG B weist ein stärkeres Triebwerk auf und verfügt über ein Waffenmanagement-System. Zudem ist die Zellenstruktur punktuell verstärkt. Für diese Ausführung gibt es noch keine Aufträge.
Hersteller: Lockheed Martin Argentina SA., Cordoba, Argentinien.

Abmessungen: Spannweite 9,69 m, Länge 10,90 m, Höhe 4,29 m, Flügelfläche 15,63 m^2.

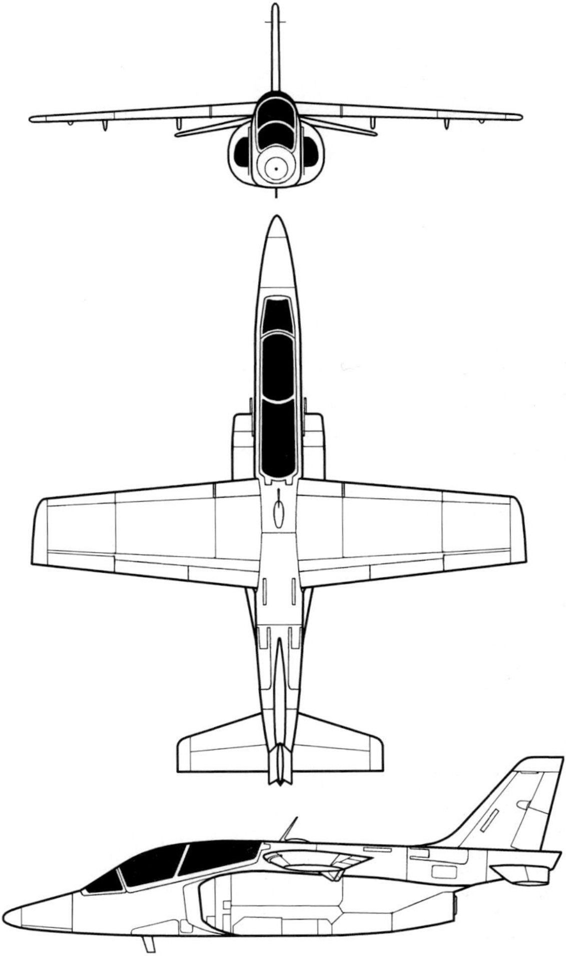

MD HELICOPTERS MD 600N

Ursprungsland: USA (Niederlande).
Kategorie: Leichter Mehrzweckhubschrauber.
Triebwerke: Eine Gasturbine Allison 250-C47 mit einer auf 600 WPS (447 kW) reduzierten Leistung.
Leistungen: Höchstgeschwindigkeit auf Meereshöhe 282 km/h; max. Reisegeschwindigkeit auf 1525 m 248 km/h; Schrägsteiggeschwindigkeit 8,64 m/Sek; Dienstgipfelhöhe 6100 m; Schwebehöhe mit Bodeneffekt 3505 m, ohne Bodeneffekt 2073 m; max. Flugdauer 3 Std. 40 Min; Reichweite auf 1524 m 703 km.
Gewichte: Leergewicht 952 kg; normales Startgewicht 1860 kg, max. mit Aussenlasten 2131 kg.
Zuladung: Sieben bis acht Personen inkl. Piloten; max. Nutzlast innen 907 kg, aussen 1225 kg.
Entwicklungsstand: Der noch als MD 630N bezeichnete Prototyp flog am 22. November 1994. Die Zulassung erfolgte am 15. Mai 1997. Bei einem Auftragsvolumen von über 100 Exemplaren sind bisher über 60 MD 600N ausgeliefert worden. Die Jahresproduktion soll auf etwa 50 Einheiten gesteigert werden. Als vorläufig grösster Einzelbesteller hat die US Einwanderungsbehörde 18 Exemplare fest in Auftrag gegeben (+ 27 Optionen).
Bemerkungen: Die MD 600N ist eine um 75 cm verlängerte und leistungsfähigere Ausführung der MD 520N (siehe Ausgabe 2000) und deckt im Angebot die Lücke zwischen letzterer und der MD 902 Explorer ab (siehe Seiten 222/223). Wie die beiden anderen Modelle ist die MD 600 mit dem NOTAR-System ausgerüstet. Sie tritt in direkter Konkurrenz zur Bell 206L Long Ranger an, soll diese aber bezüglich Leistungen und Wirtschaftlichkeit überbieten. Der Basispreis beträgt US$ 1,2 Mio. Das Triebwerk verfügt über ein FADEC-System. Die Maschinen der US Einwanderungsbehörde sind u.a. mit FLIR-Nachtsichtgerät, diversen Sensoren und Data-Link ausgerüstet. Dank Zusatztanks haben sie eine Einsatzdauer von bis zu fünf Stunden. Eine Ausführung mit Schwimmern ist ebenfalls erhältlich.
Hersteller: MD Helicopters, Tochtergesellschaft von RDM, Niederlande, Werk Mesa, Arizona, USA.

Abmessungen: Rotordurchmesser 8,38 m, Rumpflänge 9,30 m, Höhe inkl. Rotorkopf 2,90 m.

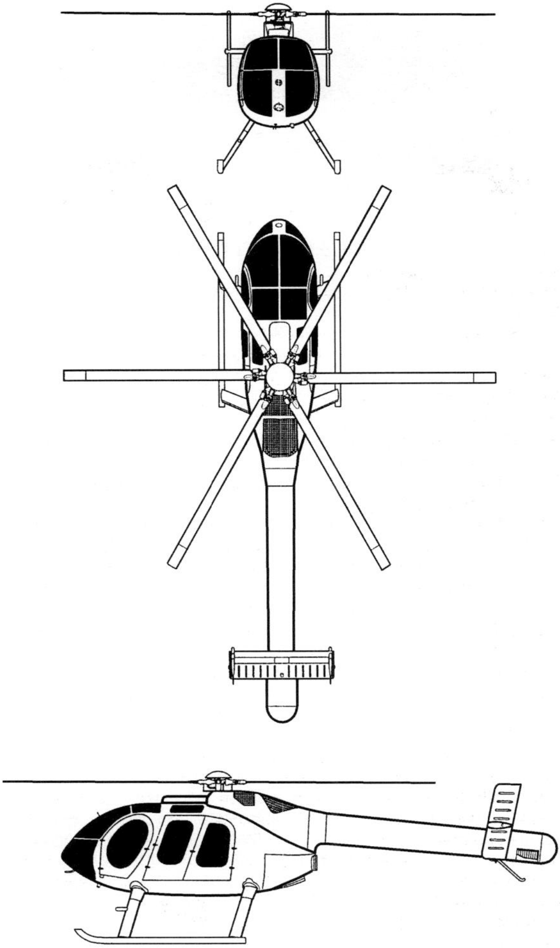

MD HELICOPTERS MD 902 EXPLORER

Ursprungsland: USA (Niederlande).
Kategorie: Mehrzweckhubschrauber.
Triebwerke: Zwei Gasturbinen Pratt & Whitney Canada PW207E von je 730 WPS (530 kW) oder Turboméca Arrius-2C von je 605 WPS (451 kW) Leistung.
Leistungen: Höchstgeschwindigkeit 296 km/h; max. Reisegeschwindigkeit 259 km/h auf Meereshöhe; max. Schrägsteiggeschwindigkeit 14,2 m/Sek; Dienstgipfelhöhe 5638 m; Schwebehöhe mit Bodeneffekt 3350 m, ohne Bodeneffekt 2970 m; Reichweite bis 580 km.
Gewichte: Leer 1458 kg; normales Startgewicht 2950 kg, max. mit Aussenlasten 3080 kg.
Zuladung: Acht bis zehn Personen inkl. Piloten; max. Nutzlast 1400 kg.
Entwicklungsstand: Die neueste Version MD 902 fliegt seit 5. September 1997; erste Ablieferungen an Kunden Mitte 1998. Nach Herstellung von 30 MD 900, u.a. für das ADAC, die belgische Gendarmerie und die britische Police Aviation Services, wurde die Produktion auf die MD 902 umgestellt. Derzeitiger Auftragsbestand über 100 Einheiten. Neueste Besteller u.a.: Polizei Baden-Würtemberg 3, niederländische Polizei 8.
Bemerkungen: Die MD 902 übernimmt die erstmals bei der MD 520N (siehe Ausgabe 2000) angewandte NOTAR-Technologie. Ein wesentliches Merkmal der Explorer ist auch der gelenklose Fünfblattrotor aus Verbundwerkstoffen. Die komplette Ausstattung umfasst u.a. EFIS, Wetterradar, GPS, digitales Triebwerkmanagement- und Flugkontrollsystem (FADEC). Die Explorer ist sowohl mit Radfahrwerk als auch mit Kufen erhältlich. Mehrere Betreiber haben eine speziell ausgerüstete Rettungsversion im Einsatz. Der Kaufpreis beträgt rund US$ 3,1 Mio. Seit Anfang 2000 gelangt das PW207E-Triebwerk in Einbau, welches besonders die Flugleistungen im Einmotorenflug sowie in heissen Klimaregionen verbessert. Die MD 902 der mexikanischen Marine können mit Maschinengewehrbehältern und ungelenkten Raketen bewaffnet werden.
Hersteller: MD Helicopters, Tochtergesellschaft der RDM, Niederlande, Werk Mesa, Arizona, USA.

Abmessungen: Rotordurchmesser 10,31 m, Rumpflänge 9,85 m, Höhe inkl. Rotorkopf 3,66 m.

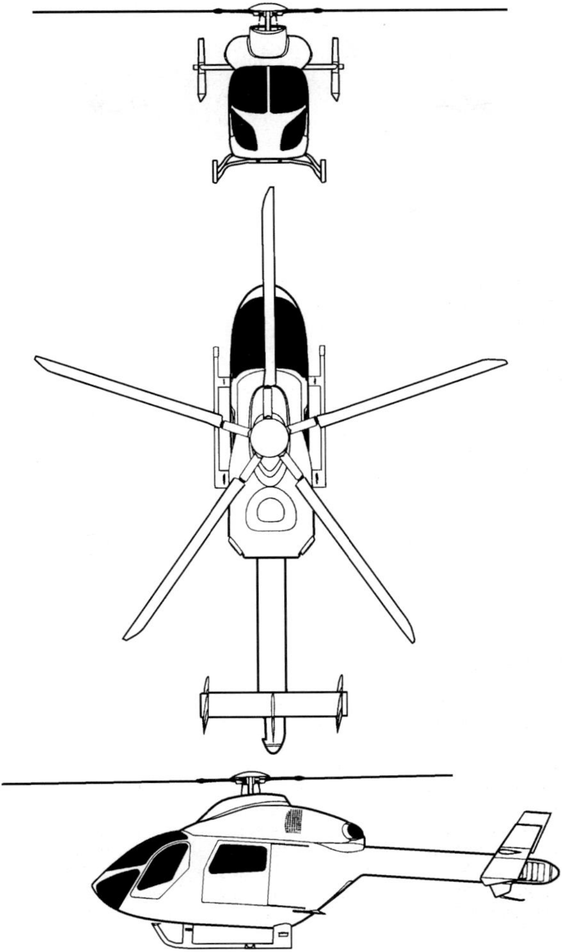

MIKOJAN MIG-29SMT

Ursprungsland: Russland.
Kategorie: Einsitziges (MiG-29SMT) oder doppelsitziges (MiG-29UBT) Mehrzweckkampfflugzeug.
Triebwerke: Zwei Mantelstromtriebwerke Leningrad/Klimow RD-33 von je 8260 kp (81,4 kN) Standschub mit Nachbrenner.
Leistungen: Höchstgeschwindigkeit mit vier Luft-Luft-Lenkwaffen 2445 km/h auf 11000 m (Mach 2,3) oder 1500 km/h auf Meereshöhe (Mach 1,3); max. Anfangssteiggeschwindigkeit 330 m/Sek; Dienstgipfelhöhe 17000 m; Einsatzradius (Abfangmission mit 1500-l-Zusatztanks und vier Luft-Luft-Lenkwaffen) 1015 km; max. Reichweite mit drei Zusatztanks 3500 km.
Gewichte: Leergewicht 10900 kg; max. Startgewicht 19700 kg.
Bewaffnung: Eine 30-mm-Revolverkanone GSh-301 und eine maximale Waffenlast von 4000 kg an zehn Aussenstationen, u.a. aktiv-gelenkte Luft-Luft-, Luft-Boden- und Anti-Radar-Lenkwaffen.
Entwicklungsstand: Die Umbauversion MiG-29SMT fliegt seit 20. April 1998. 300 ältere Versionen der russischen Luftwaffe sollen entsprechend umgebaut werden. Rund 1200 MiG-29 aller Versionen sind für etwa 28 Luftwaffen gebaut worden. Die Produktion läuft in begrenzter Zahl weiter. Jüngste Bestellungen: Indien 46 MiG-29K, Syrien 14.
Bemerkungen: Merkmale dieser Ausführung sind: Neues Kampfradar N-019, Head-up-Display, MIL-STD-1553 Databus sowie Glascockpit mit HOTAS-Steuerung. Dank eines Zusatztanks von 1600 l in einem hinter dem Cockpit verlängerten Konus sind Reichweiten bis zu 3500 km möglich. Die MiG-29SMT ist auch für Luftbetankungen eingerichtet. Eventuell werden später stärkere Triebwerke RD-333 mit Schubvektorsteuerung eingebaut. Von der -SMT gibt es auch eine zweisitzige Variante MiG-29UBT, welche ebenfalls voll kampfeinsatztauglich ist. Bei den durch die indische Marine beschafften 46 Maschinen handelt es sich um die Trägerversion MiG-29K, ausgerüstet mit Faltflügeln, verstärktem Fahrwerk und weiteren Anpassungen an die vorgesehenen Aufgaben. Die Avionik soll in etwa jener der MiG-29SMT entsprechen.
Hersteller: MiG, Moskovskii Mashinostroitelnyy Zavod Imieni A.I. Mikoyana und MAPO, Moskau, Russland.

Abmessungen: Spannweite 11,36 m, Länge 17,32 m, Höhe 4,73 m, Flügelfläche 38,00 m^2.

MIKOJAN MiG-AT

Ursprungsland: Russland.
Kategorie: Zweisitziger Fortgeschrittenentrainer.
Triebwerke: Zwei Mantelstromtriebwerke Turboméca-SNECMA Lazarc 04-R20 von je 1437 kp (14,10 kN) Standschub.
Leistungen: Höchstgeschwindigkeit 850 km/h auf Meereshöhe, auf 2500 m 1000 km/h; Anfangssteiggeschwindigkeit 67 m/Sek; Dienstgipfelhöhe 15500 m; Überführungsreichweite 2600 km.
Gewichte: Leergewicht mind. 3300 kg; normales Startgewicht 4610 kg, maximal 7000 kg.
Bewaffnung: Die Serienmaschinen sollen über sieben Aufhängepunkte für 2000 kg Waffen aller Art an Rumpf und Flügeln verfügen; (ATS) Kombination von Luft-Luft-Lenkwaffen und Präzisionsbomben.
Entwicklungsstand: Zwei Prototypen wurden gebaut, je einer mit französischer (Bezeichnung -F) bzw. russischer Elektronik (-R). Der erste nahm die Flugerprobung am 21. März 1996 auf. Angeblich sollen weitere sechs Vorserienmaschinen bereits gebaut sein. Die russische Luftwaffe benötigt als Ersatz der L-39 bis zu 1000 Einheiten, die ersten zehn wurden bestellt. Zwei weitere erhält Bulgarien.
Bemerkungen: Die MiG-AT wird in enger Zusammenarbeit mit französischen Firmen entwickelt. So stammt das Triebwerk aus Frankreich, wird aber in Russland in Lizenz hergestellt werden. Auch die Sextant-Avionik steuert die französische Seite bei. Der Flügel aus Verbundwerkstoffen soll in Südkorea hergestellt werden. Das Flugzeug ist in der Lage, die genau gleichen Manöver wie die Einsatzmuster MiG-29 und Su-27 auszuführen und wurde deshalb für Belastungen von bis zu +8g bzw. -3g ausgelegt. MiG entwickelte die einsitzige Erdkampfversion ATS. Dieses erstmals im Oktober 1997 geflogene Modell verfügt anstelle der Lazarc- über Klimow RD-1700-Mantelstromtriebwerke von je 1700 kp (16,7 kN) Leistung und russische Avionik, u.a. dem Phazotron Moskit-Leichtgewichtsradar. Dieser Triebwerkstyp soll auch in den Serienmaschinen der Trainingsausführung AT eingebaut werden.
Hersteller: MiG, Moskovskii Mashinostroitelnyy Zavod Imieni A.I. Mikoyana, Moskau, Russland.

Abmessungen: Spannweite 10,16 m, Länge 12,01 m, Höhe 4,42 m, Flügelfläche 17,67 m^2.

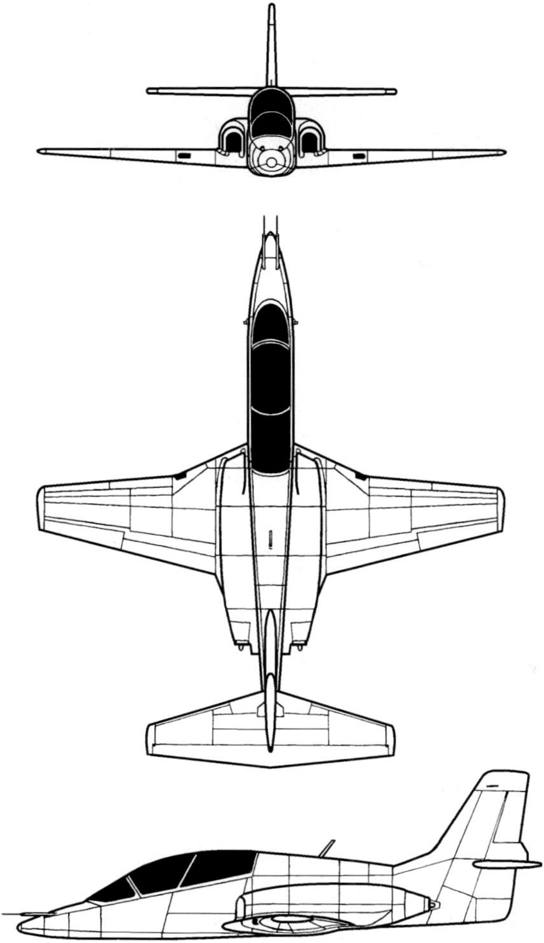

MIKOJAN MIG 1.44

Ursprungsland: Russland.
Kategorie: Erprobungsträger für ein Mehrzweckkampfflugzeug der 5. Generation.
Triebwerke: Zwei Mantelstromtriebwerke Lyulka-Saturn AL-41F von je rund 17800 kp (175 kN) Standschub einschliesslich Nachverbrennung.
Leistungen (sehr provisorische Angaben): Höchstgeschwindigkeit 2500 km/h; max. Reisegeschwindigkeit ohne Nachbrenner 1700 km/h; Reichweite mit Überschallgeschwindigkeit 2500 km, Unterschall 4500 km.
Gewichte (sehr provisorische Angaben): Normales Startgewicht 28000 kg; maximales Startgewicht 35000 kg.
Bewaffnung: In einem internen Waffenschaft sowie an zwei Flügelstationen sollen Waffen unterschiedlichster Art mitgeführt werden können.
Entwicklungsstand: Über die Existenz eines Prototyps MiG 1.44 wusste man schon lange Bescheid. Vermutlich wurde er bereits Ende 1994 fertig erstellt. Der Öffentlichkeit stellte man das Muster aber erst im Januar 1999 vor. Die Flugerprobung begann am 29. Februar 2000. Nach heutigem Kenntnisstand ist nicht davon auszugehen, dass die MiG 1.42/1.44 in die Serienfertigung geht. Sie wird vielmehr als Erprobungsträger für die Entwicklung eines kleineren, kostengünstigeren Musters dienen.
Bemerkungen: Mit der MiG 1.42/1.44 wollte die damalige Sowjetunion ein Gegenstück zur amerikanischen F-22 (siehe Seiten 214/215) bauen. Der Programmstart war bereits Mitte der achtziger Jahre. Wegen fehlender Finanzmittel verzögerte sich die Fertigstellung immer wieder. Die Silhouette dieses grossen Deltaflugzeugs ist recht ungewöhnlich und soll gute Stealth-Eigenschaften ermöglichen. Der Vorderflügel ist vollständig beweglich. Zur besseren Kurventauglichkeit sind die ALF-41-Triebwerke mit Vektorsteuerung versehen. Die Konstruktion besteht grösstenteils aus Verbundwerkstoffen.
Hersteller: MiG, Moskovskii Mashinostroitelnyy Zavod Imieni A.I. Mikoyana und MAPO, Moskau, Russland.

Abmessungen (sehr provisorische Angaben): Spannweite 16,30 m, Länge 21,70 m, Höhe 6,00 m.

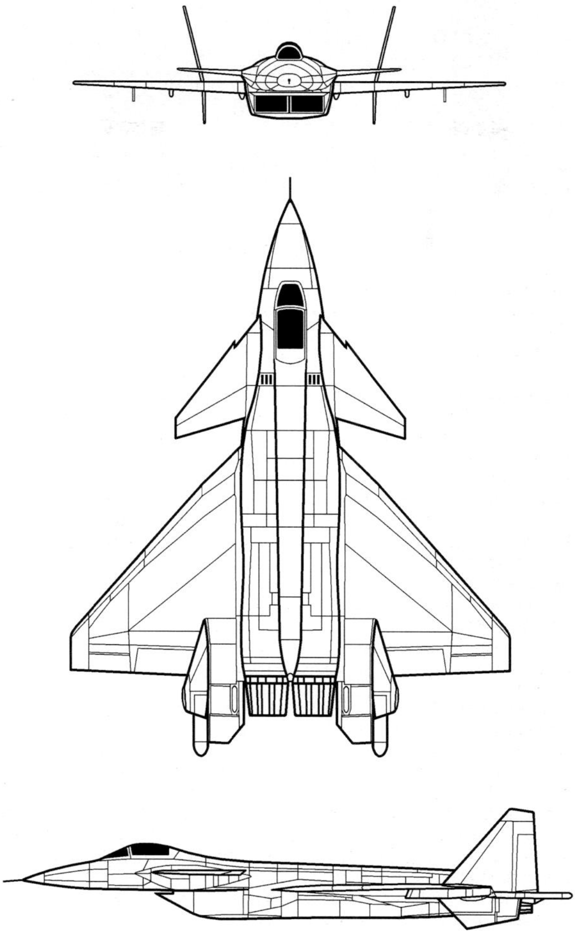

MIL/KAZAN MI-17M/MD

Ursprungsland: Russland.
Kategorie: Mittelschwerer militärischer und ziviler Mehrzweckhubschrauber.
Triebwerke: Zwei Gasturbinen Klimow TV3-117VM von je 2200 WPS (1620 kW) Leistung.
Leistungen: Höchstgeschwindigkeit in 1000 m 250 km/h; bei max. Startgewicht 230 km/h; Reisegeschwindigkeit 220 km/h; Dienstgipfelhöhe 6000 m; Schwebehöhe mit Bodeneffekt 4000 m, ohne Bodeneffekt 1760 m; Reichweite mit normaler Zuladung 500 km, mit vier externen Zusatztanks bis zu 1600 km.
Gewichte: Rüstgewicht 7100 kg; normales Startgewicht 11000 kg, maximal 13000 kg.
Zuladung: Zwei Piloten im Cockpit und bis zu 36 Soldaten bzw. 40 Passagiere; max. Nutzlast intern 4000 kg, extern 5000 kg.
Entwicklungsstand: Ein Prototyp der Version MD fliegt seit 1995. Die Mi-17 in ihren mehreren Ausführungen erfreut sich weiterhin grosser Nachfrage. So sind 2000 folgende (Nach)-Bestellungen eingegangen: Indien 40, Indonesien 4, Iran 5, Kenya 5.
Bemerkungen: Als vorläufig letzte Ausführung dieses in über 11000 Stück hergestellten Hubschraubers wird die Mi-17MD vom Werk Kazan angeboten. Äusserlich unterscheidet sie sich durch eine neue Buggestaltung mit Farb-Wetterradar. Weitere Merkmale: Notschwimmausrüstung mit aufblasbaren Ballonen, grössere Schiebetüren auf beiden Seiten, mechanische Frachttransportausrüstung im Heck, Platz für vier zusätzliche Passagiere. Als Option kann zusätzlich eine Rettungswinde mit einer Tragkraft von 300 kg installiert werden. Für den westlichen Markt ist die Mi-17KF vorgesehen, ausgerüstet mit Honeywell EDZ-756-Avionik, EFIS, Marconi Dopper-Navigations-System, GPS usw. Die westliche Elektronik wird von der kanadischen Kelowna Flight Craft eingebaut (Erstflug 8. August 1997).
Hersteller: Mil/Kazan Helicopters, Moskau/Kazan, Russland.

Abmessungen: Rotordurchmesser 21,29 m, Rumpflänge ohne rotierenden Heckrotor 18,50 m Höhe inkl. Rotorkopf 4,75 m.

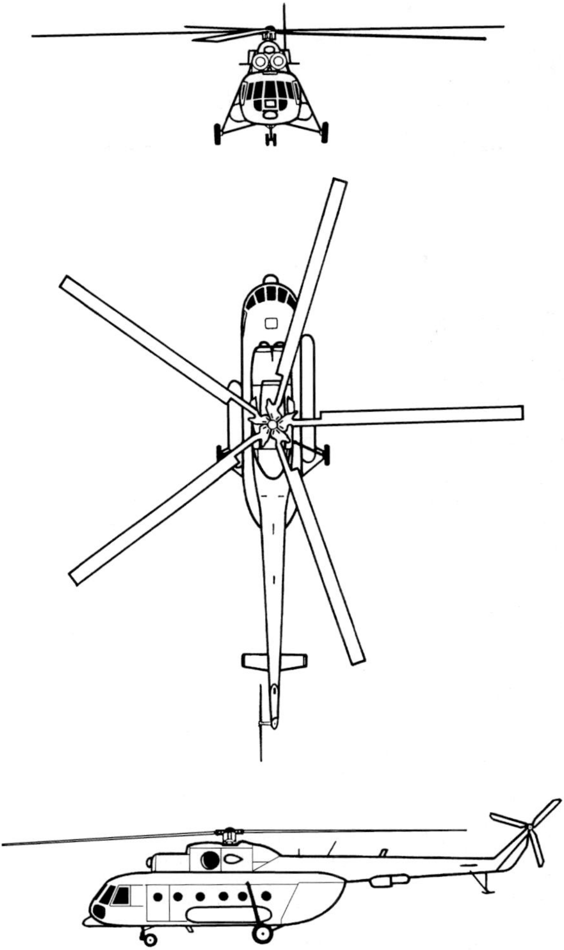

MITSUBISHI F-2

Ursprungsland: Japan (USA).
Kategorie: (F-2A) Einsitziger bzw. (F-2B) doppelsitziger Mehrzweckjäger.
Triebwerke: Ein Mantelstromtriebwerk General Electric F110-GE-129 von 7711 kp (75,5 kN) Standschub ohne und 13880 kp (131,7 kN) mit Nachverbrennung.
Leistungen (Schätzungen): Höchstgeschwindigkeit in grossen Höhen Mach 2,0, in Bodennähe mehr als Mach 1,0; Einsatzradius mit Antischiffs-Lenkwaffen > 830 km.
Gewichte: Leergewicht 9527 kg; max. Startgewicht rund 22000 kg.
Bewaffnung: Die max. Waffenlast soll 9000 kg betragen, u.a. die japanischen Eigenentwicklungen Mitsubishi AAM-3-Luft-Luft- sowie die XASM-2-Anti-Schiffs-Lenkwaffen.
Entwicklungsstand: Erstflug des ersten von vier Prototypen FS-X am 7. Oktober 1995, des letzten am 24. Mai 1996. Die Ablieferungen an die japanischen Luftstreitkräfte begannen im September 2000. Bisher sind 45 Einheiten bestellt und etwa 15 abgeliefert. Die erste Staffel wird im Jahr 2001 einsatzbereit sein. Insgesamt werden 130 F-2 (einschliesslich 47 Doppelsitzer) beschafft.
Bemerkungen: Die F-2 ist von der Lockheed F-16 abgeleitet (siehe Seiten 212/213). Im Laufe der Entwicklung hat sie sich technisch vom Ausgangsmuster immer weiter entfernt, so dass heute fast von einem vollständig neu entwickelten Typ gesprochen werden kann. Vorderrumpf und Heck sind leicht länger und der Flügel aus Kunststoff ist eine völlige Neuentwicklung. In amerikanisch-japanischer Zusammenarbeit wurde auch ein neuartiges Mehrzweck-Bordradar mit Aktiv-Steuerung und einer Reichweite bis zu 190 km konstruiert, welches gleichzeitig zehn Ziele verfolgen kann. Die übrige Elektronik stammt vollständig aus japanischer Entwicklung, wie das Weitwinkel-Head-up-Display, die fünf Flüssigkristallanzeigen im Cockpit sowie ein umfangreiches integriertes System für die elektronische Kampfführung. Diverse Teile des Rumpfes sind mit radarabsorbierendem Material ausgestattet. Derzeit prüft Mitsubishi die Entwicklung einer reinen Jagdversion mit umfangreicherer Waffenelektronik.
Hersteller: Mitsubishi Heavy Industries Ltd., Werk Nagoya, Japan.

Abmessungen: Spannweite 11,13 m, Länge 15,52 m, Höhe 4,96 m, Flügelfläche 34,84 m^2.

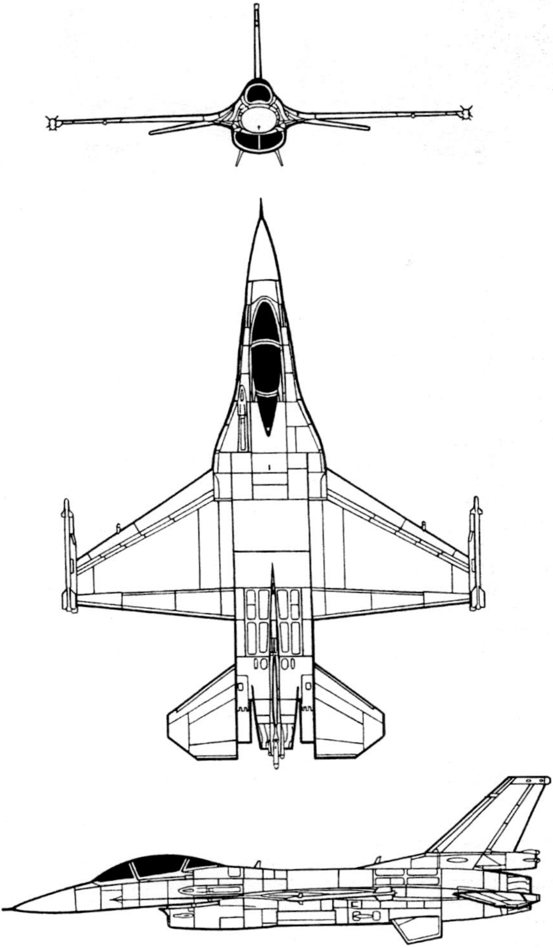

MITSUBISHI MH2000

Ursprungsland: Japan.
Kategorie: Mittelschwerer Mehrzweckhubschrauber.
Triebwerke: Zwei Gasturbinen Mitsubishi MG5-100 von 875 WPS (650 kW) Leistung.
Leistungen: Max. Reisegeschwindigkeit 280 km/h; ökonomische Reisegeschwindigkeit 250 km/h; Dienstgipfelhöhe 4570 m; Schwebehöhe mit Bodeneffekt 2350 m; Reichweite bis zu 780 km; max. Flugdauer 4 Std.
Gewichte: Leergewicht 2500 kg; Abfluggewicht 4500 kg.
Zuladung: Zwei Piloten und je nach Inneneinrichtung sieben, bei hochdichter Bestuhlung bis zu zwölf Passagiere; max. Nutzlast 2000 kg.
Entwicklungsstand: Der erste von zwei Prototypen fliegt seit Anfang 1996. Im September 1999 wurde die definitive japanische Zulassung erteilt. Bisher sind Aufträge für drei Maschinen bekannt geworden (Erstablieferung im Oktober 1999).
Bemerkungen: Die Entwicklung dieses Musters kam für die Öffentlichkeit ziemlich überraschend. Seit dem Erstflug sind bisher nur sehr wenige Informationen publiziert worden. Die MH2000 ist der erste vollständig in Japan entwickelte Hubschrauber. Sie wird vorerst nur in Japan verkauft. Hauptabnehmer sollen dabei Behörden und öffentliche Körperschaften sein. Bei der Konstruktion hat sich Mitsubishi bemüht, eine besonders kostengünstige Bauweise zu realisieren. Deshalb ist der geplante Verkaufspreis von US$ 3,5 Mio. rund 20 % billiger als jener der nächsten Konkurrenten. Das Triebwerk wurde aus dem militärischen Muster TS1-10 abgeleitet, welches die Kawasaki OH-1 antreibt (siehe Seiten 204/205). Nebst der Passagierversion ist auch eine Ausführung der MH2000 als Such- und Rettungshubschrauber geplant.
Hersteller: Mitsubishi Heavy Industries Ltd., Tokio, Japan.

Abmessungen: Rotordurchmesser 12,20 m, Rumpflänge 12,20 m, Höhe über Heckflosse 4,10 m.

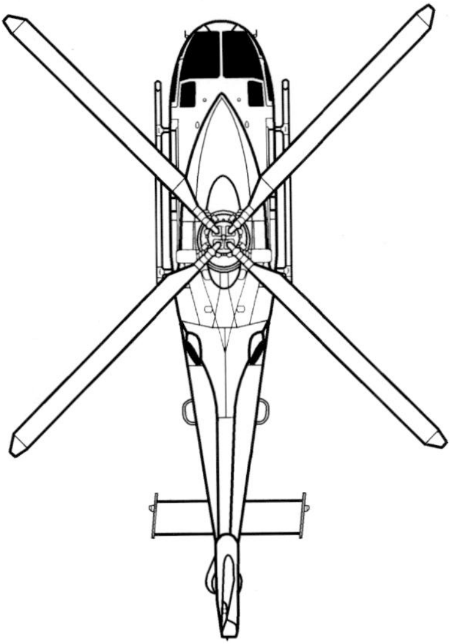

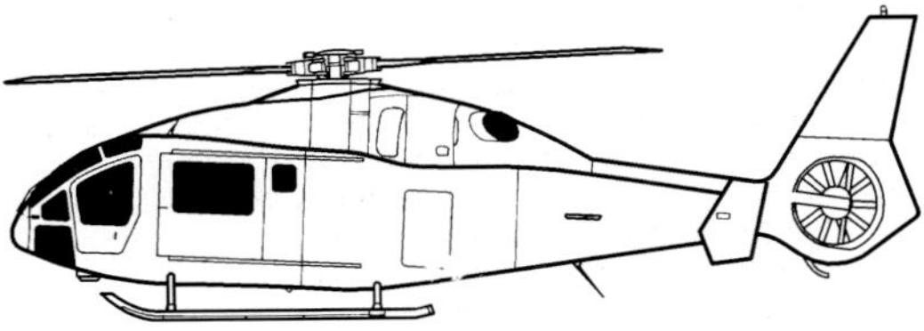

MOONEY M-20R OVATION2

Ursprungsland: USA.
Kategorie: Reiseflugzeug.
Triebwerke: Ein luftgekühlter Sechszylinder-Boxermotor Teledyne Continental IO-550G von 280 PS (209 kW) Leistung.
Leistungen: Reisegeschwindigkeit bei 75 % Leistung 360 km/h; Anfangssteiggeschwindigkeit 6,4 m/Sek; Dienstgipfelhöhe 6100 m; Reichweite mit VFR-Reserven 1800 km.
Gewichte: Leergewicht 1050 kg; max. Startgewicht 1530 kg.
Zuladung: Vier Personen inkl. Pilot; max. Nutzlast 460 kg.
Entwicklungsstand: Die Version M20R Ovation2 wurde im Oktober 1999 der Öffentlichkeit vorgestellt. Mitte 2000 erfolgten die ersten Auslieferungen an Kunden. Von allen Modellen der M20-Serie sind mittlerweile über 10000 Einheiten produziert worden.
Bemerkungen: Die Ovation2 ist das vorläufig letzte Glied einer langen Modellreihe, dessen Ausgangsmuster Mooney M20 bereits 1953 flog. Sie ist das derzeitige Spitzenangebot in der Modellreihe und zeichnet sich besonders durch höhere Reisegeschwindigkeit und hoher Steigleistungen aus. Dieses mit Einziehfahrwerk ausgestattete Muster besitzt einen neuen Zweiblattpropeller sowie eine überarbeitete Cockpitausrüstung mit vielen Optionen. Der Kaufpreis mit Grundausstattung beträgt rund US$ 400'000.—. Derzeit werden folgende Muster angeboten, die sich hauptsächlich durch Triebwerk, Flugleistungen und Ausstattung unterscheiden. Die M20S Eagle ist das Einstiegsmodell mit TCM IO-550-G-Triebwerk (244 PS bzw.181 kW). Die M20M Bravo verfügt über das turbogeladene TIO-540-AF1B von 270 PS bzw. 200 kW. Wesentliche Teile der Struktur aller derzeit angebotenen M20-Varianten sind aus Aluminium. Typisch für alle heutigen Modelle sind die grossen Panoramascheiben für die hinten sitzenden Passagiere.
Hersteller: Mooney Aircraft Corp., Kerrville, Texas, USA.

Abmessungen: Spannweite 10,99 m, Länge 8,15 m, Höhe 2,54 m, Flügelfläche 16,10 m².

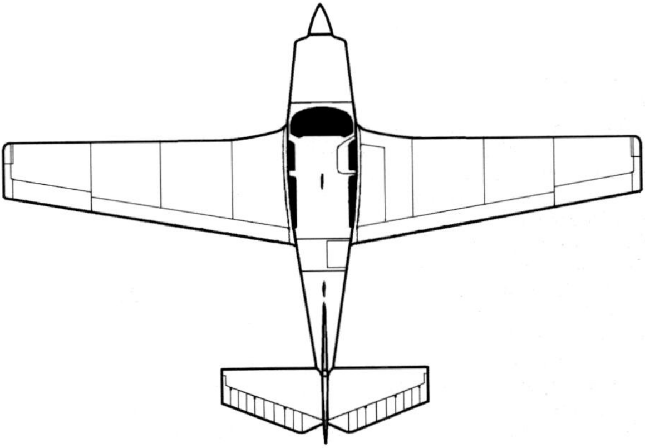

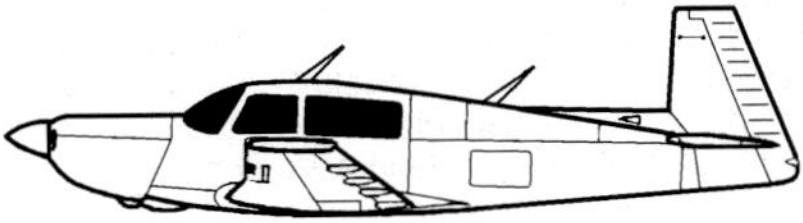

NANCHANG K-8 JET TRAINER

Ursprungsland: Volksrepublik China und Pakistan.
Kategorie: Zweisitziger Basistrainer und leichter Erdkämpfer.
Triebwerke: Ein Mantelstromtriebwerk AlliedSignal TFE731-2A-2A von 1632 kp (16,0 kN) bzw. (K-8J) Progress AI-25 von rund 2200 kp (220 kN) Standschub.
Leistungen: Höchstgeschwindigkeit 800 km/h auf Meereshöhe; Anfangssteiggeschwindigkeit 27 m/Sek; Dienstgipfelhöhe 13000 m; max. Flugdauer 3,0 Std; Reichweite mit zwei abwerfbaren 250-l-Zusatztanks 2250 km, mit internem Treibstoff 1487 km.
Gewichte: Rüstgewicht 2687 kg; normal beladen ohne Aussenlasten 3630 kg; max. Startgewicht 4330 kg.
Bewaffnung (als Erdkämpfer): Ein 23-mm-Kanonenbehälter unter dem Rumpf und vier Flügelstationen für Bomben, Raketenbehälter oder Lenkwaffen. Max. Waffenladung 943 kg.
Entwicklungsstand: Der erste Prototyp begann die Flugerprobung am 21. November 1990. Bisher hat Pakistan sechs, die VR China 30 Maschinen erhalten. Pakistan will bis zu 100 K-8 kaufen. Hingegen verzichtet die VR China offenbar auf eine weitere Beschaffung. Weitere Besteller: Ägypten 80, Myanmar 12, Namibia 4, Sri Lanka 8?, Zambia 8.
Bemerkungen: Die K-8 ist eine chinesisch-pakistanische Gemeinschaftsentwicklung. Sie ist besonders auf hohe Zuverlässigkeit und einfache Wartung ausgelegt. Ursprünglich hätten alle für Pakistan bestimmten K-8 im Werk Kamra endmontiert werden sollen. Aus finanziellen Gründen bleibt die Produktion vollständig in China. Die pakistanischen K-8 weisen gegenüber der chinesischen Variante einige Modifikationen auf: EFIS-Cockpit, andere Elektronikkomponenten und neue Antischleuderbremsen. Die Avionik stammt von Collins, die Schleudersitze sind vom Typ Martin Baker Mk.10L. Ob nach dem Verzicht von China die Ausführung mit dem ukrainischen Triebwerk Ivchenko Progress ZMKB AI-25TL/DV-2 weiter gebaut wird, ist noch offen.
Hersteller: NAMC (**N**achang **A**ircraft **M**anufactoring **C**ompany), Nachang, VR China und Pakistan Aeronautical Complex..

Abmessungen: Spannweite 9,63 m, Länge inkl. Sonde 11,60 m, Höhe 4,21 m, Flügelfläche 17,02 m²

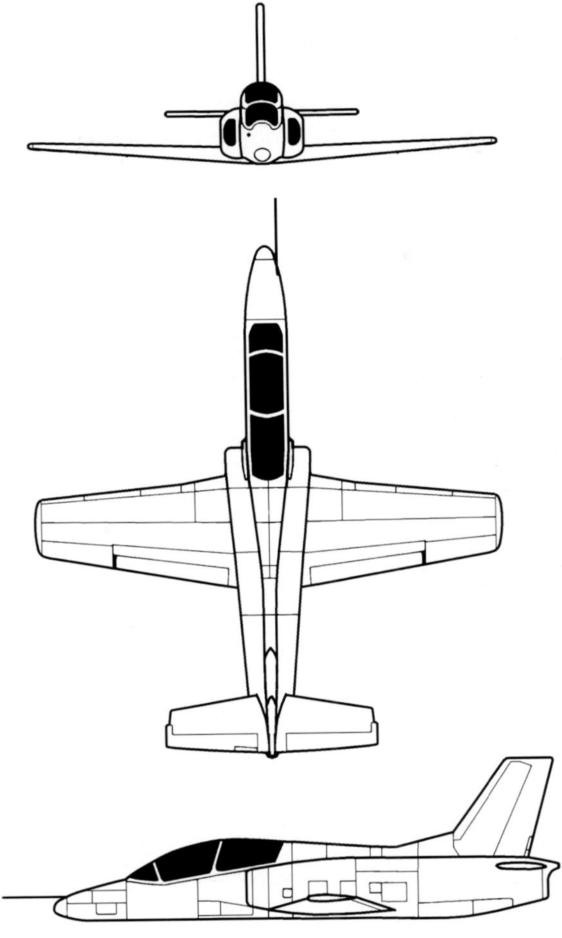

NH INDUSTRIES NH90

Ursprungsland: Deutschland, Frankreich, Italien, Niederlande.
Kategorie: Mittelschwerer militärischer Mehrzweck- (TTH) und bordgestützter U-Bootjagdhubschrauber (NFH).
Triebwerke: Zwei Gasturbinen Rolls-Royce-Turboméca RTM322-01/9 bzw. General Electric T700-T6E von je 1680 WPS (1253 kW) Leistung.
Leistungen: Höchstgeschwindigkeit fast 300 km/h; normale Reisegeschwindigkeit 260 km/h; Dienstgipfelhöhe 6000 m; Schrägsteiggeschwindigkeit 11 m/Sek; Schwebehöhe mit Bodeneffekt > 3500 m, ohne Bodeneffekt 2900 m; Einsatzradius mit 2000 kg Nutzlast > 250 km; Überführungsreichweite > 1200 km; Einsatzdauer 4 Std.
Gewichte: Leer zwischen 5400 und 6400 kg; normales Startgewicht 8700 bis 9300 kg, max. 10000 kg.
Zuladung (TTH): Zwei Piloten und 20 Soldaten bzw. 12 Verwundete; Nutzlast 2500 kg; (NFH): Zwei Piloten und bis vier Systemoperateure.
Bewaffnung (NFH): Je zwei Torpedos oder Anti-Schiffslenkwaffen an Trägern seitlich am Rumpf.
Entwicklungsstand: Der erste von fünf Erprobungsmustern (vier TTH, ein NFH) fliegt seit dem 18. Dezember 1995. Von beiden Versionen TTH/NFH werden 595 Einheiten gebaut: Deutschland 215, Frankreich 133/27, Italien 150/46, Niederlande 0/20. Ein erstes Los von 243 Hubschraubern wurde 2000 bestellt; Ablieferungen ab 2004.
Bemerkungen: Zwei in ihrer Grundkonzeption weitgehend gleiche Ausführungen werden angeboten: Die für taktische Aufgaben konzipierte TTH mit einer Heckladerampe sowie die Marineausführung NFH. Letztere verzichtet auf die Rampe, besitzt dafür faltbare Rotoren, ein beiklappbares Rumpfheck und zwei Schwimmer. Die Bordavionik umfasst u.a. taktisches Radar, FLIR, Sonar sowie zahlreiche weitere Sensorsysteme. Im Hinterrumpf befindet sich ein Ausstoss-System für Düppel, Infrarotfackeln und Sonarbojen. Der nach modernsten Gesichtspunkten konstruierte Hubschrauber verfügt über eine weitgehend aus Verbundstoff bestehende Zelle und eine Fly-by-Wire-Steuerung.
Hersteller: NH Industries, Aix-en-Provence, Frankreich.

Abmessungen: Rotordurchmesser 16,30 m, Rumpflänge 15,88 m, Höhe über Heckrotor 5,44 m.

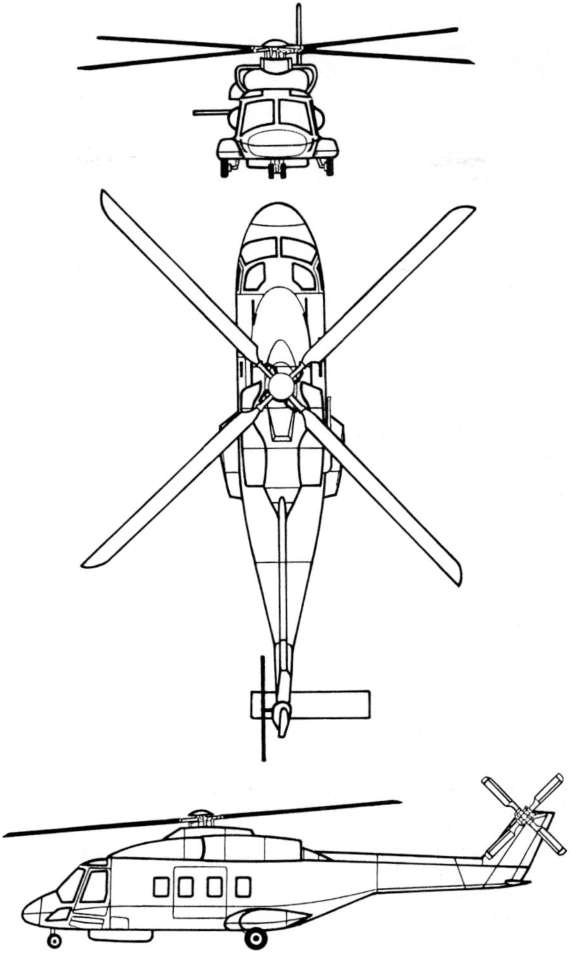

NORTHROP GRUMMAN HAWKEYE 2000

Ursprungsland: USA.
Kategorie: Bordgestütztes Frühwarn- und Überwachungsflugzeug sowie fliegende Kommandozentrale.
Triebwerke: Zwei Propellerturbinen Allison T56-A-427 von je 5250 WPS (3917 kW) Leistung.
Leistungen: Höchstgeschwindigkeit 598 km/h; max. Reisegeschwindigkeit 576 km/h; Anfangssteiggeschwindigkeit 12,8 m/Sek; Dienstgipfelhöhe 9390 m; Einsatzdauer 4 Std. bei einem Aktionsradius von 370 km; max. Flugdauer 6,1 Std; Überführungsreichweite 2580 km.
Gewichte: Leer 17265 kg; max. Startgewicht 24494 kg.
Zuladung: Fünf Mann Besatzung, bestehend aus zwei Piloten und drei Ingenieuren im zentralen Einsatzraum.
Entwicklungsstand: Total erhielt die US Navy bis 1995 148 Flugzeuge. Nach einem Produktionsunterbruch werden seit 1997 wieder Hawkeyes in jährlichen Tranchen von drei bis vier E-2C geliefert. Die Hawkeye in verschiedenen Versionen ist ferner im Einsatz: Ägypten 6, Frankreich 3, Israel 4, Japan 13, Singapur 4 und Taiwan 4. Die US Küstenwache setzt vier, die US Zollbehörde eine von der US Navy gemietete E-2C zur Drogenbekämpfung ein.
Bemerkungen: Die neueste, derzeit als Hawkeye 2000 bezeichnete Ausführung, nahm die Flugerprobung am 11. April 1998 auf. 21 neue Einheiten erhält die USN zwischen 2001 und 2006. Weitere 54 Maschinen werden bis zum Jahr 2010 in diese Ausführung umgebaut. Gegenüber der E-2C Group 2-Standard (siehe Ausgabe 1998 und Foto) unterscheidet sich die Hawkeye 2000 wie folgt: Neuer Zentralrechner mit sog. «offener IT-Architektur», welche nachträgliche Aufdatierungen wesentlich erleichtert, neue bedienungsfreundlichere Workstations, Satellitenkommunikation, bessere Navigationssysteme, Luftbetankungsmöglichkeit und ein Infrarotsensor für die passive Überwachung. Alle Hawkeye 2000 erhalten auch einen neuen Achtblatt-Propeller.
Hersteller: Northrop Grumman Corporation, Werk St. Augustine, Florida, Los Angeles, Kalifornien, USA.

Abmessungen: Spannweite 24,56 m, Länge 17,55 m, Höhe 5,69 m, Flügelfläche 65,03 m^2.

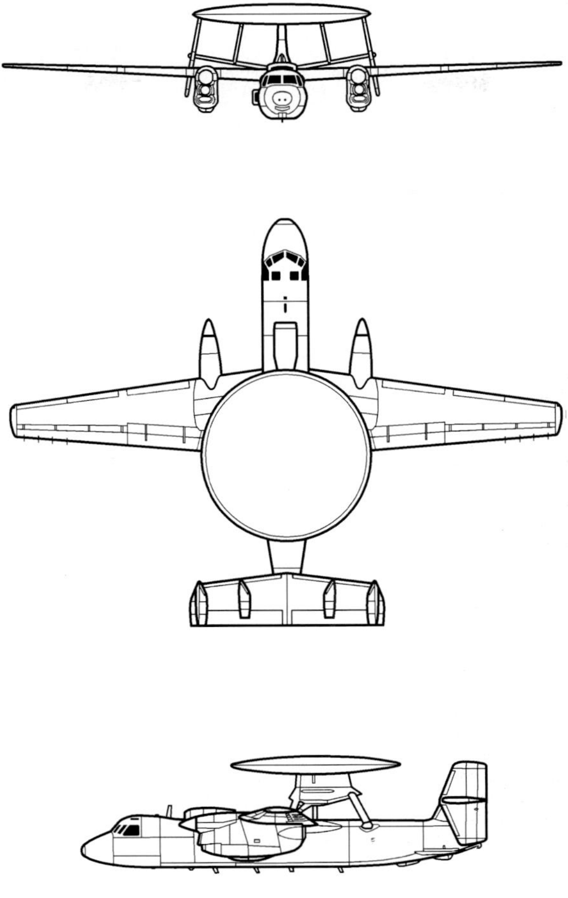

NORTHROP GRUMMAN RQ-4A GLOBAL HAWK

Ursprungsland: USA.
Kategorie: Unbemannter hochfliegender Langstreckenaufklärer.
Triebwerke: Ein Mantelstromtriebwerk Rolls-Royce Allison AE3007H von 1900 kp (28,5 kN) Leistung.
Leistungen: Höchstgeschwindigkeit ca. Mach 0,60, Patrouillengeschwindigkeit 635 km/h; Dienstgipfelhöhe 19800 m; max. Flugdauer 40 Std; Aktionsradius mit einer Aufenthaltsdauer von 24 Std. am Zielort 5500 km, Reichweite bis zu 25900 km.
Gewichte: Leergewicht 4173 kg; max. Startgewicht 12020 kg.
Zuladung: Aufklärungssysteme im Gesamtgewicht von 862 kg.
Entwicklungsstand: Der erste von zwei Prototypen nahm die Flugerprobung am 28. Februar 1998 auf. Bei einem Bedarf von rund 40 Einheiten, gab die USAF bisher sieben Systeme in Auftrag. Vier davon sind bereits ausgeliefert worden. Mittlerweile haben weitere Luftwaffen Interesse bekundet, die Global Hawk zu beschaffen.
Bemerkungen: Mit der Global Hawk erreicht die Idee des UAV eine neue Dimension. Erstmals wird ein Muster angeboten, welches unbemannt aus 20 km Höhe in 24 Std. ein Gebiet der Grösse Griechenlands flächendeckend aufklären kann und die gewonnenen Daten via Satellit weltweit online überträgt. Zur Erfüllung dieser Aufgaben ist die RQ-4A mit modernsten Systemen ausgerüstet, u.a. allwettertaugliches Seitensichtradar, CCD-Kamera für hochauflösende Bilder, Wärmebildsensoren usw. Während der Rumpf konventionell aus Aluminium besteht, sind die Flügel vollständig aus Kohlefasern hergestellt und sind trotz grosser Spannweite äusserst steif ausgelegt. Sie biegen sich bei Belastung um nur max. 60 cm durch. Auch das gesamte Leitwerk ist aus Verbundwerkstoffen. Um ein hohes Mass an Ausfallsicherheit zu erreichen, ist die gesamte Flugsteuerung doppelt vorhanden, das Gleiche gilt auch für die meisten Computer. Derzeit wird geprüft, ob die Global Hawk auch als Ergänzung zum bemannten Aufklärungssystem Lockheed U-2 insbesondere für SIGINT-Aufgaben eingesetzt werden könnte.
Hersteller: Northrop Grumman Corporation, Werk San Diego, USA.

Abmessungen: Spannweite 35,41 m, Länge 13,51 m, Höhe 4,62 m, Flügelfläche 50,1 m^2.

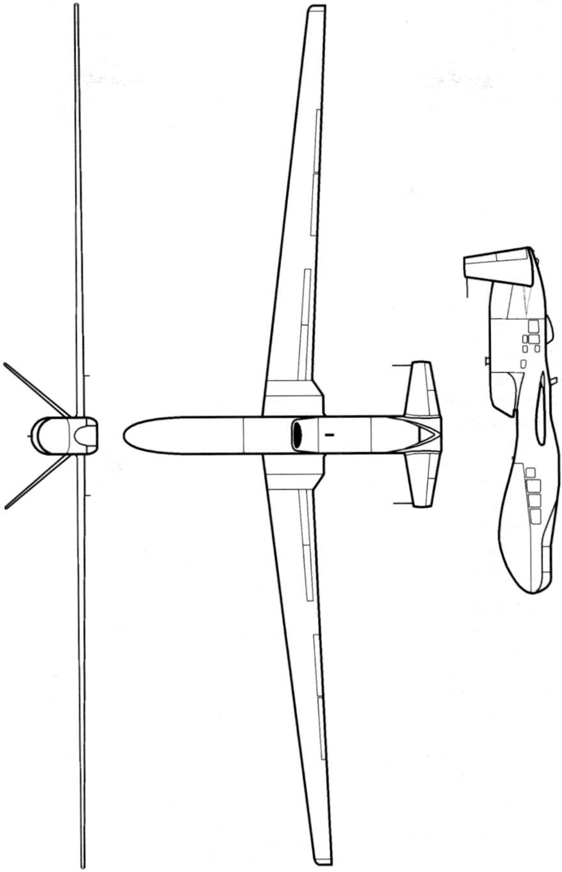

PIAGGIO P180 AVANTI

Ursprungsland: Italien.
Kategorie: Firmenflugzeug und militärisches Mehrzweckflugzeug.
Triebwerke: Zwei Propellerturbinen Pratt & Whitney Canada PT6A-66 von je auf 850 WPS (634 kW) reduzierter Leistung.
Leistungen: Höchstgeschwindigkeit 732 km/h auf 8625 m; max. Dauergeschwindigkeit 644 km/h auf 11885 m; Anfangssteiggeschwindigkeit 15,0 m/Sek; Dienstgipfelhöhe 11890 m, Reichweite mit einer Nutzlast von sechs Personen und IFR-Reserven 2637 km; max. Reichweite mit VFR-Reserven 3148 km.
Gewichte: Rüstgewicht 3402 kg; max. Startgewicht 5239 kg.
Zuladung: Ein oder zwei Piloten und sieben bis acht Passagiere bei Standard-Innenausstattung. Für EMS-Einsätze zwei liegende Verwundete, als Frachter max. 1860 kg.
Entwicklungsstand: Erstflug des ersten von zwei Prototypen am 23. September 1986, das erste Serienflugzeug folgte am 29. Januar 1990. Bis Ende 1998 sind 36 Avantis hergestellt und danach die Produktion vorübergehend eingestellt worden. Nachdem Aufträge für weitere 33 Einheiten, darunter neun für die italienische Luftwaffe, eingegangen sind, wurde sie im 2000 wieder aufgenommen.
Bemerkungen: Die Avanti basiert mit ihrem futuristischen Aussehen auf dem sogenannten «Drei-Flächen-Konzept» (three-surface-concept), wobei der vorn platzierte kleine Stützflügel das Flugzeug in allen Flugphasen ausbalanciert und das Höhenleitwerk nur für die Richtungsänderungen benötigt wird. Der Flügel besitzt ein Laminarprofil und eine hohe Streckung bei vergleichsweise geringer Fläche. Die Avanti besteht zum grossen Teil aus Leichtmetall, doch sind Kunststoffteile am Leitwerk, den Triebwerkverkleidungen, an der Rumpfspitze, dem Stützflügel und dem Hauptflügel eingesetzt. Die unkonventionelle Form beschert der Avanti eine der grössten Kabinen ihrer Klasse (Länge 4,55 m, Breite 1,85 m, Höhe 1,75 m) und erlaubt durchgehende Stehhöhe. Die neu ausgelieferten Einheiten verfügen über grössere Treibstoffkapazität.
Hersteller: Rinaldo Piaggio S.p.A., Genua-Sestri, Italien.

Abmessungen: Spannweite 14,03 m, Länge 14,41 m, Höhe 3,98 m, Flügelfläche16,00 m^2.

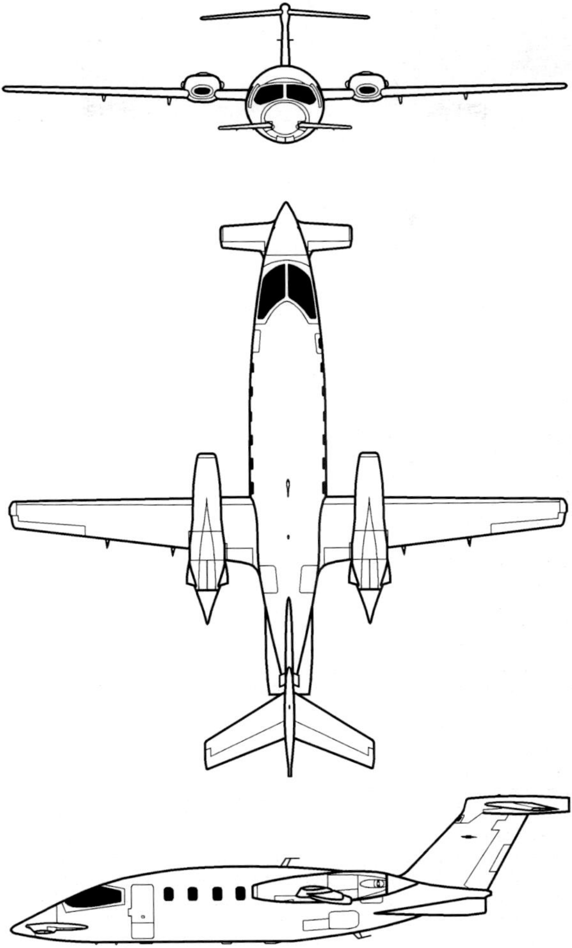

PILATUS PC-6/B2-H4 TURBO PORTER

Ursprungsland: Schweiz.
Kategorie: Einmotoriges STOL-Mehrzweckflugzeug.
Triebwerke: Eine Propellerturbine Pratt & Whitney Canada PT6A-27 mit einer auf 550 WPS (410 kW) reduzierten Leistung.
Leistungen: Höchstgeschwindigkeit 280 km/h; max. Reisegeschwindigkeit 232 km/h auf Meereshöhe; Anfangssteiggeschwindigkeit 5,20 m/Sek; Dienstgipfelhöhe 7620 m; Reichweite mit max. Nutzlast 730 km, mit max. Treibstoffzuladung 1500 km.
Gewichte: Rüstgewicht 1270 kg, max. Startgewicht mit Skies 2600 kg, mit Rädern 2800 kg.
Zuladung: Pilot und normal sieben, maximal bis zu zehn Passagiere. Als Frachter eine maximale Zuladung von 1130 kg.
Entwicklungsstand: Erstflug des Ausgangsmusters PC-6A am 4. Mai 1959. Die derzeit produzierte Version fliegt seit 1985. In ununterbrochener Reihenfolge wurden bisher etwa 530 Maschinen hergestellt. Diese sind in über 50 Ländern im Einsatz, ein Teil davon für militärische Einsätze. Der Auftragsbestand beläuft sich Ende 2000 auf etwa 550 Turbo Porter.
Bemerkungen: Dieses robuste Ganzmetallflugzeug zeichnet sich durch ausserordentlich kurze Start- und Landeeigenschaften aus. Eine Piste von etwa 200 m genügt bereits für einen Start. Weltweit wird die Turbo Porter für die vielfältigsten Aufgaben eingesetzt, wie z.B. Transporte in entlegene Gegenden mit bescheidener Infrastruktur, Ambulanzeinsätze, Luftvermessung und -beobachtung, Transport und Absetzen von Fallschirmspringer usw. Zur Erleichterung von Ein- und Auslad ist an der rechten Rumpfseite eine grosse Schiebetüre vorhanden. Nebst Radfahrwerk kann die PC-6 auch mit Skies oder Schwimmern ausgerüstet werden.
Hersteller: Pilatus Flugzeugwerke AG, Stans, Schweiz.

Abmessungen: Spannweite 15,87 m, Länge 10,95 m, Höhe 3,20 m, Flügelfläche 30,15 m².

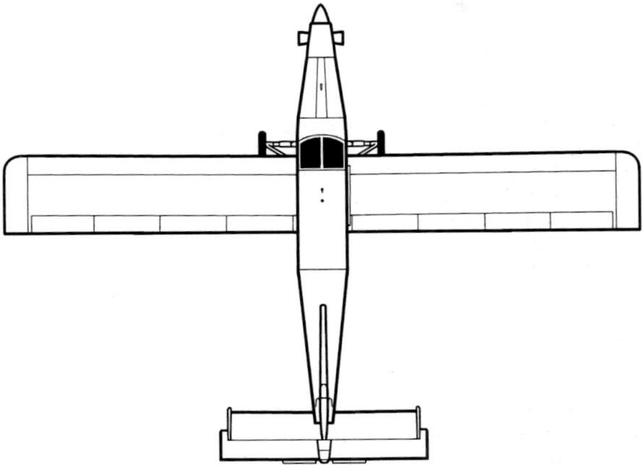

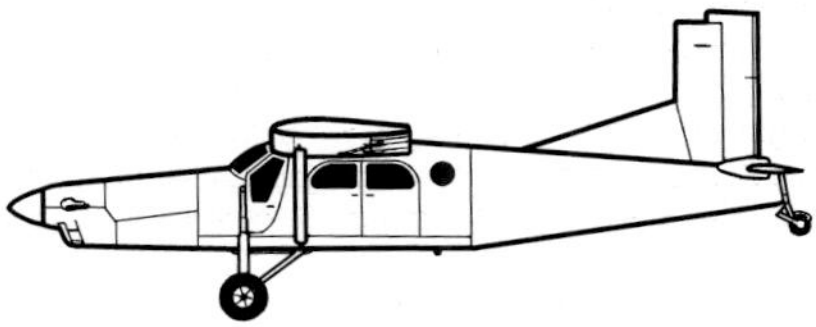

PILATUS PC-9M TURBO TRAINER

Ursprungsland: Schweiz.
Kategorie: Zweisitziger Basis- und Fortgeschrittenentrainer sowie Zielschlepper.
Triebwerke: Eine Propellerturbine Pratt & Whitney Canada PT6A-62 von 1150 WPS (857 kW), reduziert auf 950 WPS (708 kW) Leistung.
Leistungen: Höchstgeschwindigkeit 593 km/h auf 6100 m; Reisegeschwindigkeit 463 km/h auf 3050 m, 500 km/h auf Meereshöhe oder 556 km/h auf 6100 m; max. Anfangssteiggeschwindigkeit 20,83 m/Sek; max. Reichweite mit 20 Min. plus fünf Prozent Treibstoffreserven 1642 km auf 7620 m.
Gewichte: Leer 1725 kg; Startgewicht (Akrobatik) 2350 kg bzw. max. 3200 kg.
Entwicklungsstand: Die Version M der PC-9 wurde 1997 eingeführt. Von der Ursprungsausführung (Erstflug 7. Mai 1984) und der PC-9M sind bisher über 250 Einheiten gebaut und an über ein Dutzend Luftwaffen oder paramilitärischer Organisationen geliefert worden, u.a. Australien 67, Kroatien 20, Saudi Arabien 50, Thailand 36. Von der Zielschleppausführung erhielt die schweizerische Luftwaffe 12, der Condor Luftdienst 10 Einheiten. Die PC-7 Mk. II wird weiter produziert; neueste Nachbestellung: Malaysia 9.
Bemerkungen: Die Weiterentwicklung PC-9M übernimmt das vergrösserte Seitenleitwerk der PC-7 Mk. II (siehe Ausgabe 1999), womit die Längsstabilität erhöht wurde. Auch die Flügelwurzeln sind modifiziert und verhelfen zu einer geringeren Langsamgeschwindigkeit. Schliesslich ist ein neues Triebwerk-/Propellerkontroll-System eingebaut worden. Eine der PC-9M sehr ähnliche Ausführung PC-9 Mk. II ist unter Raytheon/Beech auf den Seiten 264/265 dargestellt. Unter der Bezeichnung PC-21 entwickelt Pilatus derzeit eine deutlich leistungsfähigere Version der PC-9 mit neuem Triebwerk.
Hersteller: Pilatus Flugzeugwerke AG, Stans, Schweiz.

Abmessungen: Spannweite 10,12 m, Länge 10,14 m, Höhe 3,26 m, Flügelfläche 16,29 m^2.

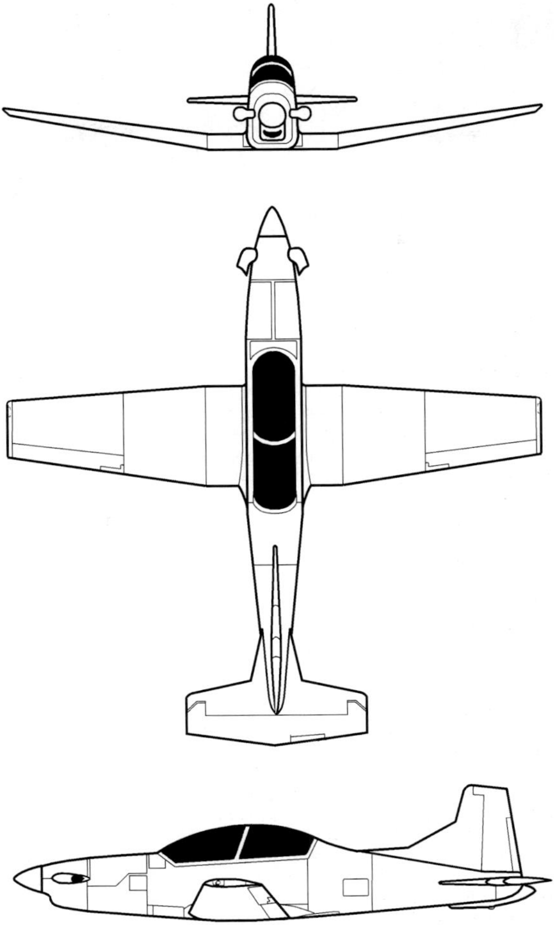

PILATUS PC-12/45

Ursprungsland: Schweiz.
Kategorie: Leichtes Mehrzweck- und Firmenflugzeug.
Triebwerke: Eine Propellerturbine Pratt & Whitney Canada PT6A-67B mit einer auf 1200 WPS (895 kW) reduzierten Leistung.
Leistungen: Max. Reisegeschwindigkeit 498 km/h auf 7620 m; Anfangssteiggeschwindigkeit 8,50 m/Sek; Dienstgipfelhöhe 10670 m; Reichweite auf 9150 m 4167 km, mit neun Passagieren 3515 km.
Gewichte: Leergewicht Frachter 2484 kg, mit Passagiereinrichtung 2600 kg; max. Startgewicht 4500 kg.
Zuladung: Pilot und Copilot/Passagier im Cockpit und bis zu neun Passagiere in Einzelsitzen; als Firmenflugzeug sechs Passagiere. Max. Zuladung als Frachter 1526 kg.
Entwicklungsstand: Der erste von zwei Prototypen startete am 31. Mai 1991 zum Erstflug. Im Mai 1994 begannen die Kundenauslieferungen. Bis Ende 2000 waren rund 300 Maschinen bestellt und etwa 230 davon abgeliefert. Die monatliche Produktion beläuft sich auf sechs Einheiten.
Bemerkungen: Das Mehrzweckflugzeug ist für den Einsatz in der Geschäftsfliegerei (PC-12P) bis hin zum Transporter für Fracht (PC-12F) geeignet. Die Zelle der einmotorigen PC-12 ist länger und breiter als beispielsweise jene der zweimotorigen Beech King Air und vermag Fracht bis zu 9,34 m^3 zu laden. Eine kombinierte Variante für vier Passagiere und 5,95 m^3 Fracht wird ebenfalls angeboten. Eine Passagiertüre vorn und eine grosse Frachttüre hinten erleichtern den Ladevorgang. Die PC-12 ist mit einer umfangreichen Avionik von AlliedSignal Bendix/King ausgerüstet. Die derzeit produzierte Ausführung PC-12/45 verfügt über ein verstärktes Fahrwerk mit grösseren Rädern. Pilatus prüft, der PC-12 serienmässig ein neues Cockpit mit grossen Multifunktionsanzeigen einzubauen. Ein entsprechender Erprobungsträger fliegt seit Januar 2000.
Hersteller: Pilatus Flugzeugwerke AG, Stans, Schweiz.

Abmessungen: Spannweite 16,23 m, Länge 14,40 m, Höhe 4,27 m, Flügelfläche 25,81 m².

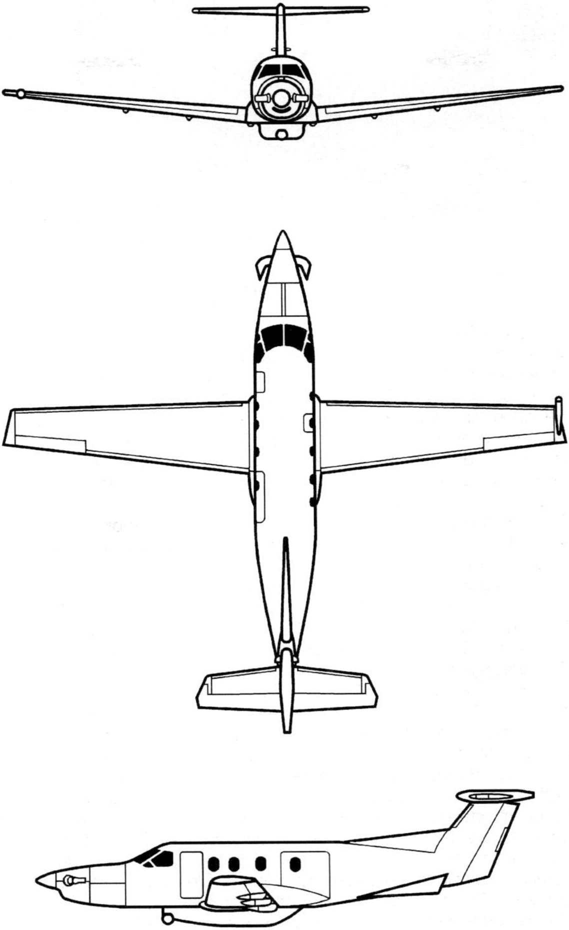

PIPER PA-46-350P MALIBU MERIDIAN

Ursprungsland: USA.
Kategorie: Leichtes Geschäftsreiseflugzeug.
Triebwerke: Eine Propellerturbine Pratt & Whitney Canada PT6-42A mit auf 500 WPS (370 kW) reduzierter Leistung.
Leistungen: Max. Reisegeschwindigkeit 500 km/h auf 9100 m; Anfangssteiggeschwindigkeit 6,2 m/Sek; Dienstgipfelhöhe 9150 m; Reichweite mit max. Treibstoffzuladung 1980 km
Gewichte: Rüstgewicht 1445 kg; max. Startgewicht 2154 kg.
Zuladung: Pilot und fünf Passagiere in Zweierreihen hintereinander; max. Nutzlast 730 kg.
Entwicklungsstand: Die neueste Ausführung Malibu Meridian absolvierte den Erstflug am 21. August 1998. Bisher sind mehr als 140 Einheiten bestellt worden, die seit August 2000 zur Auslieferung gelangen. Ende 2000 sind bereits etwa 40 ausgeliefert worden. Die Jahresproduktion soll ab 2001 auf jährlich 100 Maschinen erhöht werden.
Bemerkungen: Unter dem Namen Malibu Meridian präsentierte Piper im September 1997 eine Weiterentwicklung der Mailbu Mirage (siehe Ausgabe 2000) mit Propellerturbine. Sie erhält auch ein vollständig überarbeitetes Cockpit mit CRT-Instrumenten von Meggit Avionics und dem Garmin GNS-350-Navigations- und Kommunikationssystem, welches auch ein GPS umfasst. Gegenüber der Mirage wurde der Treibstoffvorrat auf 645 Liter erhöht. Die Flügelvorderkanten sind überarbeitet, das Höhenleitwerk vergrössert. Die Meridian soll in der Basisausführung für US$ 1,4 Mio. angeboten werden. Im Laufe der Flugerprobung wurde die Triebwerkleistung erhöht sowie der Dreiblattpropeller durch einen Vierblattpropeller ausgetauscht. Eine Umbauversion der Mailbu Mirage auf Propellerturbine offeriert die Firma JetProp, welche zwar das gleiche Triebwerk der Meridian einsetzt, aber mit einer Leistung von 556 WPS (415 kW) und Vierblattpropeller entsprechend bessere Werte erreicht.
Hersteller: New Piper Aircraft, Vero Beach, Florida, USA.

Abmessungen: Spannweite 13,10 m, Länge 9,20 m, Höhe 3,44 m, Flügelfläche 16,26 m^2.

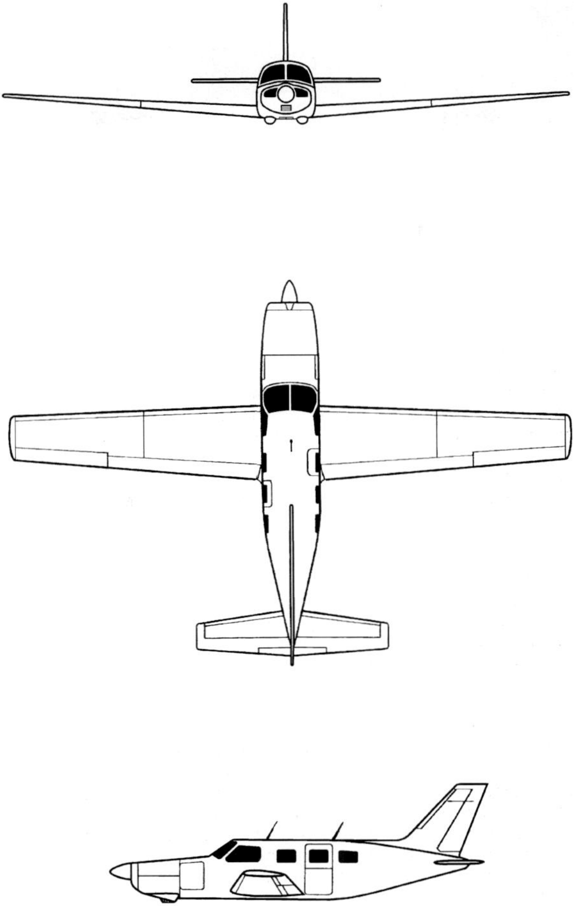

RAYTHEON/BEECHCRAFT KING AIR 350

Ursprungsland: USA.
Kategorie: Firmenflugzeug.
Triebwerke: Zwei Propellerturbinen Pratt & Whitney Canada PT6A-60A von je 1050 WPS (783 kW) Leistung.
Leistungen: Höchstgeschwindigkeit 583 km/h; max. Reisegeschwindigkeit auf 5486 m 570 km/h; Anfangssteiggeschwindigkeit 13,8 m/Sek; Dienstgipfelhöhe 10700 m; max. Reichweite mit Reserven 3350 km.
Gewichte: Leergewicht 4132 kg; max. Startgewicht 6804 kg.
Zuladung: Ein bis zwei Mann Cockpitbesatzung und in der Kabine normalerweise neun Einzelsitze in vis-à-vis-Anordnung, max. jedoch bis zu 15 Passagiere.
Entwicklungsstand: Die King Air 350 fliegt seit September 1988. Bisher sind über 300 Einheiten hergestellt worden. Mit über 5200 (17 Varianten) in 30 Jahren ununterbrochen produzierten Exemplaren ist die King Air-Familie das am meisten verkaufte zweimotorige Propellerturbinenflugzeug seiner Klasse. Jährlich kommen weitere 100 hinzu.
Bemerkungen: Die King Air 350 schliesst die lange Reihe von Versionen nach oben ab. Sie ist die grösste und am besten ausgerüstete Ausführung. Alle seit 1993 hergestellten Modelle sind weiter verbessert worden, besonders was die Startleistungen angeht. Im Cockpit ist ein EFIS-Flight-Deck Collins Pro Line II eingebaut. Der Kabinenkomfort wurde weiter verbessert. Für Frachteinsätze ist die Ausführung 350C mit einem Frachttor seitlich am Rumpf erhältlich. Eine militärische Überwachungsausführung RC-12 Guardrail beschafft die US Army zwischen 2000 und 2006 in voraussichtlich 45 Exemplaren. Fünf Exemplare einer Seeüberwachungsausführung B200, ausgerüstet mit einem Elta-Radar und anderen Sensoren, erhält die israelische Marine. Weitere 20 Einheiten beschafft die israelische Luftwaffe für allgemeine Transportaufgaben.
Hersteller: Raytheon Aircraft, Beech Aircraft Division, Wichita, USA.

Abmessungen: Spannweite 17,65 m, Länge 14,22 m, Höhe 4,37 m, Flügelfläche 28,80 m².

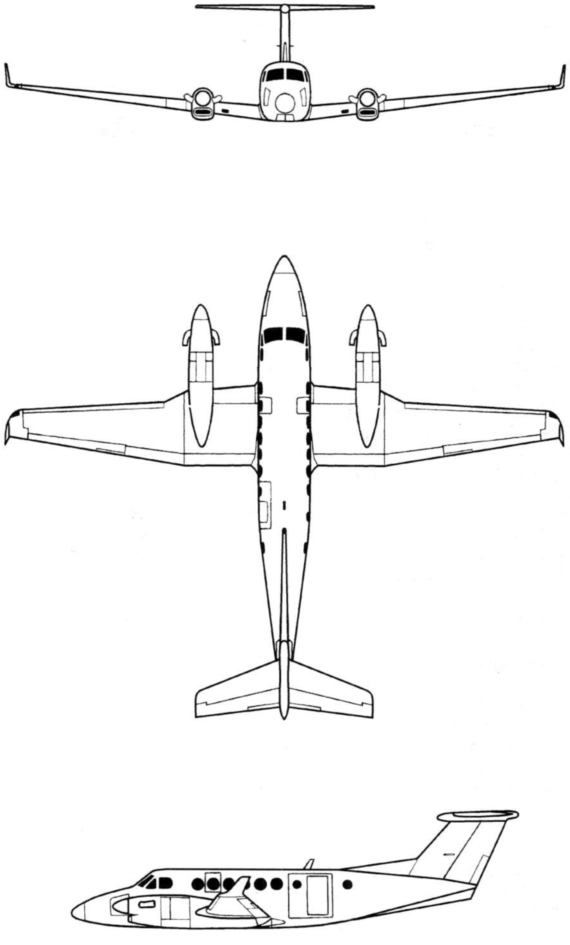

RAYTHEON 300 PREMIER I

Ursprungsland: USA.
Kategorie: Firmenflugzeug.
Triebwerke: Zwei Mantelstromtriebwerke Williams/Rolls-Royce FJ44-2A von je 1050 kp (10,23 kN) Standschub.
Leistungen: Max. Reisegeschwindigkeit 850 km/h; Dienstgipfelhöhe 12500 m; Reichweite mit vier Passagieren und IFR-Reserven 2775 km.
Gewichte: Max. Startgewicht 5760 kg.
Zuladung: Ein bis zwei Piloten und bis zu sechs Passagiere in der Standard-Clubausführung mit Toilette; Nutzlast bei max. Treibstoffzuladung 365 kg.
Entwicklungsstand: Das erste von vier Erprobungsmustern startete am 22. Dezember 1998 zum Erstflug. Bereits sind Bestellungen für fast 300 Einheiten eingegangen, die ab Ende 2000 geliefert werden. Nach einer Anfangsphase plant Raytheon eine Jahresproduktion von vorerst 48, später 60 Maschinen.
Bemerkungen: Der gesamte Rumpf besteht aus Verbundwerkstoffen (Kombination von Nomex-Wabenstruktur und Karbonfiber), der Flügel mit starker Pfeilung hingegen weiterhin aus Aluminium. Aufgrund neuer Berechnungen muss dieser umgezeichnet werden, um die garantierten Flugleistungen zu erreichen. Die Konstruktion des ganzen Flugzeugs ist bewusst sehr einfach gehalten, so dass eine weitgehende Automatisierung in der Herstellung erreicht wird. Dadurch und dank neuer Produktionstechnologien kann die Premier I zum günstigen Preis ab rund US$ 4,9 Mio. angeboten werden. Im Verhältnis zu den Konkurrenzmustern ist das Innenvolumen der Kabine deutlich grösser (Länge 4,10 m, Breite 1,70 M, Höhe 1,60 m). Das Cockpit, ausgerüstet mit ProLine 21-Avionik, ist für Ein-Piloten-Betrieb ausgelegt. Die Premier I soll das Grundmuster einer ganzen Familie von Firmenjets werden. Bereits wird an einer Weiterentwicklung unter dem Namen Premier II gearbeitet.
Hersteller: Raytheon Aircraft, Wichita, Kansas, USA.

Abmessungen: Spannweite 13,56 m, Länge 14,02 m, Höhe 4,81 m, Flügelfläche 20,90 m².

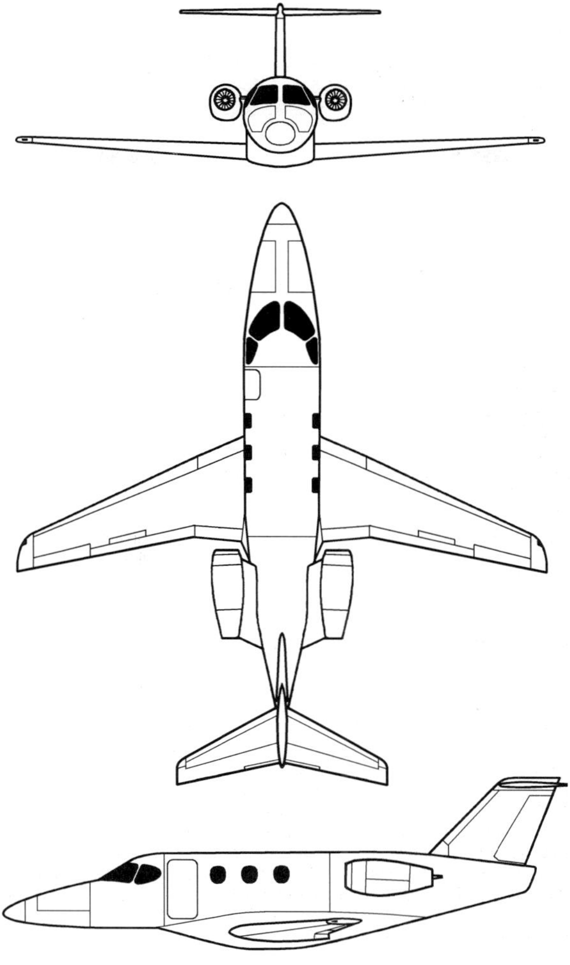

RAYTHEON HAWKER 800XP

Ursprungsland: Grossbritannien/USA.
Kategorie: Firmenflugzeug.
Triebwerke: Zwei Mantelstromtriebwerke AlliedSignal TFE731-5BR von je 2113 kp (20,73 kN) Standschub.
Leistungen: Max. Reisegeschwindigkeit 845 km/h auf 8840 m; ökonom. Reisegeschwindigkeit 741 km/h auf 11890 bis 13100 m; Anfangssteiggeschwindigkeit 15,75 m/Sek; Dienstgipfelhöhe 13100 m; Reichweite mit max. Nutzlast 4778 km, mit max. Treibstoffzuladung und VFR-Reserven 5232 km.
Gewichte: Leergewicht 7076 kg; max. Startgewicht 12701 kg.
Zuladung: Zwei Piloten und normalerweise acht Passagiere in Einzelsitzen, bzw. bis zu 14 Passagiere in enger Bestuhlung. Max. Nutzlast 1306 kg.
Entwicklungsstand: Erstflug des Prototyps der neuesten Ausführung 800XP im Juni 1995. Die aus der Serie 800 abgeleitete SAR-Version U-125A ist für die japanische Luftwaffe bestimmt, welche einen Gesamtbedarf von 27 Maschinen hat (bisher deren 20 bestellt). Von allen Varianten sind bis heute über 1000 Einheiten hergestellt worden, womit dieses Modell weltweit zum erfolgreichsten Firmenflugzeug dieser Klasse geworden ist. Die Jahresproduktion soll von 48 auf 60 800XP erhöht werden.
Bemerkungen: Als neuestes Modell einer langen Serie ist die 800XP lanciert worden. Dank stärkerer Triebwerke erzielt sie deutlich höhere Leistungen, insbesondere bezüglich Geschwindigkeit, Steigleistung bei hohen Temperaturen und grössere Reichweite. Dadurch schliesst sie an das Leistungsspektrum der 1000 (siehe Ausgabe 1997) an. Eine Ableitung der 800XP erhält Korea derzeit für Spionage- und Überwachungsaufgaben (SIGINT). Vier sind mit von E-Systems gebauten Funküberwachungssystemen und weitere vier mit einem Radar von Loral ausgerüstet.
Hersteller: Raytheon Corporate Jets, Wichita, Kansas, USA.

Abmessungen: Spannweite 15,66 m, Länge 15,60 m, Höhe 5,36 m, Flügelfläche 34,75 m².

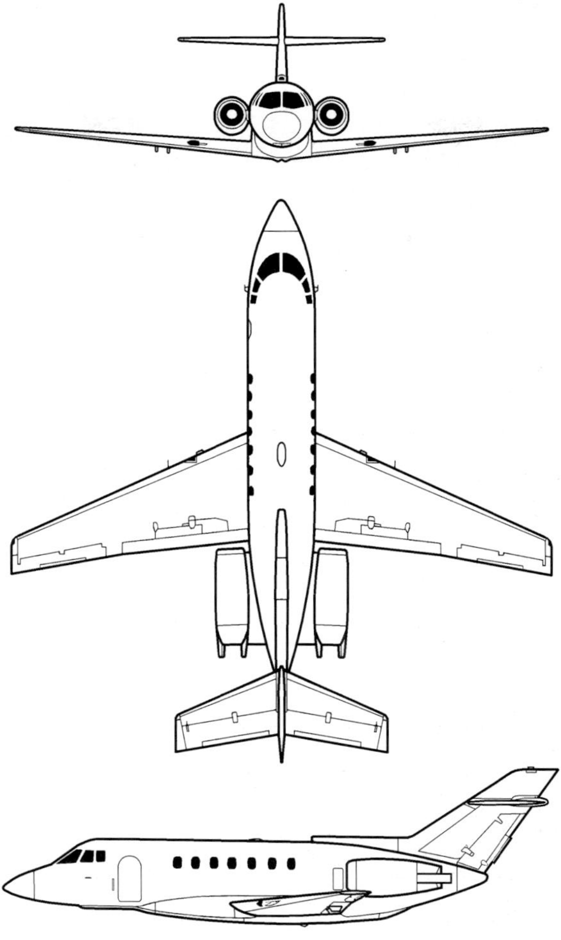

RAYTHEON HAWKER HORIZON

Ursprungsland: USA.
Kategorie: Firmenflugzeug.
Triebwerke: Zwei Mantelstromtriebwerke Pratt & Whitney PW308A von je 2950 kp (28,9 kN) Standschub.
Leistungen (nach Angaben des Herstellers): Max. Reisegeschwindigkeit Mach 0,84; Dienstgipfelhöhe 13716 m; Reichweite mit IFR-Reserven 5750 km, maximal 6300 km.
Gewichte: Rüstgewicht 9494 kg; max. Startgewicht 16330 kg.
Zuladung: Zwei Piloten und normalerweise acht Passagiere in Klubbestuhlung, maximal jedoch 12 Personen; Nutzlast 1619 kg.
Entwicklungsstand: Mit der Erprobung soll nach erneuten Verzögerungen nun erst Anfang 2001 begonnen werden. Bisher erhielt der Hersteller Bestellungen und Optionen für 150 Horizons. Der bisher grösste Einzelauftrag ging von NetJet ein, welche 50 Maschinen fest bestellte und für weitere 50 eine Option aufnahm. Die Ablieferung der ersten Exemplare ist für 2002 vorgesehen.
Bemerkungen: Obwohl gewisse Ähnlichkeiten zur Hawker 800XP bestehen (siehe Seiten 260/261) handelt es sich bei der Horizon um eine völlige Neukonstruktion. Mit diesem Muster möchte Raytheon einen neuen Komfortstandard im Mittelsegment der Firmenflugzeuge setzen. So ist die Kabine für diese Klasse ausgesprochen grossräumig (Länge 8,87 m, Breite 2,01 m, Höhe 1,83 m). Das Flügelmittelstück verläuft vollständig unter dem Rumpf, so dass der Passagierraum in keinem Bereich dadurch eingeschränkt ist. Der Rumpf ist völlig aus Verbundwerkstoffen hergestellt, während der Flügel aus Aluminium besteht und zum grössten Teil aus einem Werkstück herausgefräst wird. Im Cockpit sind fünf grosse LCD-Flachbildschirme vorgesehen, das Flugmanagementsystem Honeywell Primus Epic wird erstmals in einem Flugzeug eingebaut. Die gesamte Avionik ist hinter dem Cockpit platziert und entsprechend gut zugänglich. Der Basispreis beträgt US$ 15,8 Mio.
Hersteller: Raytheon Corporate Jets, Wichita, Kansas, USA.

Abmessungen: Spannweite 18,80 m, Länge 21,08 m, Höhe 5,97 m.

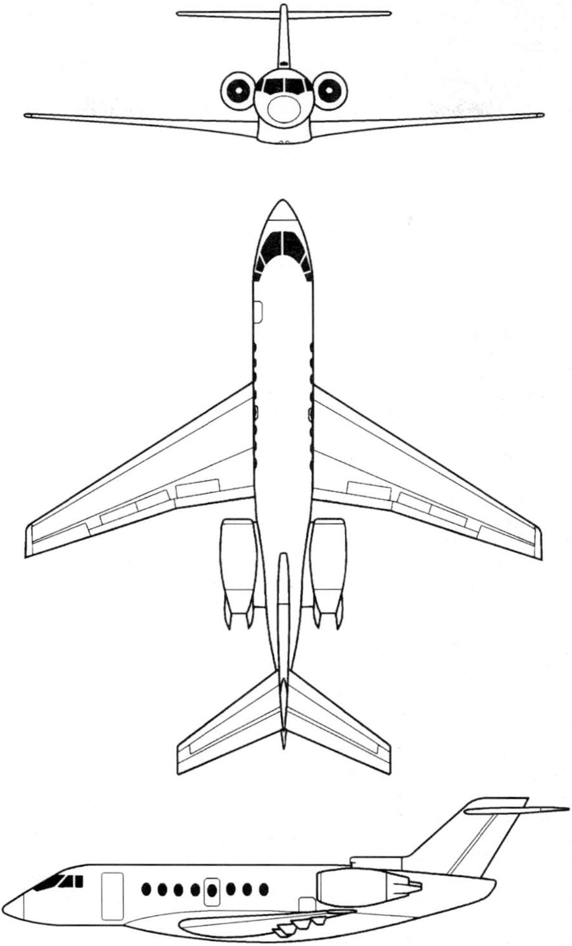

RAYTHEON/BEECHCRAFT T-6A TEXAN II

Ursprungsland: USA/Schweiz.
Kategorie: Zweisitziger Basis- und Fortgeschrittenentrainer.
Triebwerke: Eine Propellerturbine Pratt & Whitney Canada PT6A-68 von 1708 WPS (1275 kW) Leistung, reduziert auf 1100 WPS (820 kW).
Leistungen: Höchstgeschwindigkeit in grossen Höhen 575 km/h, auf Meereshöhe 500 km/h, Reisegeschwindigkeit auf 2285 m 426 km/h; Anfangssteiggeschwindigkeit 20,3 m/Sek; Dienstgipfelhöhe 10670 m; Reichweite 1574 km; max. Flugdauer 3 Std.
Gewichte: Leergewicht 2087 kg; max. Startgewicht 2857 kg.
Entwicklungsstand: Der erste Erprobungsträger (eine umgebaute PC-9) fliegt seit September 1992. Darauf stellte Beech zwei weitere Produktionsprototypen her (Erstflug 23. Dezember 1993), gefolgt vom ersten Serienflugzeug am 15. Juli 1998. Vorgesehen ist, für die amerikanischen Streitkräfte insgesamt 782 Maschinen zu beschaffen: USAF 454, USN 328. Bisher sind 109 Einheiten bestellt. Die Ablieferungen begannen 1999 an die USAF, ab 2001 folgen jene für die USN. Weitere Besteller: Griechenland 45, NATO Flying Training (NFTC) 24.
Bemerkungen: Obwohl der PC-9 sehr ähnlich, wurde rund 70 % der Konstruktion neu definiert. Die wesentlichen Unterschiede sind: Verstärkte Rumpfstruktur und Cockpithaube, Druckkabine, Null-Null-Schleudersitze, neue digitale Elektronik (GPS, MLS, Antikollisionsanzeige, HUD), Einpunktbetankung. Die T-6A ist Bestandteil eines integrierten Trainingssystems, welches auch Simulatoren und übrige Logistik umfasst. Generalunternehmer ist die Tochtergesellschaft von Raytheon, Beech Aircraft. Als erste USAF-Einheit erhält das 47th Flying Training Wing in Laughlin, Texas die T-6A.
Hersteller: Raytheon Aircraft/Beech Aircraft Division/Pilatus, Werk Wichita, Kansas, USA.

Abmessungen: Spannweite 10,15 m, Länge 10,14 m, Höhe 3,26 m, Flügelfläche 16,29 m².

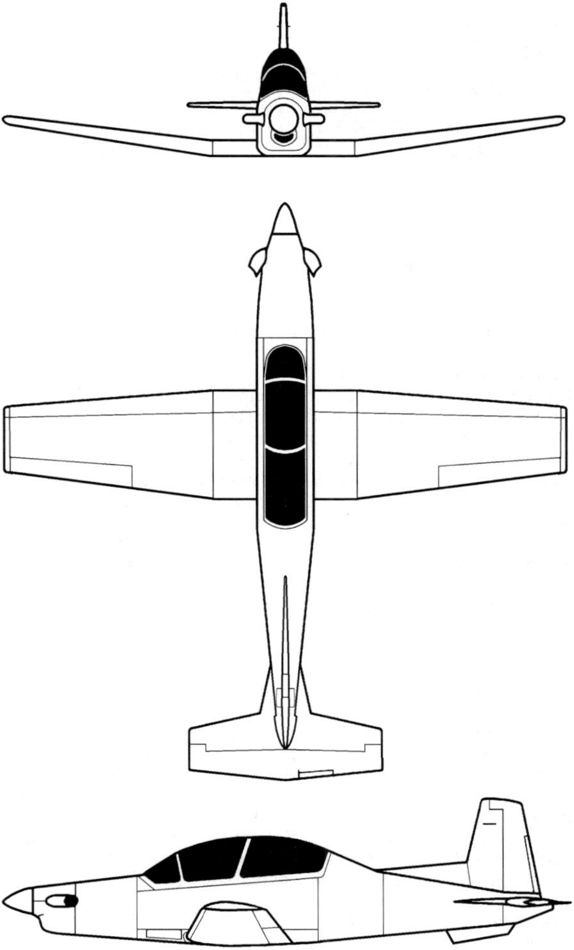

SAAB JAS 39 GRIPEN

Ursprungsland: Schweden.
Kategorie: Ein- oder zweisitziger Mehrzweckjäger.
Triebwerke: Ein Mantelstromtriebwerk General Electric/Volvo Flygmotor RM12 von 5510 kp (54 kN) Standschub ohne und 8210 kp (80,5 kN) mit Nachbrenner.
Leistungen (geschätzt): Höchstgeschwindigkeit auf Meereshöhe 1470 km/h (Mach 1,2) bzw. auf 11000 m 2555 km/h (Mach 2,2); Dienstgipfelhöhe 20000 m; Einsatzradius als Abfangjäger mit zwei Rb24 Sidewinder und Rb72 Sky Flash 400+ km; Überführungsreichweite 3000 km.
Gewichte: Rüstgewicht 6622 kg; max. Startgewicht 13000 kg.
Bewaffnung: Eine 27-mm-Kanone Mauser BK27. Sechs Flügelstationen (inkl. zwei an den Flügelspitzen) für bis zu vier Luft-Luft-Lenkwaffen Rb72 Sky Flash und zwei Rb24 Sidewinder bzw. AIM-120 AMRAAM. Unter den Flügeln lassen sich Luft-Boden- wie auch Schiffsbekämpfungslenkwaffen mitführen; max. Waffenlast 4200 kg.
Entwicklungsstand: Der erste von fünf Prototypen nahm am 9. Dezember 1988 die Flugerprobung auf. Das erste Serienflugzeug wurde der schwedischen Luftwaffe am 8. Juni 1993 übergeben. Bisher sind etwa 100 Einheiten abgeliefert worden. Bestellt sind 218 Maschinen, 190 Einsitzer und 28 Doppelsitzer JAS 39B. Jährlich werden 20 Gripen hergestellt. Die südafrikanische Luftwaffe beschafft vorläufig 9 Doppelsitzer (+ 19 Einsitzer als Option).
Bemerkungen: Für die Gripen oder JAS (**J**akt/**A**ttack/**S**paning = Jagd/Erdkampf/Aufklärung) 39 sind zum Erfüllen der einzelnen Aufgaben keine Spezialversionen mehr nötig. Jede Gripen führt die entsprechende Software im Bordcomputer ständig mit und die zugehörigen Ausrüstungen sind modular und leicht austauschbar gestaltet. Für die Pilotenausbildung entstand die zweisitzige Trainingsvariante JAS 39B. Das dritte Los von 64 Maschinen wird einige Verbesserungen aufweisen, u.a. FADEC-Triebwerksteuerung, farbige Mulitfunktionsanzeigen und optionale Luftbetankungseinrichtung. Ein Erprobungsträger, voraussichtlich ausgerüstet mit dem Eurojet EJ2000- oder GE414-Triebwerk, neuer Waffenelektronik wie auch Vektorsteuerung, soll in einigen Jahren fliegen.
Hersteller: Saab-Scania Aktiebolag, Linköping, Schweden.

Abmessungen: Spannweite 8,40 m, Länge (Einsitzer) 14,10 m, (Doppelsitzer) 14,80 m, Höhe 4,50 m, Flügelfläche 30 m^2.

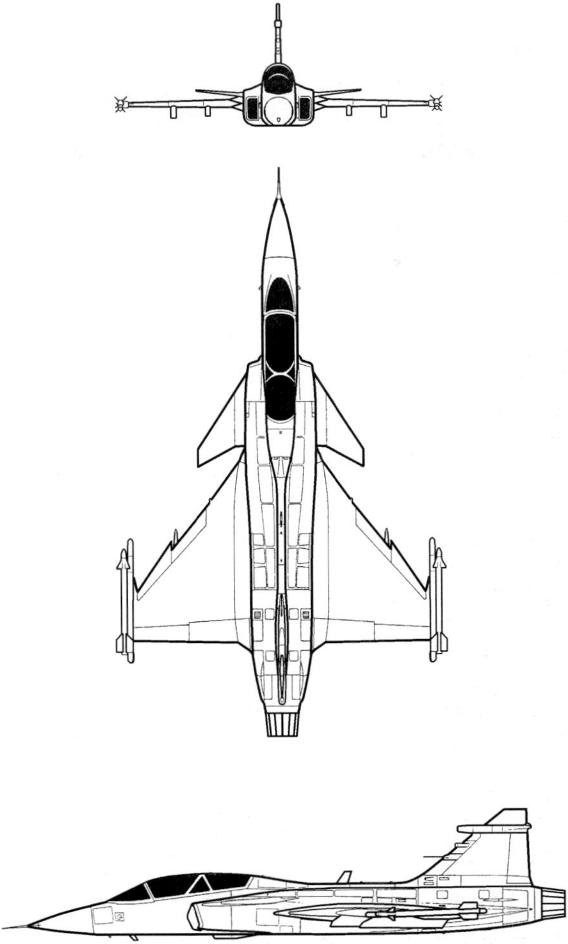

SCHWEIZER RU-38B TWIN CONDOR

Ursprungsland: USA.
Kategorie: Zweisitziges Aufklärungs- und Patrouillenflugzeug.
Triebwerke: Zwei Propellerturbinen Rolls-Royce Allison 250-B17F von je 450 WPS (335 kW) Leistung.
Leistungen (RU-38A): Reisegeschwindigkeit 250 km/h; Anfangssteiggeschwindigkeit 11 m/Sek; Dienstgipfelhöhe 7300 m; Reichweite unter Einsatzbedingungen 1430 km; Einsatzdauer bis zu 6 Std.
Gewichte: Leergewicht 1995 kg; max. Startgewicht 3175 kg.
Zuladung: Pilot und zwei Systemoperateure sowie Sensoren im Gewicht von bis zu 307 kg.
Entwicklungsstand: Die RU-38A startete am 21. Mai 1995 zum Erstflug. Die USGC hat drei Einheiten erhalten. Weitere Exemplare sind nach unbestätigten Angaben von der thailändischen Luftwaffe bestellt worden.
Bemerkungen: Die Twin Condor wurde für die sehr spezifischen Anforderungen der USGC hergestellt. Ihr Aufgabengebiet umfasst hauptsächlich die Suche und möglichst lautlose Jagd nach Drogenschmugglern, aber auch Such- und Rettungsflüge, Grenzpatrouillen sowie Überwachung von Umweltverschmutzern. Dazu ist sie mit folgender Ausrüstung bestückt: Radar mit integrierter Wärmebild-/TV-Kamera, FLIR, Bendix-Wetterradar ANP-215, GPS und spezielle Funkgeräte. Die Konstruktion, welche in ihren Ursprüngen von einem Motorsegler abgeleitet ist, zeichnet sich durch einige sehr individuelle Eigenheiten aus: Tandemanordnung der Triebwerke, wobei im Patrouillenflug normalerweise eines abgestellt bleibt; Flügel mit grosser Spannweite; Doppelrumpfleitwerk. Die RU-38B ist eine Weiterentwicklung mit Propellerturbinen der RU-38A (siehe Ausgabe 1996).
Hersteller: Schweizer Aircraft Corporation, Elmira, New York, USA..

Abmessungen: Spannweite 25,60 m, Länge 10,34 m, Höhe 3,01 m, Flügelfläche 25,60 m^2

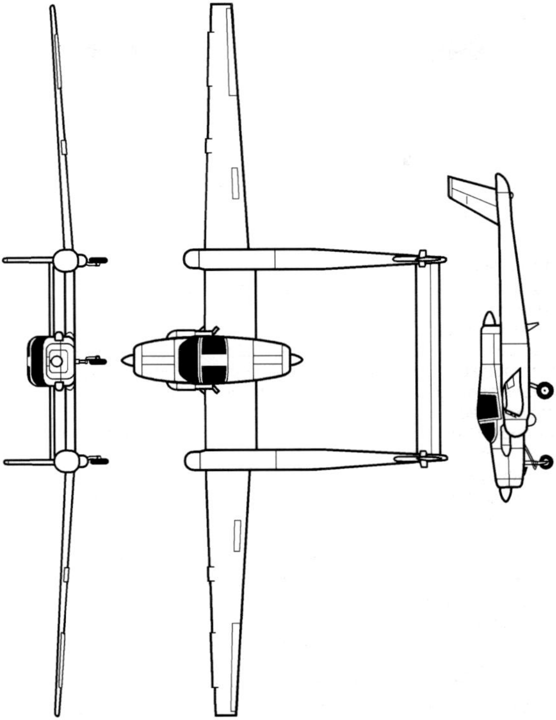

SCHWEIZER MODEL 333

Ursprungsland: USA.
Kategorie: Leichter Trainings- und Mehrzweckhubschrauber.
Triebwerke: Zwei Gasturbinen Rolls-Royce Allison 250-C20W von je 250 WPS (186 kW) Leistung.
Leistungen: Höchstgeschwindigkeit 222 km/h; normale Reisegeschwindigkeit 190 km/h; Schwebehöhe mit Bodeneffekt 3414 m, ohne Bodeneffekt 2591 m; Reichweite 556 km.
Gewichte: Leer 548 kg; max. Startgewicht 1138 kg.
Zuladung: Drei, maximal vier Personen einschliesslich des Piloten; max. Nutzlast 590 kg.
Entwicklungsstand: An der Heliexpo im Januar 2000 stellte Schweizer überraschend die jüngste Entwicklung Model 333 vor. Wann der Erstflug stattgefunden hat, ist nicht bekannt. Mit den Auslieferungen begann man im ersten Semester 2000. Die Vorgängerin Model 330 fliegt seit 1988 und wurde seither in ca. 30 Exemplaren hergestellt.
Bemerkungen: Abgeleitet vom Vorgängermodell 330, weist die 333 wesentlich bessere Leistungen auf. Bei höherem Gesamtgewicht nahm die Nutzlast um 30 % zu. Geschwindigkeit und Steigleistungen sind ebenfalls deutlich besser. Das Rotorsystem wurde überarbeitet, die drei Rotorblätter neuester Technologie sind aus Verbundwerkstoffen. Der Sicherheit wurde grosse Aufmerksamkeit geschenkt. Dank verstärkter Struktur, aufschlagsicheren Treibstofftanks, Kufen mit energieabsorbierenden Teleskop-Dämpfern usw. gelang es, eine erheblich verbesserte «Crash- und Überroll-Tauglichkeit» zu erzielen. Für Trainingsaufgaben kann die 333 auf Wunsch mit Doppelsteuerung geliefert werden. Im Vergleich zu Konkurrenzmodellen zeichnet sich die 333 durch sehr günstige Anschaffungs- und Betriebskosten aus.
Hersteller: Schweizer Aircraft Corporation, Elmira, New York, USA.

Abmessungen: Rotordurchmesser 8,39 m, Rumpflänge 9,40 m, Höhe inkl. Rotormast 3,34 m.

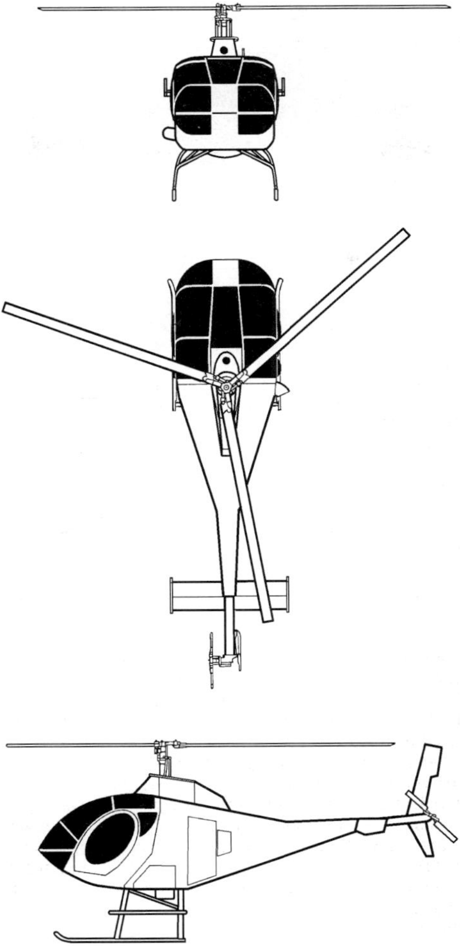

SIKORSKY (S-70A) UH-60L BLACKHAWK

Ursprungsland: USA.
Kategorie: Taktischer Transporthubschrauber.
Triebwerke: Zwei Gasturbinen General Electric T700-GE-701C von je 1947 WPS (1448 kW) Leistung.
Leistungen: Höchstgeschwindigkeit 295 km/h auf 610 m; max. Reisegeschwindigkeit 268 km/h auf 1225 m; Dienstgipfelhöhe 5837 m; Schwebehöhe ohne Bodeneffekt 3390 m; Reichweite mit 30 Min. Reserven 600 km, mit zwei 870-l-Zusatztanks 1630 km.
Gewichte: Leer 5225 kg; max. Startgewicht 9975 kg, mit Aussenlasten 10433 kg.
Zuladung: Drei Mann Besatzung und elf vollausgerüstete Soldaten. Als Transporter bis zu 4100 kg Aussenlasten am Frachthaken.
Bewaffnung (HH-60G): Kombination von 7,62-mm-Mini-Gun, M240-Maschinengewehr und einer «.50 cal gun» an Aussenträgern seitlich am Rumpf.
Entwicklungsstand: Die leistungsfähigere Version UH-60L des Grundmusters S-70A/UH-60A fliegt seit dem 22. März 1988 und wurde ab Ende 1989 an die US Army abgeliefert. Bisher sind rund 2100 Blackhawks an viele militärische oder paramilitärische Organisationen, aber auch an Private in rund 26 Ländern geliefert worden. Neueste (Nach-) Bestellungen: Ägypten 2, Israel 35, Japan 3, Kolumbien 30, Österreich 9, Thailand 2, US Army 19.
Bemerkungen: Nebst der laufenden Produktion von neuen UH-60 beginnt nun eine grossangelegte Konversion früherer Modelle. Rund 900 UH-60A werden ab 2002 in UH-60L+-Standard, weitere 357 in die Ambulanzversion UH-60Q umgebaut. Ab 2008 sind 300 UH-60L für das Modernisierungsprogramm UH-60X vorgesehen. Diese Ausführung erhält neue Triebwerke der 3000 WPS-Klasse, grössere Treibstoffkapazität und strukturelle Anpassungen. Damit soll die Leistungsfähigkeit um rund 25 % erhöht werden.
Hersteller: Sikorsky Aircraft, Stratford, Connecticut, USA.

Abmessungen: Rotordurchmesser 16,36 m, Rumpflänge 15,26 m, Höhe inkl. Rotormast 3,76 m.

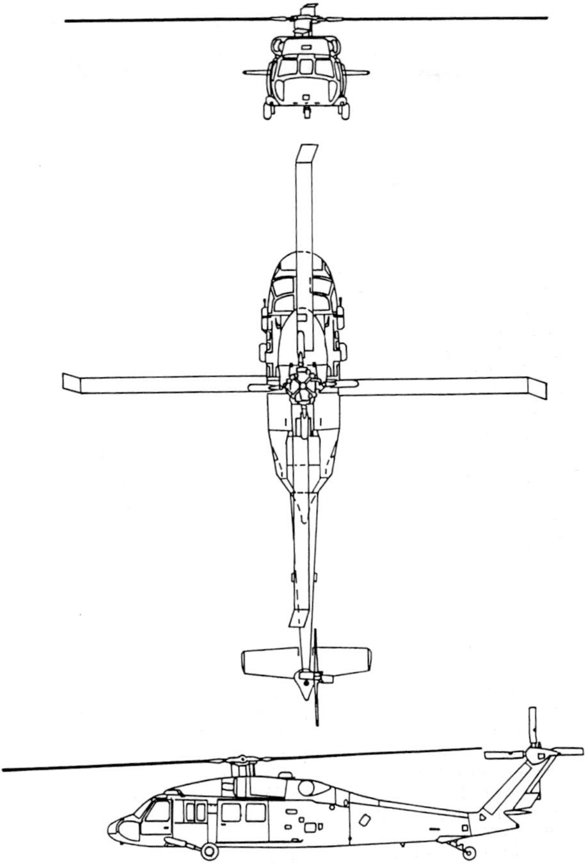

SIKORSKY CH-60/SH-60B SEAHAWK

Ursprungsland: USA.
Kategorie (SH-60): Bordgestützter U-Bootjäger- und Mehrzweckhubschrauber und (CH-60) Transport- und SAR-Hubschrauber.
Triebwerke: Zwei Gasturbinen General Electric T700-GE-401C von je 1900 WPS (1417 kW) Leistung.
Leistungen (SH-60): Höchstgeschwindigkeit 272 km/h auf Meereshöhe; max. Reisegeschwindigkeit 249 km/h; Aufenthaltsdauer 3 Std. 50 Min. in 92 km bzw. 45 Min. in 483 km Entfernung vom Stützpunkt.
Gewichte (SH-60): Leergewicht 6191 kg; max. Startgewicht 9926 kg.
Bewaffnung (SH-60): Zwei Torpedos Mk.46 oder zwei Antischiffslenkwaffen Penguin.
Entwicklungsstand: Die erste CH-60S wird seit 6. Oktober 1997 erprobt. Seit dem 27. Januar 2000 fliegt das erste Serienmuster. Der Gesamtbedarf der USN beläuft sich auf 237 CH-60S. Von den verschiedenen Ausführungen der SH/HH-60 sind bisher über 500 Einheiten an neun Marinen oder Küstenwachen geliefert worden. Neueste (Nach-)Bestellungen: Japan 7 SH-60J, Griechenland 2 SH-60B (+ 2 Optionen), Spanien 6 SH-60B, 15 CH-60S, bisheriges Total 70.
Bemerkungen: Die bereits sehr umfangreiche S-70-Familie wurde durch den Flottenversorger CH-60 für die US Navy ergänzt. Dabei handelt es sich um eine Kombination zwischen der Armeeversion UH-60 und der Marineausführung SH-60. Der Rumpf stammt von der Erstgenannten, während das dynamische System einschliesslich des Faltmechanismus von der SH-60 übernommen werden. Nebst dem Frachttransport zwischen den Schiffen der US Navy ist die CH-60 auch für SAR- und Versorgungseinsätze in der Kampfzone vorgesehen. Die USN soll ab 2002 243 (bisher fünf bestellt) in eine neue, einheitliche Version SH-60R umgebaute SH-60B/F erhalten. Nebst neuen Triebwerken der 3000 WPS-Klasse (2240 kW) sind u.a. ein neues Glascockpit, APS-147-Bordradar, AQS-22-Sonar, Akustik-Prozessor und ECM-Ausrüstung vorgesehen. Das maximale Startgewicht steigt auf 10700 kg.
Hersteller: Sikorsky Aircraft, Stratford, Connecticut, USA.

Abmessungen: Rotordurchmesser 16,36 m, Rumpflänge (SH-60) 15,26 m, Höhe inkl. Rotormast 3,79 m.

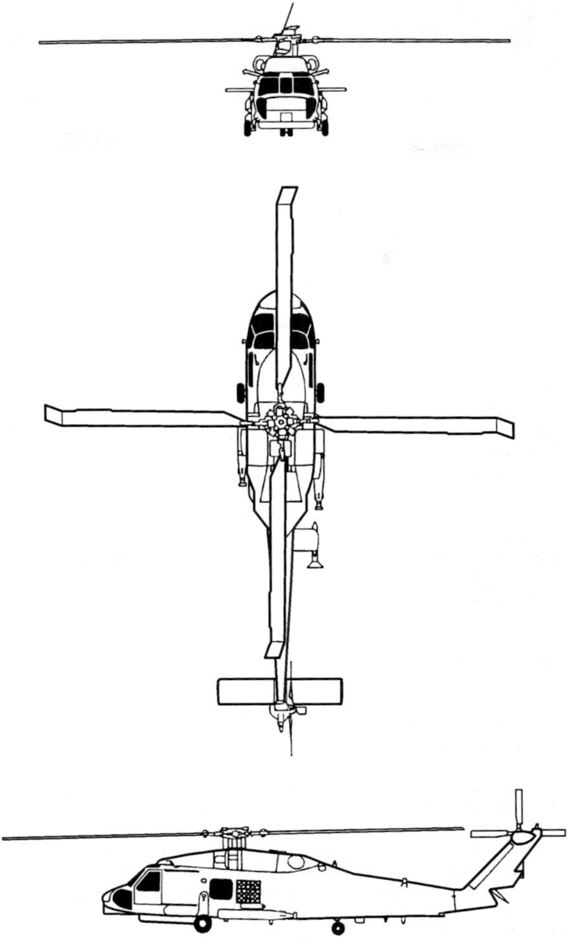

SIKORSKY S-92 HELIBUS

Ursprungsland: USA.
Kategorie: Passagier- und Mehrzweckhubschrauber.
Triebwerke: Zwei Gasturbinen General Electric CT7-8 von je 2400 WPS (1790 kW) Leistung.
Leistungen (geschätzt): Max. Reisegeschwindigkeit 290 km/h; normale Reisegeschwindigkeit 260 km/h; Schwebehöhe mit Bodeneffekt 3500 m, ohne Bodeneffekt 2225 m; Reichweite 945 km.
Gewichte: Leergewicht 7030 kg; max. Startgewicht mit interner Nutzlast 11430 kg, mit externer Nutzlast 12020 kg.
Zuladung: Zwei Piloten und zwischen 19 und 22 Passagiere; max. externe Nutzlast 4540 kg.
Entwicklungsstand: Das erste von fünf Erprobungsexemplaren S-92A startete am 23. Dezember 1998 zum Erstflug. Nach heutigen Plänen beginnt die Ablieferung an Kunden Mitte 2002. Bisher ist erst ein Exemplar bestellt worden.
Bemerkungen: Während der Rumpf eine völlige Neukonstruktion darstellt, sind die meisten dynamischen Komponenten (Haupt- und Heckrotor, Rotorkopf) von der S-70 übernommen. Die geräumige Kabine (Länge 5,67 m, Breite 2,00 m, Höhe 1,83 m) soll einen Komfort wie ein Linienflugzeug offerieren, so z.B. bezüglich Lärm und Vibration. Das Fahrwerk ist einziehbar. Zum besseren Beladen ist eine Heckladerampe vorhanden. Nebst der heute üblichen Elektronik verfügt die S-92 über eine Besonderheit. Dank eines digitalen Flugkontrollsystems (AFCS) kann der Hubschrauber auch im Schwebeflug automatisch gesteuert werden. Sikorsky plant, bei der Serienausführung den Rumpf hinter dem Cockpit um ca. 40 cm zu verlängern. Zudem gelangt die Avionik Collins Pro Line 21 zum Einbau.
Hersteller: Sikorsky Aircraft, Stratford, Connecticut, USA.

Abmessungen: Rotordurchmesser 17,71 m, Rumpflänge 17,32 m, Höhe inkl. Rotorkopf 4,62 m.

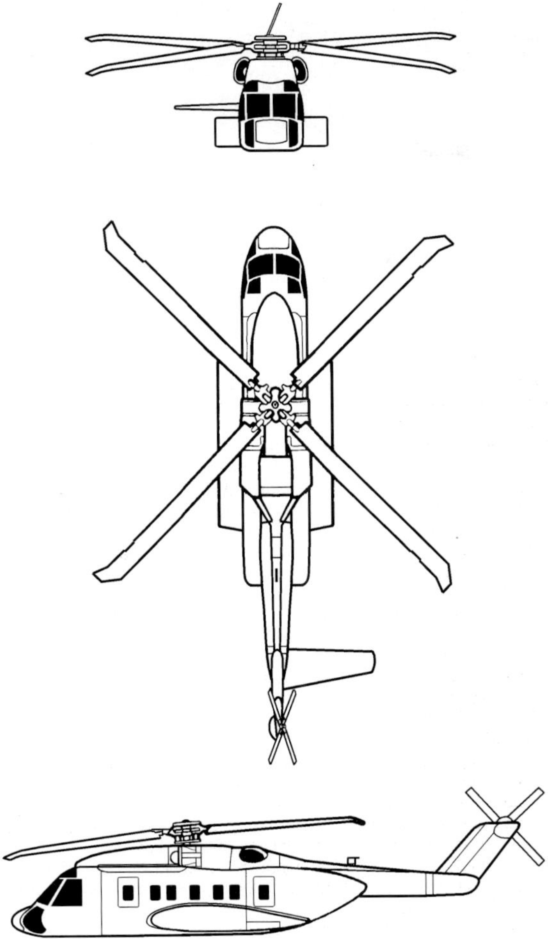

SINO SWEARINGEN SJ30-2

Ursprungsland: USA (Taiwan).
Kategorie: Firmenflugzeug.
Triebwerke: Zwei Mantelstromtriebwerke Williams/Rolls-Royce FJ44-2A von je 1043 kp (10,23 kN) Standschub.
Leistungen: Höchstgeschwindigkeit Mach 0,83; max. Reisegeschwindigkeit auf 11582 m 882 km/h; Dienstgipfelhöhe 14935; Reichweite mit IFR-Reserven 4630 km.
Gewichte: Leergewicht 3583 kg; max. Startgewicht 5987 kg.
Zuladung: Ein oder zwei Piloten und bis zu sieben Passagiere; max. Nutzlast 635 kg.
Entwicklungsstand: Der Vorläufer SJ30 flog erstmals am 13. Februar 1991. Nach kurzer Flugerprobung wurde das Programm während mehrerer Jahre unterbrochen. Die Weiterentwicklung JS30-2 fliegt seit 8. November 1996. Das erste von drei der Serienausführung entsprechende Muster nahm die Flugerprobung am 30. November 2000 auf. 175 SJ30-2 sind bisher bestellt; erste Auslieferungen im letzten Quartal 2001.
Bemerkungen: Das Projekt SJ30-2 hat eine lange Entwicklungszeit hinter sich, welche immer wieder, meist wegen Finanzmangel, vorübergehend eingestellt wurde. Absicht war es, ein kostengünstiges Firmenflugzeug mit fortschrittlicher Technologie anzubieten, welches insbesondere mit Propellerturbinenflugzeugen der gleichen Klasse konkurrenzieren kann. In der Zwischenzeit wurde der Prototyp überarbeitet, erhielt u.a. einen um 13 cm verlängerten Rumpf und neue Triebwerke. Flügel und Fahrwerk wurden ebenfalls überarbeitet. Diese Ausführung weist generell bessere Flugleistungen auf. Der Anschaffungspreis beläuft sich auf etwa US$ 4,8 Mio.
Hersteller: Sino Swearingen, Werk Martinsburg, West Virginia, San Antonio, Texas, USA und Taipeh, Taiwan.

Abmessungen: Spannweite 12,90 m, Länge 14,30 m, Höhe 4,34 m, Flügelfläche 27,70 m².

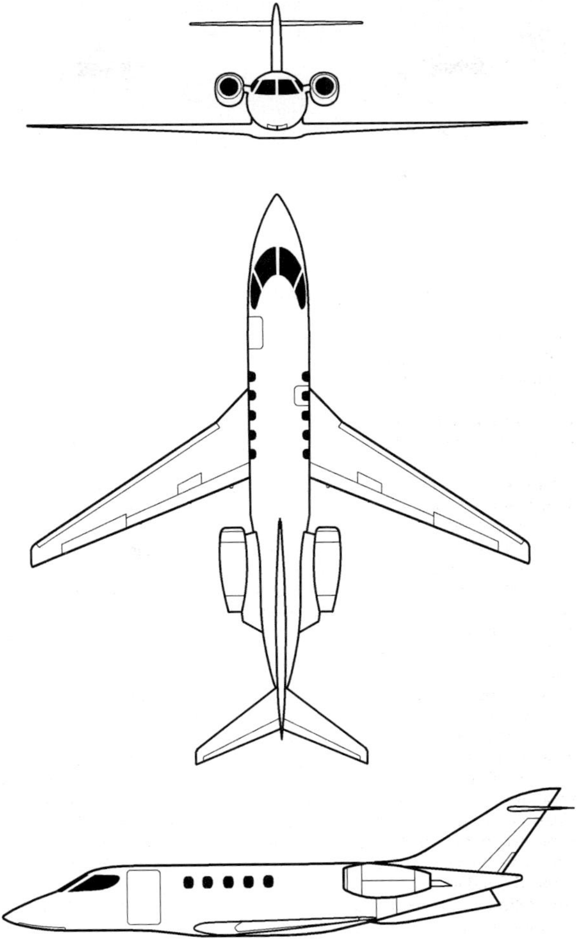

SOCATA TBM 700

Ursprungsland: Frankreich.
Kategorie: Leichtes Mehrzweckflugzeug.
Triebwerke: Eine Propellerturbine Pratt & Whitney Canada PT6A-64 von 700 WPS (522 kW) Leistung.
Leistungen: Höchstgeschwindigkeit 556 km/h auf 7925 m; normale Reisegeschwindigkeit 523 km/h auf 9145 m; Langstrecken-Reisegeschwindigkeit 452 km/h auf 9145 m; Anfangssteiggeschwindigkeit 11,7 m/Sek; Dienstgipfelhöhe 9144 m; Reichweite mit sechs Passagieren 1900 km, mit max. Treibstoffzuladung 2871 km.
Gewichte: Leer 1860 kg; max. Startgewicht 2985 kg.
Zuladung: Ein bis zwei Piloten und bis zu sechs Passagiere. «Club»-Version mit vier Passagiersitzen und Mittelgang. Max. Nutzlast als Frachter 1140 kg.
Entwicklungsstand: Der Prototyp der TBM 700 flog erstmals am 14. Juli 1988, gefolgt vom zweiten im August und vom dritten im Oktober 1989. Das erste Serienflugzeug startete am 24. August 1990 zum Erstflug. Bis Ende 2000 waren rund 190 TBM 700 bestellt und etwa 170 davon abgeliefert. Die französische Luftwaffe beschaffte bisher 19 TBM 700 und hofft, insgesamt 35 Maschinen kaufen zu können. Für 2001 ist die Produktion von rund 40 TBM vorgesehen.
Bemerkungen: Die TBM 700 ist eine Gemeinschaftsentwicklung von Socata (Tochtergesellschaft von Aérospatiale) und Mooney Aircraft. Als druckbelüftetes Reiseflugzeug profitiert die TBM 700 von der Mooney M301, von welcher der Rumpf weitgehend übernommen wurde. Neu entwickelte Socata hingegen den Flügel und das Leitwerk. Socata bietet auch diverse militärische Varianten an, beispielsweise als Verbindungsflugzeug, Frachter, für ECM-Aufgaben oder als Zielschlepper. Eine besondere Frachtausführung mit grösserer Ladetüre und schnell auszuwechselnder Inneneinrichtung wird neu angeboten.
Hersteller: Socata, Groupe Aérospatiale, Werk Tarbes, Suresnes, Frankreich.

Abmessungen: Spannweite 12,68 m, Länge 10,64 m, Höhe 4,35 m, Flügelfläche 18,00 m^2.

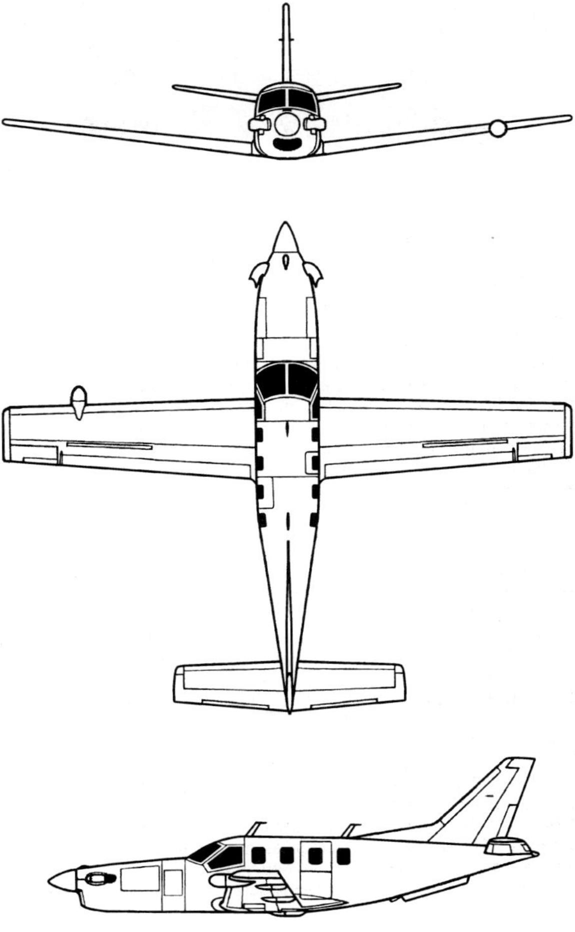

SUCHOJ SU-25TM/39

Ursprungsland: Russland.
Kategorie: Einsitziges Allwetter-Mehrzweckkampf- und Nahunterstützungsflugzeug, zweisitziger Einsatztrainer.
Triebwerke: Zwei Strahltriebwerke Soyuz/Gavrilov R-195Sh von je 4500 kp (44,18 kN) Standschub.
Leistungen: Höchstgeschwindigkeit 950 km/h (Mach 0,82); Anfangssteiggeschwindigkeit 58 m/Sek; Dienstgipfelhöhe 10000 m; Einsatzradius mit 2000 kg Waffen im Tiefflug 400 km; max. Reichweite 2250 km.
Gewichte: Normales Startgewicht 16500 kg; max. 20500 kg.
Bewaffnung: Eine doppelläufige 30-mm-Kanone GSh-2 und Kombinationen von Panzerbekämpfungs-Lenkwaffen Vihkr-M, Antischiffs-Lenkwaffen Kh-35, Luft-Boden-Lenkwaffen Kh-31, Antiradar-Lenkwaffen Kh-58U Raduga sowie Mittelstrecken-Luft-Luft-Lenkwaffen Vympel R-77 an zehn Stationen unter den Flügeln und unter dem Rumpf in einem Gesamtgewicht von 5000 kg.
Entwicklungsstand: Der erste von drei Prototypen Su-25TM wurde im August 1995 vorgestellt. Vergangenes Jahr nahm Suchoj die Produktion dieser Ausführung in kleinen Stückzahlen für die russische Luftwaffe auf. Weitere ältere Su-25 werden in diese Version umgebaut. Zehn Su-25 der ursprünglichen Ausführung erhält die Republik Kongo. Von allen Su-25 stellte Suchoj bisher rund 800 Einheiten her.
Bemerkungen: Die Weiterentwicklung Su-25TM bzw. Su-39 des 1975 erstmals geflogenen Erdkämpfers verfügt über eine wesentlich leistungsfähigere Elektronik. Diese umfasst u.a. das Mehrzweckradar Phazotron Kopyo 25, welches in einem Behälter unter dem Rumpf montiert ist und dieser Version Allwettereinsätze ermöglicht. An den Flügelenden sind zudem ECM-Behälter angebracht. Durch Optimierung der Silhouette und Kühlung der Triebwerkaustritte wurde erreicht, dass die Radar- und Infrarotreflexion der Su-25TM nur noch etwa ein Viertel so gross ist wie beim Ausgangsmuster.
Hersteller: Suchoj Design Bureau/KnAAPO, Werke Tbilisi, Georgien und Ulan-Ude, Russland.

Abmessungen: Spannweite 14,36 m, Länge 15,53 m, Höhe 5,20 m, Flügelfläche 30,10 m^2.

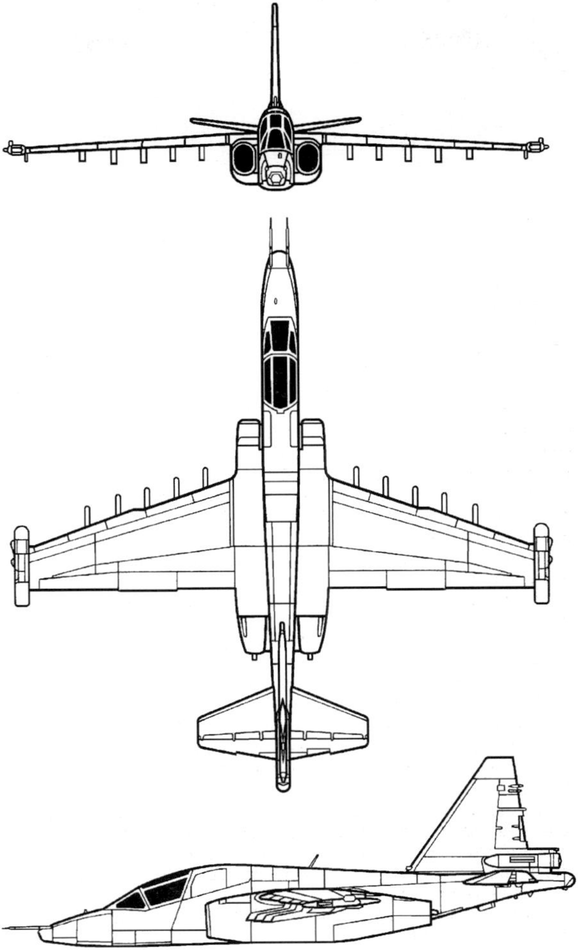

SUCHOJ SU-27SK/SU-30MK

Ursprungsland: Russland.
Kategorie: Einsitziger Abfangjäger (Su-27SK), zweisitziges Mehrzweckkampfflugzeug (Su-30M/MK/MKI).
Triebwerke: Zwei Mantelstromtriebwerke Saturn (Lyulka) AL-31F von je 8100 kp (79,43 kN) Standschub ohne und 12500 kp (122,60 kN) mit Nachbrenner.
Leistungen (Su-27SK): Höchstgeschwindigkeit 2500 km/h auf 11000 m (Mach 2,35), 1350 km/h auf Meereshöhe (Mach 1,1); Anfangssteiggeschwindigkeit 330 m/Sek; Dienstgipfelhöhe 18500 m; Einsatzradius im Unterschallbereich und mit je vier Luft-Luft-Lenkwaffen R-27 und R-73 1500 km; Reichweite mit max. Treibstoffzuladung 4000 km.
Gewichte (Su-30MK): Startgewicht norm. 26090 kg; max. 33000 kg.
Bewaffnung: Eine sechsläufige 30-mm-Revolverkanone und (Su-27SK) bis zu zehn Luft-Luft-Lenkwaffen, (Su-30M) Waffen aller Art bis zu 8000 kg an zwölf Aufhängepunkten unter dem Rumpf und den Flügeln.
Entwicklungsstand: Die Jagdversion Su-27SK (siehe Silhouette) fliegt seit 1984, die Mehrzweckversion Su-30M seit 30. Dezember 1989. Die Volksrepublik China erhält zurzeit 72 als F-11 bezeichnete Su-27SK/UB. Weitere 200 Einheiten baut Shengyang unter der Bezeichnung F-11 in Lizenz. Auch 45 Su-30MKK beschafft China. Weitere Besteller: Äthiopien 8 Su-27SK, Indien 50 (18 Su-30K, 32 Su-30MKI + weiter 140 MKI im Lizenzbau), Syrien (14 Su-27SK), Vietnam 24 (Su-27SK).
Bemerkungen: Die doppelsitzige Ausführung Su-30M ist vorwiegend für Jagdbomber-Einsätze vorgesehen. Entsprechend dem Einsatzspektrum wurden anstelle des Allwetterradars ein neues Kampfelektroniksystem sowie ein Navigationssystem Loran eingebaut. Besonders die Heckpartie wurde überarbeitet und verstärkt. Die Su-30M verfügt über die gleichen Vorflügel wie die Su-27M (siehe Ausgabe 1999). Eine Exportversion heisst Su-30MK, ebenfalls mit Vorflügeln und auf Wunsch mit zusätzlicher Vektorsteuerung (Su-27MKI) ausgerüstet. Ein weiterer Unterschied zur Su-30M besteht in der Kampfelektronik.
Hersteller: Suchoj Design Bureau/KnAAPO, Werke Komsomolsk und Irkutsk, Moskau, Russland.

Abmessungen (Su-30MK): Spannweite 14,70 m, Länge 21,93 m, Höhe 6,35 m, Flügelfläche 63,20 m^2.

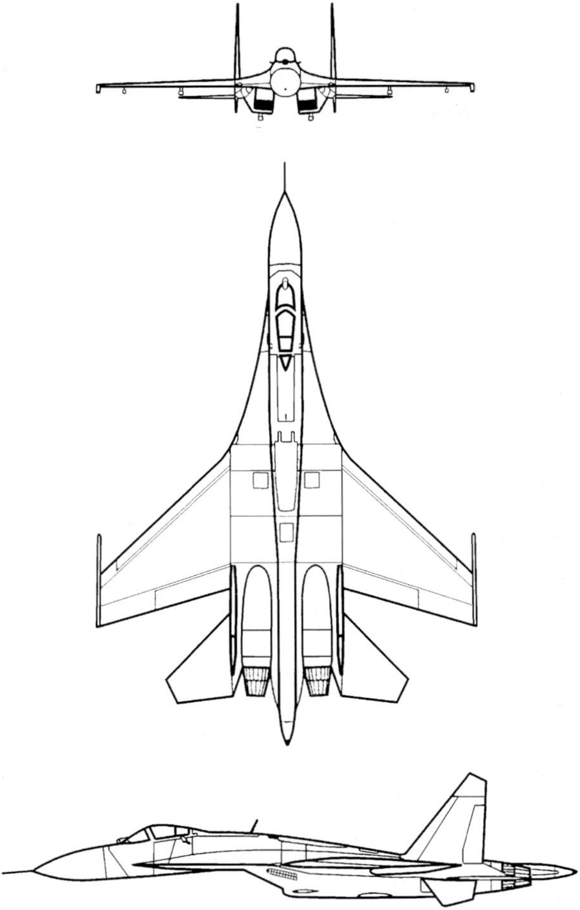

SUCHOJ SU-27IB

Ursprungsland: Russland.
Kategorie: Zweisitziger Jagdbomber.
Triebwerke: Zwei Mantelstromtriebwerke Saturn (Ljulka) AL-35F von je rund 14000 kp (137 kN) Leistung mit Nachbrenner.
Leistungen: Höchstgeschwindigkeit 2500 km/h auf 11000 m (Mach 2,35), auf Meereshöhe 1400 km/h (Mach 1,17); max. Reichw. 4000 km.
Gewichte: Max. Startgewicht 44360 kg.
Bewaffnung: Zwei eingebaute 30-mm-Kanonen und eine Waffenlast von 8200 kg.
Entwicklungsstand: Noch unter der Bezeichnung Su-27IB startete der erste Prototyp am 13. April 1990 zum Erstflug. Der danach als Su-34 bezeichnete erste Serienprototyp fliegt seit September 1993. Die beschränkte Serienproduktion, neu wiederum als Su-27IB bezeichnet, ist 1996 aufgenommen worden. Bisher sind rund sieben Su-27IB hergestellt.
Bemerkungen: Der augenfälligste Unterschied zum Ausgangsmuster Su-27 ist der völlig neu konstruierte Vorderrumpf mit Sitzen nebeneinander. Die Piloten verfügen über ein geräumiges, z.T. gepanzertes Cockpit. Die Su-27IB ist mit kleinen Vorflügeln hinter dem Cockpit sowie mit bis an die Nase weitergezogenen Vorflügelkanten ausgerüstet. Für den harten Erdkampfeinsatz ist sie zudem punktuell verstärkt und verfügt über ein neues Hauptfahrwerk mit Doppelrädern hintereinander. Gegenüber dem Prototypen wurde der Heckkonus vergrössert, um Platz für einen Bremsfallschirm und ein rückwärts gerichtetes Radar zu schaffen. Zudem ist das Seitenleitwerk etwas kleiner. Einem Prototypen wurde ein modernstes Mehrzweckradar Leninetz mit hochauflöslicher Kartendarstellung sowie ein Inertial-Navigationssystem mit GPS eingebaut. An den Flügelspitzen sind ECM-Pods Sorbtsiya-S montiert. Eine Aufklärer-/ECM-Version soll ebenfalls hergestellt werden.
Hersteller: Suchoj Desing Burea Werk Nowosibirsk, Moskau, Russland.

Abmessungen: Spannweite 14,70 m, Länge 23,95 m, Höhe 6,10 m, Flügelfläche 62,00 m^2.

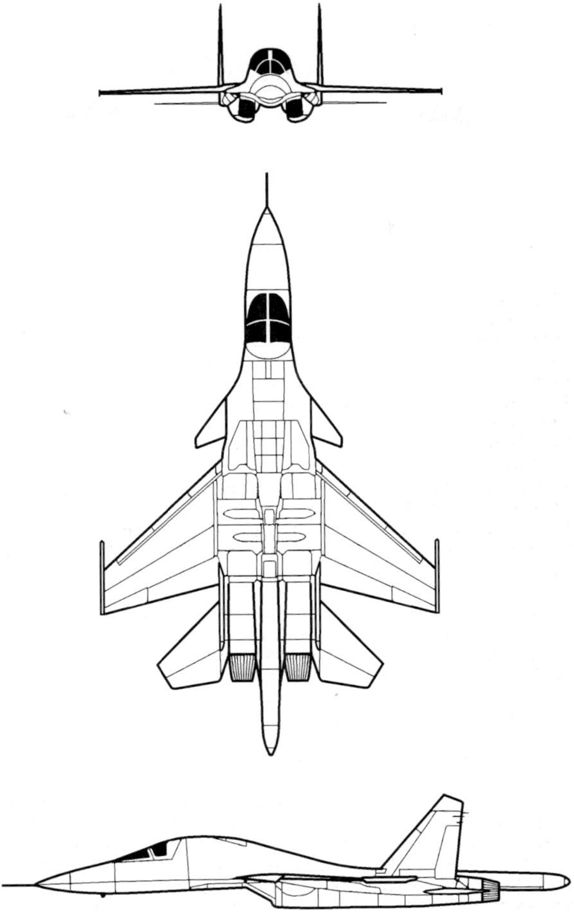

SUCHOJ S-37 BERKUT

Ursprungsland: Russland.
Kategorie: Hochmanövrierfähiger Luftüberlegenheitsjäger bzw. Erprobungsträger.
Triebwerke: Zwei Mantelstromtriebwerke Aviadvigatel D-30F6 von je 20000 kp (196 kN) Standschub mit Nachverbrennung.
Leistungen: Höchstgeschwindigkeit 2500 km/h in grossen Höhen, 1400 km/h auf Meereshöhe; Dienstgipfelhöhe 18000 m; Reichweite etwa 3300 km.
Gewichte: Startgewicht 34000 kg.
Bewaffnung: Eine 30 mm-Kanone GSh-301? sowie Waffen in einem internen Waffenschacht und an Stationen unter den Flügeln.
Entwicklungsstand: Der Prototyp flog erstmals am 25. September 1997. Angesichts der finanziellen Lage von Russland ist nicht anzunehmen, dass die Berkut in Serie geht. Sie wird vielmehr den Status eines Erprobungsträgers behalten.
Bemerkungen: Nachdem seit Jahren über eine Su-32 bzw. S-37 spekuliert wurde, aber nie genaue Angaben erhältlich waren, ist durch den erfolgten Erstflug dieses Projekt in eine konkretere Phase getreten. Leider sind nur sehr wenige Informationen erhältlich. Deshalb sind alle hier gemachten Angaben mit Vorsicht zu geniessen. Auffallend bei der S-37 sind die nach vorne gepfeilten Hauptflügel, zu 90 % aus Verbundwerkstoff. Zudem wurden hinter dem Cockpit noch zwei Entenflügel angebracht. Der ganze Rumpf ist mit einer radarabsorbierenden Schicht bedeckt. In der Grösse gleicht dieser zweimotorige Jäger der Su-27 (siehe Seiten 284/285). Der Entwurf ist aber sehr stark auf gute Manövrierbarkeit und extreme Anstellungswinkel ausgelegt. Im Rahmen der Flugerprobung wird der Prototyp zu einem späteren Zeitpunkt mit Schubvektorsteuerung ausgerüstet. Sehr gross ausgefallen sind die Triebwerkseinlässe, ergänzt durch auf beiden Seiten des Rumpfes plazierte zusätzliche Luftöffnungen. Am Heck neben den Triebwerken sind ein rückwärtsgerichteter Radar sowie ein ECM-System eingebaut. Die S-37 besitzt offenbar einen Fanghaken.
Hersteller: Suchoj Desing Bureau/KnAAPO, Moskau, Russland.

Abmessungen: Spannweite 16,70 m, Länge 22,60 m, Höhe 6,40 m, Flügelfläche 56 m^2.

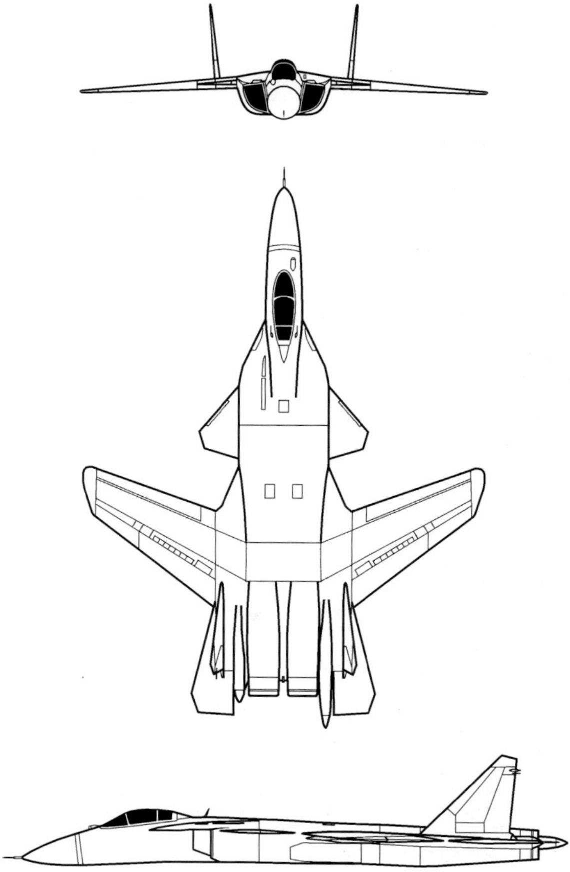

TUPOLEW TU-160

Ursprungsland: Russland.
Kategorie: (Tu-160): Strategischer Langstreckenbomber, (Tu-160K) Satelliten-Startplattform.
Triebwerke: Vier Mantelstromtriebwerke Samara NK-321 von je 25000 kp (245,14 kN) Standschub mit Nachverbrennung.
Leistungen: Kurzfristig erreichbare Höchstgeschwindigkeit 2020 km/h (Mach 1,9) auf 11000 m; max. Dauergeschwindigkeit 1700 km/h (Mach 1,6); Langstrecken-Reisegeschwindigkeit 850 km/h auf 14000 m; Dienstgipfelhöhe 18300 m; Aktionsradius ohne Flugbetankung 7300 km; max. Reichweite 12300 km.
Gewichte: Rüstgewicht 117000 kg; max. Startgewicht 275000 kg.
Zuladung: Vier Mann Besatzung, wovon zwei Piloten und zwei Systemoperateure.
Bewaffnung: Waffenlast von max. 40000 kg in zwei hintereinander liegenden Schächten von je rund 10 m Länge. Die Hauptbewaffung sind 12 bis 24 Marschflugkörper Raduga Ch-55 und Kurzstrecken-Lenkwaffen.
Entwicklungsstand: Je nach Quelle nahm die Tu-160 die Flugerprobung zwischen 1979 und 1982 auf. Die Serienproduktion begann 1984/85 und wurde nach rund 40 Einheiten einschliesslich der Prototypen 1993 eingestellt. Etwa 15 Einheiten befinden sich bei der russischen Luftwaffe im Einsatz. 1999 wurde die Produktion, allerdings in sehr kleinen Stückzahlen, wieder aufgenommen.
Bemerkungen: Die Tu-160 ist der grösste Interkontinentalbomber mit variabler Flügelgeometrie, der je hergestellt wurde. Dieses Ganzmetallflugzeug mit Fly-by-wire-Steuerung verfügt zur Erfüllung seiner Aufgaben über eine umfangreiche Waffenelektronik. 20 % der gesamten Struktur bestehen aus Titan. Die Tu-160K wird als Trägerflugzeug für Satelliten eingesetzt. Einen oder mehrere Satelliten mit einer Nutzlast von 600 bis 800 kg können von der fliegenden Plattform in niedrige Umlaufbahnen gebracht werden.
Hersteller: OKB Alexei A. Tupolew, Werk Kazan, Moskau, Russland.

Abmessungen: Spannweite bei 20° Pfeilung 55,70 m, bei 65° Pfeilung 35,60 m, Länge 54,10 m, Höhe 13,10 m, Flügelfläche 360,00 m².

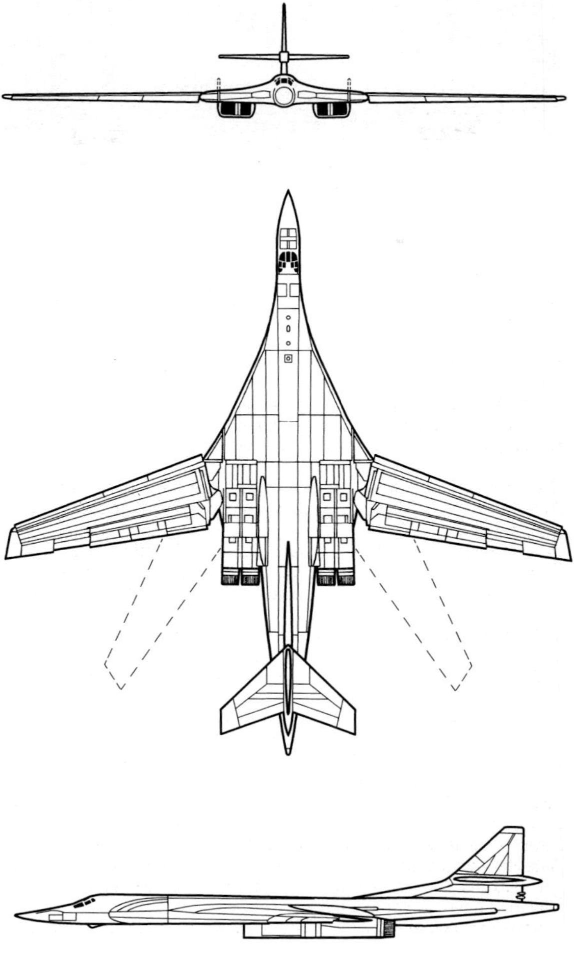

TUPOLEW TU-204

Ursprungsland: Russland.
Kategorie: Mittelstrecken-Verkehrsflugzeug.
Triebwerke: Zwei Mantelstromtriebwerke (Tu-204-100) Perm (Solowiew) PS-90 von je 16000 kp (156,9 kN) oder (Tu-204-120) Rolls Royce RB.211-535E4 von je 18930 kp (193 kN) Standschub.
Leistungen (Tu-204-100): Max. Reisegeschwindigkeit 850 km/h auf 10650 m; Dienstgipfelhöhe 12200 m; Reichweite mit 196 Passagieren 3850 km, mit max. Nutzlast 2500 km.
Gewichte: Leer 56500 kg; max. Startgewicht 103000 kg.
Zuladung: Zwei Mann Cockpitbesatzung und normalerweise in Dreiklassenbestuhlung 170, maximal jedoch bei nur einer Klasse 214 Passagiere in Sechserreihen; max. Nutzlast als Frachter 29000 kg.
Entwicklungsstand: Der erste Prototyp der Tu-204 flog am 2. Januar 1989. 1997 begann die Auslieferung an die ersten Kunden. Von den bisher rund 50 bestellten Tu-204/214 ist bis Ende 1999 rund die Hälfte abgeliefert worden. Danach wurde die Produktion für rund ein Jahr unterbrochen und erst kürzlich wieder aufgenommen. Der Erstflug des ersten Serienflugzeugs Tu-214 wird in Kürze erwartet.
Bemerkungen: Um ein möglichst geringes Leergewicht zu erzielen, wurden in weiten Bereichen neue Werkstoffe, meist Kunststoffe angewandt. Das Cockpit ist mit sechs Farbbildschirm-Anzeigegeräten ausgerüstet. Weitere Neuerungen sind die vollelektrische Steuerung, ein superkritisches Flügelprofil und das dreifache Inertial-Navigationssystem. Die oben beschriebene Variante Tu-204 wird durch eine Version Tu-214 (Erstflug 22. März 1996) ergänzt, welche dank höherem Startgewicht von 110000 kg grössere Reichweiten ermöglicht. Beide haben russische Triebwerke und Avionik. Die mit westlichen Motoren und Elektronik ausgerüstete Ausführung heisst Tu-204-120. Folgende weitere Varianten werden angeboten: Tu-204C Frachter; Langstreckenausführung Tu-204-300 (früher als Tu-234 bezeichnet) mit einem um rund 6,00 m verkürzten Rumpf und Abfluggewicht von 103000 kg, welche Reichweiten bis zu 9250 km erzielt.
Hersteller: Tupolew Joint Stock Comp., Werke Ulyanovsk (Tu-204/-234) und Kazan, Tartastan (Tu-214), Moskau, Russland.

Abmessungen: Spannweite 42,00 m, Länge 48,00 m, Höhe 13,90 m, Flügelfläche 184,1 m^2.

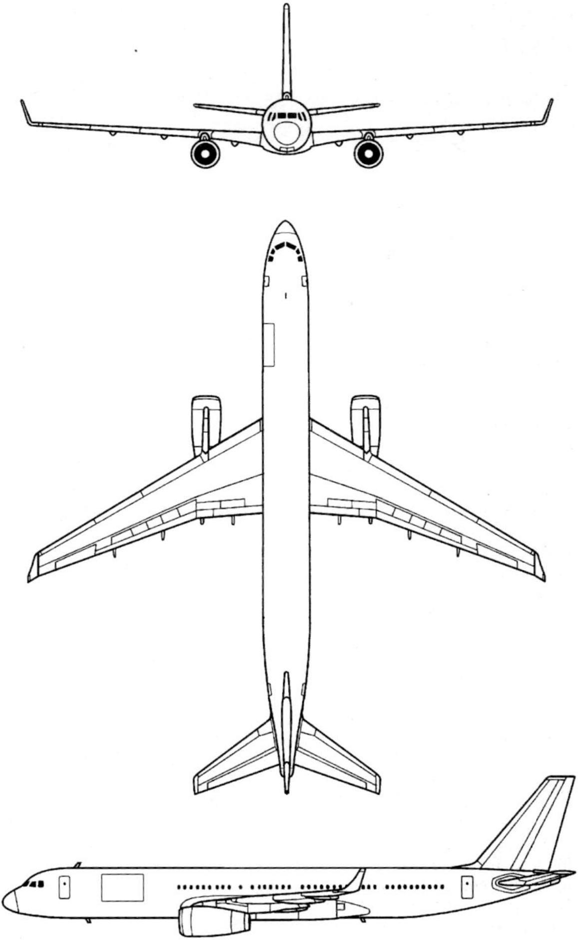

TUPOLEW TU-334-100

Ursprungsland: Russland.
Kategorie: Kurz- und Mittelstreckenverkehrsflugzeug.
Triebwerke: Zwei Mantelstromtriebwerke (-100) ZMDB/Zaporozheye/Lotarew D-436T1 von je 7500 kp (73,5 kN) oder (-120) BMW Rolls-Royce BR 715-48 von je ca. 6800 kp (67,0 kN) Standschub.
Leistungen (nach Angaben des Herstellers): Norm. Reisegeschwindigkeit 800 - 820 km/h; Dienstgipfelhöhe 11100 km; Reichweite mit einer Nutzlast von 9251 kg (= 102 Passagiere) 3000 km, mit 5500 kg bis zu 4000 km.
Gewichte: Leergewicht 30050 kg; max. Startgewicht 43600 kg.
Zuladung: Zwei bis drei Mann Besatzung und normal 86 Passagiere in einer Zweiklasseneinrichtung oder maximal 110 Passagiere in Sechserreihen mit Mittelgang. Nutzlast 11000 kg.
Entwicklungsstand: Aus Finanzmangel konnte die Flugerprobung erst am 8. Februar 1999 aufgenommen werden. Zwei weitere Erprobungsmuster befinden sich im Bau. Bisher ist erst ein Letter of Intent durch die Aeroflot für 10 Einheiten bekannt geworden. Lieferungen an Kunden wären ab 2002 möglich.
Bemerkungen: Die Tu-334 ist als Nachfolgemuster der noch in grosser Zahl eingesetzten Tu-134 gedacht. Nebst der hier beschriebenen Ausführung war ursprünglich auch eine verlängerte Version mit Propfan-Triebwerken vorgesehen. Diese ist aber mittlerweile aufgegeben worden. Der Rumpf weist gegenüber vergleichbaren Mustern einen wesentlich grösseren Querschnitt auf. Er ist in weiten Teilen von der Tu-204 (siehe Seiten 292/293) übernommen. Die Avionik entspricht dem heutigen Standard. Es wird ein Glascockpit russischer Herkunft eingebaut. In der Konstruktion werden in weiten Bereichen neue Werkstoffe eingesetzt. Bereits sind unter der Bezeichnung Tu-334C eine Frachtausführung sowie eine um 3,90 m verlängerte Tu-354 geplant. Letztere wird mit D-436T-2-Triebwerken mit einem Schub von 8210 kp (80,5 kN) und grösseren Flügeln ausgerüstet sein. Bei einem Abfluggewicht von 54800 kg können 126 Passagiere mitgenommen werden.
Hersteller: Tupolew Joint Stock Comp., Werke Aviant-Kiew und MAPO-Moskau, Moskau, Russland.

Abmessungen: Spannweite 29,80 m, Länge 31,26 m, Höhe 9,38 m, Flügelfläche 83,2 m^2.

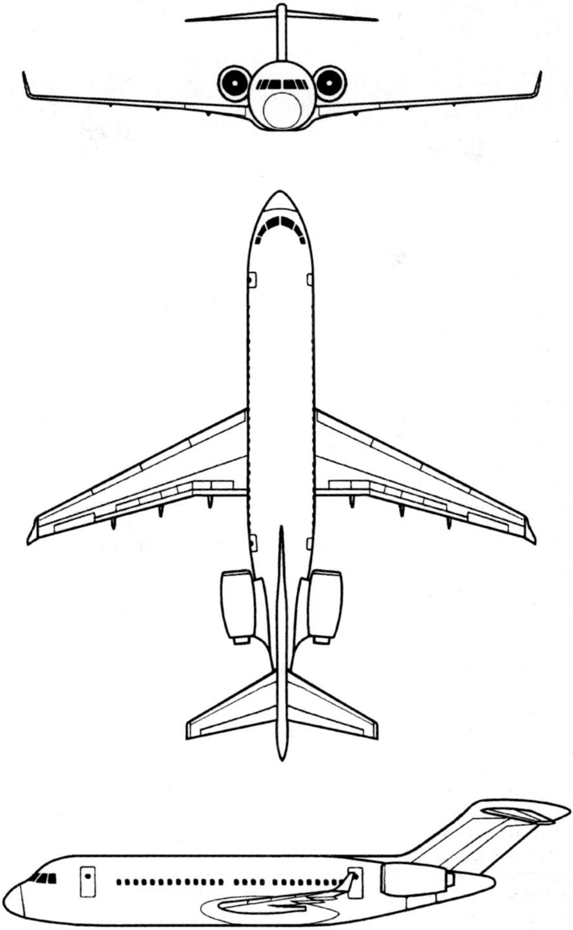

WOLFSBERG-EVEKTOR RAVEN 257

Ursprungsland: Tschechien (Belgien).
Kategorie: Leichter Mehrzwecktransporter.
Triebwerke: Zwei luftgekühlte Sechszylinder-Boxermotoren Teledyne Continental IO-550-N von je 300 PS (224 kW) Leistung.
Leistungen (nach Angaben des Herstellers): Höchstgeschwindigkeit auf Meereshöhe 267 km/h; bei 75 % Leistung auf 1520 m 265 km/h; Anfangssteiggeschwindigkeit 7,4 m/Sek; Dienstgipfelhöhe 5000 m; Reichweite mit einer Nutzlast von 800 kg 500 km; max. Reichweite 1325 km.
Gewichte: Leergewicht 1636 kg; max. Startgewicht 2700 kg.
Zuladung: Ein bis zwei Piloten und bis zu acht Passagiere oder 800 kg Fracht.
Entwicklungsstand: Ein Prototyp flog erstmals am 28. Juli 2000. Die Auftragslage ist nicht bekannt.
Bemerkungen: Die Raven ist als sehr einfach gebaute und robuste Konstruktion gedacht, welche auf alle teuren Optionen nach Möglichkeit verzichtet. Sie eignet sich deshalb ideal für Einsätze in Entwicklungsländern ohne vorhandene anspruchsvolle Infrastruktur. Für die Struktur wurde weitgehend auf kostengünstiges Aluminium zurückgegriffen. Der nicht druckbelüftete Rumpf mit fast quadratischem Querschnitt ist für die Grösse des Flugzeugs recht voluminös und erlaubt dank der nach oben angeschlagenen Hecktüre eine einfache Beladung. Das Festfahrwerk mit Doppelreifen ist für Einsätze ab unbefestigten Start- und Landebahnen ausgelegt. Wolfsberg offeriert die Raven zu einem Basispreis von US$ 760.000.--. In der VR China soll die Raven bei Guizhou Aviation in Lizenz hergestellt werden.
Hersteller: Wolfsberg Aircraft Corp. N.V., Genk, Belgien und Evektor Aerotechnik a.s., Kunovice, Tschechien.

Abmessungen: Spannweite 14,00 m, Länge 12,12 m, Höhe 4,00 m, Flügelfläche 25,82 m².

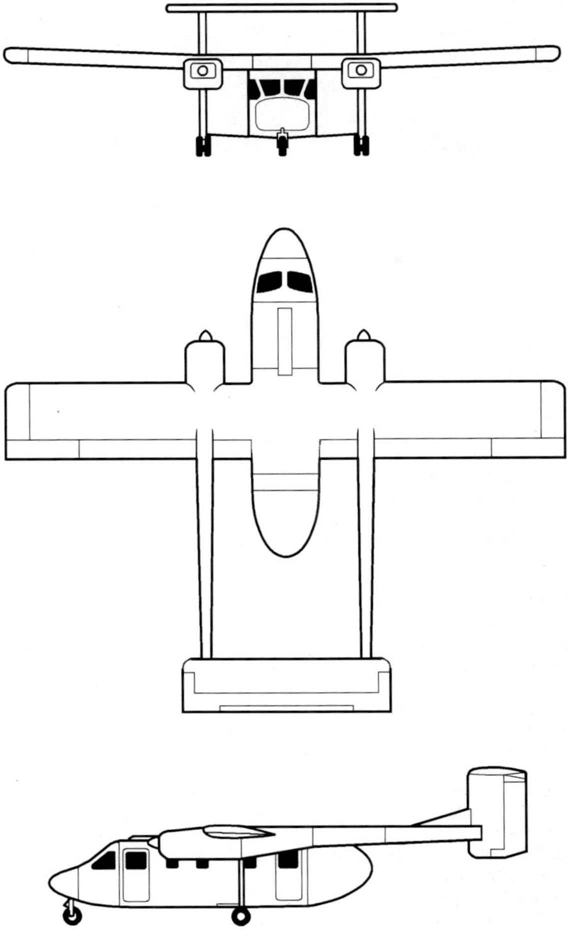

XIAN FBC-1 (JH-7) FLYING LEOPARD

Ursprungsland: Volksrepublik China.
Kategorie: Zweisitziges Allwetter-Marinekampfflugzeug.
Triebwerke: Zwei Mantelstromtriebwerke Xian WS9 (Lizenzbau Rolls-Royce Spey Mk.202) von je 9300 kp (91,20 kN) Standschub mit Nachverbrennung.
Leistungen: Höchstgeschwindigkeit auf 11000 m 1800 km (Mach 1,70), 1210 km/h auf Meereshöhe; Dienstgipfelhöhe 15500 m; Aktionsradius 1650 km; Überführungsreichweite 3650 km.
Gewichte: Max. Startgewicht 28475 kg.
Bewaffnung: Eine doppelläufige 23 mm Kanone und Waffenlasten von insgesamt 6500 kg an vier (sechs?) Aufhängepunkten.
Entwicklungsstand: Der erste von vermutlich zwei Prototypen nahm die Flugerprobung am 14. Dezember 1988 auf. Der Öffentlichkeit vorgestellt wurde dieses Muster aber erst im November 1998. Je nach Quellen sollen bisher zwischen 15 und etwa 24 Einheiten von der chinesischen Marine in Dienst gestellt worden sein. Der Bedarf beläuft sich auf 85 FH-7. Von der Version FBC-1 sollen vier Exemplare fliegen.
Bemerkungen: Offenbar verlief die Erprobung der FH-7 nicht frei von Problemen, so dass eine Produktion in grossen Stückzahlen bis heute ausblieb. Die FH-7 soll aber weiterhin produziert werden, um die veralteten leichten Bomber B-5 (= Il-28) zu ersetzen. Vermutlich ist sie mit dem chinesischen Mehrzweck-Bordradar JL-10A ausgerüstet, welches eine Reichweite von 80 km aufweist und gleichzeitig bis zu 15 Ziele orten kann. Zudem kann ein Tiefangriffs-Radar-/FLIR-Navigationspod mitgeführt werden. Die FBC-1 ist die Exportversion der FH-7. In welchen Elementen sie sich unterscheidet, ist nicht bekannt.
Hersteller: XI AN Aircraft Company, Xi'an, Shaanxi, VR China.

Abmessungen: Spannweite 12,71 m, Länge 22,23 m, Höhe 6,58 m, Flügelfläche 52,30 m².

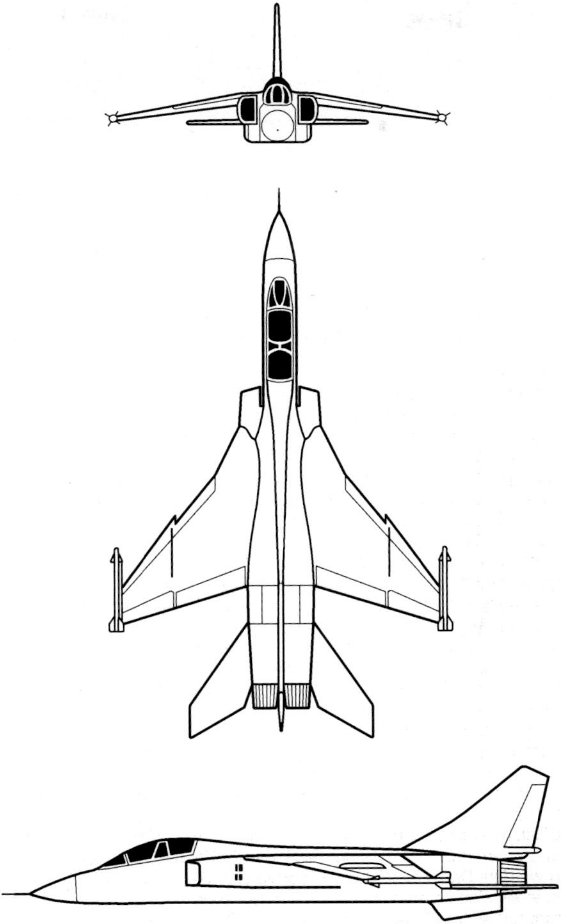

VERZEICHNIS DER FLUGZEUGTYPEN

AASI Jetcruzer 500P, 6
Adam Aircraft Industries M-309, 8
Aermacchi 346, 10
Aero L-159 Albatros, 12
L-39/59 Albatros, 12
L-139 Albatros, 12
AE 270, 14
Agusta Westland A 109 Power, 16
A119 Koala, 18
Lynx, 20
EH 101, 22
-Bell AB139, 22
BA609,64
AH-64D Long Bow Apache, Boeing (MDD), 100
Airbus A321, 26
A320, 26
A319 (CJ), 28
A318, 30
A330-300, -200, 32
A340, 34
Airtech (CASA/IPTN) CN-235-100, 36
Albatros, Aero L-159, 12
Alenia C-27J Spartan, 38
ALH, HAL, 188
AL-X Super Tucano, Embraer EMB-314, 158
Amazon, Embraer RJ-145, 152
Antonow An-28, 40
An-38, 40
An-70/An-70T, 44
An-72/- 72P, 42
An-74T/-74TK, 42
An-124 Ruslan, 48
An-225 Mrija, 50
An-140, 46
Apache, Long Bow, McDonnell Douglas AH-64D, 100
AS 332 Super Puma Mk.II, 162
AS 350 Ecureuil, 164
AS 355 Ecureuil 2, 164
AS 532 Cougar Mk.II, 162
AS 550 Fennec, 164
AS 555 Fennec, 164
AT/ATS, MiG, 226
ATR 42-500, 52
72-500, 52
AV-8B Harrier II Plus, Boeing (MDD), 90
Avanti, Piaggio P180, 246
Aviocar, CASA C-212-400, 120
Avro International RJ70/85/100/RJ-X, 54
Ayres LM200 Loadmaster, 56

Battlefield Lynx, AgustaWestland, 20
Bell (Tridair) 206 TwinRanger, 58
OH-58D, 58
407, 58
407 Gemini HP, 58
427, 60
412EP, 62
-Agusta AB139, 24
BA609, 64
-Boeing V-22 Osprey, 58
Blackjack, Tupolew Tu-160, 290
Boeing (Bell) V-22 Osprey, 66
BK 117/EC145 Eurocopter (MBB/Kawasaki), 170
Beriew Be-200, 68
Berkut, Suchoj Su-37, 288
Blackhawk, Sikorsky UH-60L, 272
Boeing 737-600/700/800/900, 72
737BBJ, 70
747-400/F/M/400X-Stretch, 74
757-200/300, 76
767-300/400ER, 78
777-300/200X/300X, 80
X-32 Joint Strike Fighter, 94
-Helicopters CH-47D/SD/ICH Chinook, 96
/Lockheed Martin F-22 Raptor, 214
(MDD) C-17A Globemaster III, 84
(MDD) F-15S Eagle, 86
(MDD) F/A-18E/F Super Hornet, 88
(MDD) 717-100X/200/200HGW/300X, 82
(MDD/BAe) T-45A Goshawk, 92
(MDD) AV-8B Harrier II Plus, 90
(MDD) AH-64D Longbow Apache, 100
/Sikorsky RAH-66 Comanche, 98
(MDD) siehe MD Helicopters
Bombardier (Canadair) CL-415, 102
CL-215, 102
Regional Jet 200/200ER/200LR, 104
CRJ 700, 106
CRJ 900, 108
Global Express, 110
Continental, 112
(De Havilland Canada) Q400 Dash 8, 114
(Learjet) 45, 116
(Learjet)31A, 60, 116
British Aerospace Hawk LIFT 100/200, 106
RJ 70/85/100/RJ-X siehe Avro, 54

C-17A Globemaster III, Boeing (MDD), 84
C-27J Spartan, Alenia, 38
C-40A, Boeing, 70
C-130J Hercules, Lockheed Martin, 210
C-212-400 Aviocar, CASA, 120

C-295, CASA, 122
CA-100, Century Aerospace, 124
CH-47D/SD/ICH Chinook, Boeing Helicopters, 96
CH-60, Sikorsky, 274
CN-235-100, CASA/IPTN, Airtech, 36
Canadair siehe Bombardier
CASA C-212-400 Aviocar, 120
C-295, 122
CASA/IPTN CN-235-100, Airtech, 36
Century Aerospace CA-100, 124
Cessna 172R/SP, 126
182S Skylane, 126
206H Stationair/T206H Turbo S., 126
208B Grand Caravan, 128
208B Grand Commander, 128
525 Citation CJ1, 130
525 Citation CJ2, 132
525 CitationJet, 130
525 Citation I, II, 130
680 Citation Sovereign, 134
750 Citation X, 136
Chengdu FC-1, 138
China Nanchang K-8 Jet Trainer, s. Nanchanf 238
Chinook, Boeing Helicopters CH-47D/SD/JA/F, 96
Cirrus SR20, 140
Citation X, Cessna, 136
CitationJet, Cessna, 130
CL-415, Bombardier (Canadair), 102
CL-215, Bombardier (Canadair), 102
CN-235-100, Airtech (CASA/IPTN), 36
Colibri, Eurocopter (MBB) EC 120B, 166
Comanche, Boeing-Sikorsky RAH-66, 98
Combat Explorer, MD Helicopters MD 902, 222
Continental, Bombardier, 112
Cougar II, Eurocopter AS 532, 162
CRJ 200, Bombardier (Canadair) 104
CRJ 700, Bombardier (Canadair), 106
CRJ 900, Bombardier (Canadair), 108
CV-22 Osprey, Bell-Boeing, 66

Daewoo siehe Korea Aerospace Industries
Dauphin, Eurocopter EC155, 172
Dash 8, Bombardier (de Havilland Canada) Q400, 114
Dassault Falcon 900C/900EX, 142
Falcon 2000, 144
Mirage 2000-5, -5 Mk.II, 146
Rafale F1(M),F2 (B), 148
De Havilland Canada siehe Bombardier
Dornier siehe Fairchild Dornier

E-2C Hawkeye 2000, Northrop Grumman, 2242
Eagle, Boeing (MDD) F-15E/S, 86
EC 120B Colibri, Eurocopter (MBB), 166
EC 135/EC635, Eurocopter (MBB), 168
Ecureuil (2), Eurocopter AS 350/355, 164
EJ2000 Typhoon, Eurofighter, 174
EH Industries EH 101, s. AgustaWestland, 22
Embraer ERJ-145 Amazon, 152
ERJ-145SA/RS, 152
RJ-135, 154
RJ-140, 154
EMB-314/AL-X Super Tucano, 158
Eurocopter Tiger/UHU, 160
AS 332 Super Puma II, 162
AS 350 Ecureuil, 164
AS 355 Ecureuil 2, 164
AS 532 Cougar II, 162
AS 550 Fennec, 164
AS 555 Fennec, 164
EC 120B Colibri, 166
EC 135/EC635 (MBB), 168
EC 145 (MBB/Kawasaki BV-117), 170
EC 155, 172
EC 635, 168
Eurofighter EF2000 Typhoon, 162
Explorer, MD 902, MD Helicopters, 222

F1, Dassault Rafale M, 148
F2, Dassault Rafale B, 148
F-2, Mitsubishi, 232
F-15E/S Eagle, Boeing (MDD), 86
F/A-18E/F Super Hornet, Boeing (MDD), 88
F-16 Fighting Falcon, Lockheed Martin, 212
F-22 Raptor, Lockheed Martin/Boeing, 214
FBC-7/JH-7 Flying Leopard, Xian, 298
FC-1, Chengdu, 138
Fairchild/Dornier 328JET, 176
428JET, 176
728JET, 178
Falcon 900C/900EX, Dassault, 142
2000, Dassault, 144
Fennec, Eurocopter AS 550, 555, 164
Fighting Falcon, Lockheed Martin F-16, 212
Flying Leopard, Xian FBC-7/JH-7, 296

Galaxy Aerospace (IAI) Galaxy, 180
Gemini ST, Bell/Tridair 206 TwinRanger, 58
General Atomics RQ-1A Predator, 182
Global Express, Bombardier (Canadair), 110

Global Hawk, Northrop Grumman RQ-4A, 244
Globemaster III, Boeing (MDD) C-17A, 84
Golden Eagle, Korean Aerospace T-50, 208
Goshawk, Boeing (MDD/BAe) T-45A, 92
Grand Caravan 208B, 128
Grand Commander 208B, 128
Gripen, Saab 39, 266
Grumman siehe Northrop Grumman
Gulfstream Aerospace Gulfstream IV-SP, 184
Gulfstream V, 186

HAL ALH, 188
Harrier II Plus, Boeing (MDD) AV-8B, 90
Hawk LIFT 100/200, British Aerospace, 118
Hawker siehe Raytheon
Hawkeye, Northrop Grumman E-2C/2000, 242
Helibus, Sikorsky S-92, 276
Hercules, Lockheed Martin C-130J, 210
Horizon, Raytheon Hawker, 262
HV-22 Osprey, Bell-Boeing, 66

IA-63 Pampa, Lockheed Martin Argentina, 218
IAI siehe Galaxy Aerospace
IAR-99 Soim, 190
Iljuschin Il-76MF, 192
Il-96M/T/-300, 194
Il-114, 196

JAS 39 Gripen, Saab, 266
Jetcruzer 500P, AASI, 6
Jet Trainer, Nanchang K-8, 238
JH-7, Xian FBC-7 Flying Leopard, 298
Joint Strike Fighter, Boeing X-32, 94
Lockheed Martin X-35, 216

K-8 Jet Trainer, Nanchang, 238
Kaman SH-2G Super Seasprite, 198
K-Max, 200
Kawasaki T-4, 202
OH-1, 204
Kawasaki (MBB) siehe Eurocopter
King Air, Raytheon/Beechcraft 350/C90B/C90SE, 256
K-Max, 200
Koala, AgustaWestland A 119, 18
Korea Aerospace Industries KT-1 Woong Bee, 206
T-50 Golden Eagle, 208
KT-1 Woong Bee, Korea Aerospace Industrie, 206

L-159, L-39, L-59, L-139 Albatros, Aero 12
Learjet siehe Bombardier
LIFT 100/200, British Aerospace Hawk, 118
LM200 Loadmaster, Ayres, 56
Loadmaster, Ayres LM200, 56
Lockheed Martin C-130J Hercules, 210
F-16C/D Fighting Falcon, 212
/Boeing F-22 Raptor, 214
X-35 Joint Strike Fighter, 216
-Argentina IA-63 Pampa, 218
Longbow Apache, Boeing (MDD) AH-64D, 92
Lynx, AgustaWestland, 20

M20R Ovation2, Mooney, 236
M-309, Adam Aircraft Industries, 8
Malibu Meridian, Piper PA-46-350P, 254
Malibu Mirage, Piper PA-46, 254
MBB siehe Eurocopter
MD Helicopters MD600N, 220
MD902 Explorer, Combat Explorer, 222
McDonnell Douglas siehe Boeing
Merlin, AgustaWestland EH 101, 22
Mikojan MiG-29SMT, 224
MiG-AT/-ATS, 226
MiG-1.42/1.44, 228
Mil Mi-17M/MD, 230
Mirage 2000-5, -5 Mk.II, Dassault, 146
Mitsubishi F-2, 232
MH2000, 234
Mooney M20R Ovation2, 236
Mrija, Antonow An-225, 50
MV-22 Osprey, Bell-Boeing, 66

Nanchang K-8 Jet Trainer, China, 238
NH Industries NH90, 240
Northrop Grumman Hawkeye 2000, 242
RQ-4A Global Hawk, 244

OH-1, Kawasaki, 204
OH-58D Kiowa, Bell, 58
Osprey, Bell-Boeing V-22, 66
Ovation2, Mooney M20R, 236

P180 Avanti, Piaggio, 246
PA-46-350P Malibu Mirage, 254
PA-46-350P Malibu Meridian, 254
Pampa, Lockheed Martin Argentina IA-63, 218
PC-6 Turbo Porter, Pilatus, 248
PC-7Mk.II Turbo Trainer, Pilatus, 250
PC-9M Turbo Trainer, Pilatus, 250
PC-9Mk.II, Raytheon Beechcraft, 264
PC-12, Pilatus, 252
Piaggio P180 Avanti, 246
Pilatus PC-6 Turbo Porter, 248

PC-7Mk.II Turbo Trainer, 250
PC-9M Turbo Trainer, 250
/Raytheon T-6A Texan II, 264
PC-12, 252
Piper PA-46-350P Malibu Mirage, 254
PA-46-350P Malibu Meridian, 254
Power, AgustaWestland A 109, 16
Predator, General Atomics RQ-1A, 182
Premier I, Raytheon 300, 258

Q400 Dash 8, Bombardier (de Havilland Canada), 114

Rafale F1 (M), F2 (B), Dassault, 148
RAH-66, Boeing-Sikorsky Comanche, 98
Raptor, Lockheed Martin/Boeing F-22, 214
Raven 257, Wolfsberg-Evektor, 296
Raytheon/Beechcraft 350 King Air, 256
/Beechcraft C90SE/-B King Air, 256
300 Premier I, 258
Hawker 800XP, 260
Hawker Horizon, 262
/Beechcraft-Pilatus T-6A Texan II, 264
Regional Jet, Bombardier (Canadair), 104/106/108
RJ70/85/100/RJ-X, British Aerospace, 54
RQ-1A, General Atomics Predator, 182
RQ-4A, Northrop Grumman Global Hawk, 244
RU-38A Twin Condor, Schweizer, 268
Ruslan, Antonow An-124, 48

S-70A/UH-60L Blackhawk, 272
S-92 Helibus, Sikorsky, 276
Saab JAS 39 Gripen, 266
Seahawk, Sikorsky SH-60, 274
SH-2G Super Seasprite, Kaman 198
Schweizer RU-38A Twin Condor, 268
330, 270
Sikorsky UH-60L Blackhawk, 272
CH-60, 274
SH-60B Seahawk, 274
S-92 Helibus, 276
-Boeing RAH-66 Comanche, 98
Sino-Swearingen SJ30-2, 278
Skylane, Cessna 182S, 126
SOCATA TBM 700, 280
Soim, IAR-99, 190
Spartan, Alenia C-27J, 38
SR20, Cirrus, 140
Stationair, Cessna 206H, 126
Suchoj Su-25TM/39, 282
Su-27SK/Su-30M/MK, 284
Su-27IB, 286
Su-37 Berkut, 288

Super Hornet, Boeing (MDD) F/A-18E/F, 88
Super Puma II, Eurocopter AS 332, 162
Super Seasprite, Kaman SH-2G, 198
Super Tucano, Embraer EMB-314/AL-X, 156

T-4, Kawasaki, 202
T-6A Texan II, Raytheon/Beech/Pilatus, 264
T-45A Goshawk, Boeing (MDD/BAe), 92
T-50, Korean Aerospace Golden Eagle, 208
TMB 700, SOCATA, 280
Texan II, Raytheon/Beech/Pilatus T-6A, 264
Tiger, Eurocopter, 160
Tridair/Bell 407 Gemini HP, 58
Tupolew Tu-160 Blackjack, 290
Tu-204, 292
Tu-214, 292
Tu-334, 294
Turbo Porter, Pilatus PC-6, 248
Turbo Stationair, Cessna T206H, 126
Turbo Trainer, Pilatus PC-9M/Mk.II, 250
Twin Condor, Schweizer RU-38A, 268
Typhoon, Eurofighter EJ2000, 174

UH-60L Blackhawk, Sikorsky, 272
UHU, Eurocopter, 160

V-22 Osprey, Bell-Boeing, 66

Westland Lynx, siehe AgustaWestland 20
Wolfsberg-Evektor Raven 257, 296
Wong Bee, Korea Aerospace Industries KT-1, 206

X-32 Joint Strike Fighter, Boeing, 94
X-35 Joint Strike Fighter, Lockheed Martin, 216
Xian FBC-1/JH-7 Flying Leopard, 298

Yakowlew/Aermacchi Yak/AEM-130, s. Aermacchi, 10

ABKÜRZUNGEN IM TEXT

Aéronavale	= Französische Marineluftwaffe
AEW/C	= **A**irborne **E**arly **W**arning/**C**ommand, fliegende Radarfrühwarn- und Kommandoflugzeuge
ALAT	= **A**viation **L**égère de l'**A**rmée de **T**erre, französische Heeresluftwaffe
Armée de l'Air	= Französische Luftwaffe
ASTOR	= **A**irborne **St**and-**O**ff **R**adar
ASW	= **A**nti-**S**ubmarine **W**arfare, U-Boot-Bekämpfung
AWACS	= **A**irborne **W**arning **A**nd **C**ontrol **S**ystem, Frühwarnflugzeug
COMINT	= **COM**munications **INT**elligence, Fernmelde-Aufklärung
CTOL	= **C**onventional **T**ake-**O**ff and **L**anding, Start und Landung konventionell
CRT	= **C**athode-**R**av-**T**ube, Kathodenröhren-Anzeigen
ECM	= **E**lectronic **C**ounter **M**easures, Sammelbegriff für alle Massnahmen zur Störung feindlicher Funk- und Radareinrichtungen auf elektronischem Weg
EFIS	= **E**lectronic **F**light **I**nstrument **S**ystem, Elektronische Bildschirmanzeigeinstrumente
Elint	= **El**ectronics **Int**elligence, elektronische Aufklärung
FADEC	= **F**ull **A**uthority **D**igital **E**ngine **C**ontrol, Digitales Triebwerkmanagement-System
FBW	= **F**ly **B**y **W**ire, Steuerung des Flugzeuges mittels elektrischen Impulsen
FLIR	= **F**orward-**L**ooking **I**nfra**R**ed, Infrarot-Nachtsichtgerät
GFK	= **G**las**f**aserverstärkter **K**unststoff
GPS	= **G**lobal **P**ositioning **S**ystem, präzise Navigationshilfe mittels Satelliten
HOTAS	= **H**ands-**O**n-**T**hrottle-**A**nd-**S**tick, alle wichtigen Bedienungsfunktionen sind im Steuerknüppel vereinigt
HUD	= **H**ead-**U**p **D**isplay, Blickfelddarstellungsgerät. Die wichtigsten Flugdaten werden auf die Frontscheibe projiziert
IFR	= **I**nstrument **F**light **R**ules, Instrumentenflugregeln
LANTIRN	= **L**ow-**A**ltitude **N**avigation **T**argeting **IR** for **N**ight, Tiefflugnavigations- und Infrarot- Angriffssystem für Nachteinsätze
MAD	= **M**agnetic **A**nomaly **D**etection, Magnetometer, Gerät zum Aufspüren magnetischer Unregelmässigkeiten (Einsatz zur U-Boot-Bekämpfung)
NVG	= **N**ight **V**ision **G**oggles, Sammelbegriff für Nachsichtgeräte/-brillen am Kopf des Piloten befestigt
RAAF	= **R**oyal **A**ustralien **A**ir **F**orce, australische Luftwaffe
RAF	= **R**oyal **A**ir **F**orce, britische Luftwaffe
RN	= **R**oyal **N**avy, britische Marineluftwaffe
SAR	= **S**earch **A**nd **R**escue, Such- und Rettungseinsätze
SIGINT	= **SIG**nals **INT**ellingence, Funkaufklärung
STOL	= **S**hort **T**ake-**O**ff and **L**anding, Kurzstart und -landung
STOVL	= **S**hort **T**ake-**O**ff and **V**ertical **L**anding, Kurzstart und Senkrechtlandung
USAF	= **U**nited **S**tates **A**ir **F**orce, Luftwaffe der USA
USCG	= **U**nited **S**tates **C**oast **G**uard, Küstenwache der USA
USMC	= **U**nited **S**tates **M**arine **C**orps, Marineinfanterie der USA
USN	= **U**nited **S**tates **N**avy, Marine der USA
VFR	= **V**isual **F**light **R**ules, Sichtflugregeln
VTOL	= **V**ertical **T**ake-**O**ff and **L**anding, Senkrechtstart und -landung
WPS	= **W**ellen-**PS**, Leistung einer Propeller- oder Gasturbine, gemessen an der Welle; der Restschub wird nicht berücksichtigt, Englisch: shp (Shaft Horse Power)